工业和信息化精品系列教材

云计算技术

服务器虚拟化技术与应用

第2版 | 微课版

赵一瑾 李再友 ◉ 主编

邱茹林 陈彦彬 钟小平 ◉ 副主编

SERVER VIRTUALIZATION
TECHNOLOGY AND APPLICATION

U0125205

人民邮电出版社

北 京

图书在版编目（CIP）数据

服务器虚拟化技术与应用 : 微课版 / 赵一瑾, 李再友主编. -- 2版. -- 北京 : 人民邮电出版社, 2023.2

工业和信息化精品系列教材. 云计算技术

ISBN 978-7-115-60261-9

Ⅰ. ①服… Ⅱ. ①赵… ②李… Ⅲ. ①服务器－高等学校－教材 Ⅳ. ①TP368.5

中国版本图书馆CIP数据核字(2022)第190448号

内 容 提 要

本书旨在使读者掌握服务器虚拟化平台的部署和运维方法。本书共 9 个项目。前 7 个项目主要以业界领先的 VMware vSphere 7.0 为例，讲解服务器虚拟化技术并示范实现方法，内容包括虚拟化起步、部署和使用 ESXi、部署和使用 vCenter Server、配置 vSphere 网络与存储、迁移 vSphere 虚拟机、实现分布式资源调度、实现 vSphere 高可用性和容错。最后两个项目的内容分别是基于 Hyper-V 和 KVM 实现服务器虚拟化。

本书内容丰富，结构清晰，重点突出，难点分散，注重实践性和可操作性，对项目中的每个任务都有相应的操作示范和详细解说，便于读者快速上手。

本书可作为高校计算机相关专业的虚拟化技术教材，也可作为 vSphere、Hyper-V 和 KVM 等虚拟化系统管理人员的参考书，还可作为各类培训机构的教材。

◆ 主　　编　赵一瑾　李再友

　　副 主 编　邱茹林　陈彦彬　钟小平

　　责任编辑　初美呈

　　责任印制　王　郁　焦志炜

◆ 人民邮电出版社出版发行　　北京市丰台区成寿寺路 11 号

　　邮编　100164　电子邮件　315@ptpress.com.cn

　　三河市君旺印务有限公司印刷

◆ 开本：787×1092　1/16

　　印张：17.75　　　　　　　　　2023 年 2 月第 2 版

　　字数：481 千字　　　　　　　2023 年 2 月河北第 1 次印刷

定价：69.80 元

读者服务热线：**(010)81055256**　印装质量热线：**(010)81055316**

反盗版热线：**(010)81055315**

广告经营许可证：京东市监广登字 20170147 号

前言 FOREWORD

虚拟化代表当前 IT 的一个重要发展方向，在多个领域得到了广泛应用。服务器、存储、网络、桌面和应用的虚拟化技术发展很快，并与云计算不断融合。服务器虚拟化主要用于组建和改进数据中心，在虚拟化领域处于核心地位，是云计算的基础，更是数据中心企业级应用的关键。越来越多的企业选择服务器虚拟化技术进行数据中心建设和运维。从某种程度上讲，服务器虚拟化解决方案的优劣决定了数据中心的成败。

目前，我国很多高校陆续将服务器虚拟化作为一门重要的专业课程。为了帮助教师比较全面、系统地讲授这门课程，使读者能够熟练地掌握服务器虚拟化平台的部署和运维方法，我们几位长期在高校从事计算机专业教学工作的教师共同编写了本书。

本书内容系统、全面，结构清晰。在内容编写方面注意难点分散、循序渐进；在文字叙述方面注意言简意赅、重点突出；在实例选取方面注意实用性和针对性。作为应用型教材，本书在原理部分尽量使用表格和示意图，在部署、配置与管理部分含有大量动手实践内容，直接给读者示范。

本书是《服务器虚拟化技术与应用》的修订版，采用项目式体例，共 9 个项目。考虑到 VMware vSphere 软件是服务器虚拟化的首选解决方案，本书重点以该软件为例讲解服务器虚拟化技术和实现方法，涵盖 VMware vSphere 虚拟化平台的部署、网络和存储虚拟化、虚拟机迁移、分布式资源调度、高可用性和容错。VMware vSphere 版本选择较新的 7.0，虚拟机操作系统示范以 Windows Server 2016 和 CentOS 7 为主。为拓展读者的虚拟化知识，本书增加了 Windows 服务器操作系统虚拟化技术 Hyper-V 和 Linux 虚拟化技术 KVM 的内容。

由于编者水平有限，书中难免存在疏漏和不妥之处，敬请广大读者批评指正。

编 者

2022 年 12 月

目录 CONTENTS

项目 4

配置 vSphere 网络与
存储 …………………………… 96

项目 5
迁移 vSphere 虚拟机……143

项目1
虚拟化起步

01

学习目标

- 掌握虚拟化基础知识，了解服务器虚拟化产品
- 了解VMware vSphere并掌握vSphere虚拟化的基本规划
- 掌握VMware Workstation虚拟机的部署方法
- 掌握VMware Workstation虚拟网络的配置方法

项目描述

　　虚拟化是一种可以为不同规模的企业降低IT开销、提高效率和敏捷性的有效方式，代表当前IT的一个重要发展方向，其在多个领域得到了广泛应用。服务器虚拟化主要用于组建和改进数据中心，是虚拟化技术的核心，也是云计算的基础，更是企业级的数据中心应用的关键。VMware Workstation是VMware公司的个人桌面虚拟化软件产品，旨在提供稳定、安全的桌面虚拟化平台，非常适合构建虚拟实验室和部署IT实验环境。本项目将引导读者初步了解虚拟化，通过4个典型任务，讲解虚拟化的基础知识以及服务器虚拟化产品，介绍行业领先的服务器虚拟化软件vSphere，并讲解vSphere虚拟化的基本规划，示范使用VMware Workstation部署虚拟机和虚拟网络的方法，为后续项目中的虚拟化部署实验和测试做好准备。

任务1.1　了解虚拟化

任务说明

　　虚拟化是一个广义的术语，我们关注的重点是 IT 领域的虚拟化，目的是快速部署 IT 系统，提升性能和可用性，实现运维自动化，同时降低拥有成本和运维成本。本任务的具体要求如下。

　　（1）了解虚拟化的概念和应用。

　　（2）了解虚拟化的类型。

　　（3）了解虚拟机和虚拟机监控器。

　　（4）了解数据中心和虚拟数据中心的概念。

　　（5）了解虚拟化与云计算的关系。

　　（6）了解企业级虚拟化解决方案。

　　（7）了解自主可控的国产服务器虚拟化产品。

知识引入

1.1.1　虚拟化概念和应用

虚拟化可以在虚拟环境中实现真实环境中的全部或部分功能。通过对硬件和软件的划分和整合，虚拟化技术可以完全或部分模拟物理系统，将资源整合或划分成一个或多个运行环境。

1. 什么是虚拟化

虚与实是相对的。虚拟化是指计算元件在虚拟的而不是真实的硬件基础上运行，用"虚"的软件来替代或模拟"实"的计算机硬件。虚拟化使得在一台物理计算机上可以运行多个虚拟机。这些虚拟机共享物理计算机的 CPU、内存、I/O 硬件资源，但逻辑上虚拟机之间是相互隔离的。

虚拟化将物理资源转变为具有可管理性的逻辑资源，以消除物理结构之间的隔离，将物理资源融为一个整体。虚拟化可以有效简化基础设施的管理，提高服务器、网络或存储等 IT 资源的利用率。

虚拟化是一种简化管理和优化资源的解决方案。虚拟化将原本在真实环境中运行的计算机系统或组件转移到虚拟环境中运行，使其不受资源实现、地理位置、物理装配和物理配置的限制。虚拟化是按逻辑方式管理资源，便于实现资源的自动化调配，方便各种虚拟化系统有效地共享硬件和软件资源。

2. 虚拟化的优势

虚拟化系统具有物理系统所没有的独特优势，具体表现在以下几个方面。

- 提高利用率。将一台物理机的资源分配给多个虚拟机，有效利用闲置资源。通过将基础架构进行资源池化，突破一个应用独占一台物理机的藩篱，大幅提升资源利用率。
- 便于隔离应用。
- 节约总体成本。
- 灵活性和适应性。通过动态资源配置提高 IT 对业务的灵活适应能力，支持异构操作系统的整合。
- 高可用性。大多数服务器虚拟化平台都能够提供一系列物理服务器无法提供的高级功能，用来保持业务延续和增加正常运行时间，最大限度地减少或避免停机。
- 灾难恢复能力。
- 提高管理效率。基于虚拟化平台的高效管理工具，管理员可以轻松管理大量服务器的系统运行环境。
- 简化数据中心管理，构建软件定义数据中心。

3. 虚拟化的应用

虚拟化一方面用于计算领域，包括虚拟化数据中心、分布式计算、服务器整合、高性能应用、定制化服务、私有云部署、云托管提供商等；另一方面用于测试、实验和教学培训，如软件测试和软件培训等。

1.1.2　虚拟化类型

虚拟化涉及面广，技术门类多，可以按不同标准进行分类。

1. 按实现层次分类

按实现层次分类，虚拟化可以分为以下 3 种类型。

- 硬件虚拟化。硬件虚拟化就是通过软件来实现一台标准计算机的硬件配置，使其成为一台虚拟的裸机。在该虚拟机上可以像在物理计算机上一样安装和运行多种操作系统。

- 基于操作系统的虚拟化。这种虚拟化技术以一个操作系统为母体复制出多个虚拟系统。复制出的虚拟系统与原系统相比，除了标识符不同外，其他完全相同。与硬件虚拟化相比，基于操作系统的虚拟化更灵活、更方便，性能损耗也更低。

- 基于应用程序的虚拟化。与上述两种虚拟化旨在虚拟一个完整的、真实的操作系统不同，基于应用程序的虚拟化虚拟出来的操作系统更为小巧，只包含为保证应用程序正常运行而虚拟出的系统的关键部分，如注册表和系统环境。

2. 按实现技术分类

按实现技术分类，虚拟化可以分为以下两种类型，其中全虚拟化是未来虚拟化技术的主流。

- 全虚拟化（Full Virtualization）。全虚拟化模拟出的虚拟机的操作系统是与底层的硬件完全隔离的，虚拟机中所有的硬件资源都是通过虚拟化软件基于硬件模拟的。代表产品有 VMware ESXi 和 KVM。由于虚拟机的资源全部需要通过虚拟化软件来模拟，因此会牺牲一部分的性能。

- 半虚拟化（Para Virtualization）。半虚拟化的架构与全虚拟化的基本相同，需要修改虚拟机的操作系统来集成一些虚拟化方面的代码，以减小虚拟化软件的负载。代表产品有 Microsoft Hyper-V 和 Xen。这种方案整体性能更好，因为修改后的虚拟机操作系统承载了部分虚拟化软件的工作。但是，由于要修改虚拟机的操作系统，用户可感知使用的环境是虚拟化环境，而且兼容性比较差，用户体验也比较差，因为要获得集成虚拟化代码的操作系统。

3. 按对象分类

按对象分类，虚拟化可以分为以下几种类型。

- 服务器虚拟化。服务器虚拟化是指将服务器的物理资源抽象成逻辑资源，让一台服务器变成若干台相互隔离的虚拟服务器，可以提高整体效率，并可降低成本。

- 桌面虚拟化。桌面虚拟化是指在一台服务器上虚拟出多个用户桌面环境，提供给不同用户使用，从而方便管理和维护。桌面虚拟化适合企业向分支机构、外包员工、使用平板电脑的移动工作人员交付虚拟化桌面和应用，从而降低成本并改进服务。

- 应用虚拟化。应用虚拟化是指在一台服务器上部署应用虚拟化平台，然后发布不同的应用以提供给不同用户使用，相当于桌面虚拟化的一个子集，而桌面虚拟化相当于发布整个桌面。

- 存储虚拟化。存储虚拟化就是对存储硬件资源进行抽象，将资源的逻辑映像与物理存储分开，从而为系统和管理员提供简化的、无缝的、一致的资源存取接口。存储虚拟化可以将许多零散的存储资源整合起来，从而提高整体利用率，同时降低系统管理成本。

- 网络虚拟化。网络虚拟化以软件的形式完整再现物理网络。虚拟网络不仅可以提供与物理网络相同的功能特性和保证，而且具备虚拟化所具有的运维优势和硬件独立性。

1.1.3 虚拟化与虚拟机

虚拟化是使用软件来模拟硬件并创建虚拟计算机系统的。虚拟计算机系统被称为虚拟机。

1. 主机与虚拟机的概念

在虚拟化系统中，物理机被称为主机（Host），虚拟机（Virtual Machine，VM）被称为客户机（Guest）。

主机是指物理存在的计算机，又称宿主计算机。主机操作系统是指宿主计算机上的操作系统，在主机操作系统上安装的虚拟机软件可以在宿主计算机上模拟一个或多个虚拟机。

虚拟机是指在物理计算机（以下简称物理机）上运行的操作系统中模拟出来的计算机，又称虚拟客户机。从理论上讲，虚拟机完全等同于物理机。虚拟机通常都有操作系统、虚拟资源和硬件，其管理方式基本与物理机的相同。虚拟机实现了多操作系统的同时运行，可在主机上切换到不同的虚拟机，每个虚拟机都有自己的分区和配置，多个虚拟机可以联网。

2. 虚拟机监控器

虚拟化主要是指通过软件实现的方案，常见的体系结构如图1-1所示。图1-1所示是一个直接在物理主机上运行虚拟机管理程序的虚拟化系统。在x86平台的虚拟化技术中，虚拟机管理程序通常称为虚拟机监控器（Virtual Machine Monitor，VMM），也称为Hypervisor。Hypervisor是运行在物理机和虚拟机之间的一个软件层。

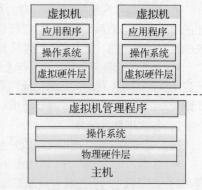

图1-1　虚拟化体系结构

Hypervisor基于主机的硬件资源为虚拟机提供虚拟的操作平台并管理每个虚拟机的运行，所有虚拟机独立运行并共享主机的所有硬件资源。Hypervisor就是给虚拟机提供模拟硬件的专门软件。Hypervisor又可分为两类：原生型和宿主型，分别也被称为第1类虚拟机监控程序和第2类虚拟机监控程序。

（1）原生型。

原生型（Native）又称裸机型（Bare-metal），Hypervisor作为一个很精简的操作系统软件直接运行在硬件上来控制硬件资源并管理虚拟机。比较常见的有ESXi和Hyper-V等。

（2）宿主型。

宿主型（Hosted）又称托管型，Hypervisor运行在传统的操作系统上，同样可模拟出一整套虚拟硬件平台。比较熟知的为VMware Workstation和Oracle VirtualBox等。

从性能角度来看，不论是原生型Hypervisor还是宿主型Hypervisor都会导致主机有性能损耗，但宿主型Hypervisor比原生型Hypervisor的性能损耗更大，所以原生型Hypervisor主要用于企业数据中心或其他基于服务器的生产环境，宿主型Hypervisor主要用于在个人计算机上，这样可以运行多个操作系统，更适合实验或测试环境。

3. 虚拟机的主要优点

虚拟机实现了应用程序与操作系统和硬件的分离，从而实现了应用程序与平台的无关性。它具有以下优点。

- 分区。可以在一台物理机上运行多个操作系统，也可以在虚拟机之间分配系统资源。
- 隔离。可以在硬件级别进行故障和安全隔离，也可以利用高级资源控制功能来保持性能。
- 封装。可以将虚拟机的完整状态保存到文件中。
- 独立于硬件。可以将任意虚拟机调配或迁移到任意物理服务器上。

4. 虚拟机的应用

虚拟机现已广泛应用于IT行业，下面列举几个主要应用领域。

- 服务器整合。
- IT基础设施管理。
- 系统快速恢复。
- IT测试和实验。
- 软件开发与调试。
- 运行老旧系统和软件。

1.1.4　虚拟数据中心

随着IT的发展，数据中心的地位越来越重要，而服务器虚拟化技术主导着数据中心的发展。

1. 传统数据中心

数据中心是一整套复杂的设施，不仅仅包含计算机系统以及与之配套的设备（如通信和存储系统），还包含冗余的数据通信连接、环境控制设备、监控设备，以及各种安全设施等。企业的中心机房是数据中心，但是数据中心不一定以机房的形式呈现。对外提供服务的数据中心都是基于 Internet 基础设施的，称为互联网数据中心（Internet Data Center，IDC）。

数据中心是企业的业务系统与数据资源进行集中、集成、共享、分析的场地，是工具、流程等的有机组合。从应用层面看，数据中心包括业务系统、基于数据仓库的分析系统；从数据层面看，数据中心包括操作型数据和分析型数据，以及数据的整合流程；从基础设施层面看，数据中心包括服务器、网络、存储和整体 IT 的运行及维护服务。

一个企业计算中心的传统数据中心如图 1-2 所示。企业应用需要多台服务器支持，每台服务器运行单一的组件，这些组件有数据库、文件服务器、应用服务器、中间件，以及其他的各种配套软件。传统数据中心以网络存储的形式提供集中的存储支持，另外配有机房配套设施，如不间断电源（Uninterruptible Power System，UPS）等。

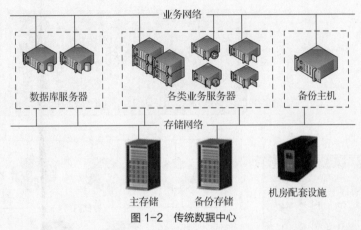

图 1-2 传统数据中心

传统数据中心的重心放在保障应用运行的稳定、安全和可靠上，而在资源利用率、绿色环保等方面相对考虑得比较少。目前，使用虚拟化技术改造现有数据中心或建设新的数据中心成为一种趋势。在新一代数据中心中，虚拟化无所不在，服务器、网络、存储、安全等都要利用虚拟化技术。

2. 软件定义数据中心

传统数据中心的构建采用孤立的基础架构层、专用硬件和分散管理，导致部署和运维工作相当复杂，而且 IT 服务和应用的交付速度较慢。软件定义数据中心（Software Defined Data Center，SDDC）概念由 VMware 公司于 2012 年首次提出，是指通过软件实现整个数据中心内基础设施资源的抽象化、池化部署和管理，满足定制化、差异化的应用和业务需求，以有效交付云服务。软件定义数据中心中的服务器、存储、网络及安全等资源都可以通过软件进行定义，并且这些资源能够自动分配。软件定义数据中心的核心思想是将服务器、网络、存储和可能的中间件等资源进行池化，按需调配，形成完全虚拟化的基础架构。从功能架构上，软件定义数据中心可分为以下 4 个部分。

- 软件定义计算（Software Defined Compute，SDC）。
- 软件定义存储（Software Defined Storage，SDS）。
- 软件定义网络（Software Defined Network，SDN）。
- 一体化管理软件。

3. 虚拟数据中心

虚拟数据中心（Virtual Data Center，VDC）概念首先是由 VMware 公司在 2012 年阐述软件定义数据中心时提出的，软件定义就是一种虚拟化技术。

虚拟数据中心是将云计算概念运用于数据中心的一种新型的数据中心形态，是新一代数据中心的一种解决方案。虚拟数据中心可以通过虚拟化技术将物理资源抽象整合，动态进行资源分配和调度，实现数据中心的自动化部署，并将大大降低数据中心的运营成本。

虚拟化技术在数据中心发展中占据越来越重要的地位，不仅包括传统的服务器和网络的虚拟化，而且衍生出I/O虚拟化、桌面虚拟化、统一通信虚拟化等。如图1-3所示，虚拟数据中心是数据中心完全虚拟化，将所有硬件（包括服务器、存储器等）整合成单一的逻辑资源，从而提高系统的使用效率和灵活性，以及应用软件的可用性和可测量性。

目前对数据中心服务器、网络、存储等设备进行虚拟化部署已经非常普遍，但还远远达不到数据中心应用时完全不用关心基础设施的目标，完全自动化配置还不现实。虽然应用部署还无法完全脱离物理硬件，但是高度虚拟化是趋势，至少现在的虚拟化应用在设备的利用率和管理效率方面大大提升。例如，对图1-2所示的传统数据中心进行改造，使用软件定义数据中心对其基础设施资源服务进行虚拟化，形成一个初级的虚拟数据中心，如图1-4所示。

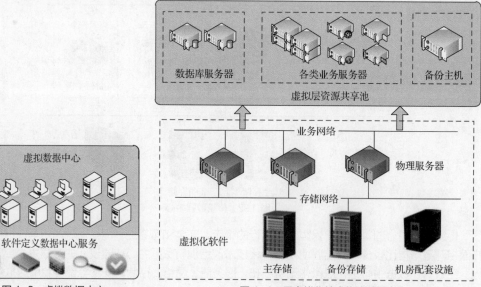

图1-3　虚拟数据中心　　　　　　　图1-4　用虚拟化技术构建数据中心

1.1.5　虚拟化与云计算

云计算可以说是虚拟化技术的升级版。通过在数据中心部署云计算技术，可以完成多数据中心之间的业务无感知迁移，并可同时为公众提供服务，此时数据中心就成为云数据中心。云计算与虚拟化并非一回事，云计算旨在通过Internet按需交付共享资源，利用虚拟化可以实现云计算的所有功能。服务器虚拟化不是云，而是基础架构自动化或者数据中心自动化，它并不需要提供基础设施服务。无论服务器是否位于云环境之中，用户都可以首先将其虚拟化，然后将其迁移到云计算平台，以提高敏捷性，并增强自助服务能力。

1.　什么是云计算

传统模式下，企业建立一套IT系统不仅仅需要购买硬件等基础设施，还要购买软件，同时需要专门的人员维护。当企业的规模扩大时，还要继续升级各种软硬件设施以满足需要。计算机等硬件和软件本身并非用户真正需要的，它们仅仅是完成工作的工具。为满足用户的真正需求，业界提出了软硬件资源租用服务。云计算（Cloud Computing）就是这样的服务，其最终目标是将计算、服务和应用作为一种公共设施提供给公众，使人们能够像使用水、电、煤气和电话那样使用计算机资源。

云（Cloud）是网络的一种比喻说法。云计算以服务的方式提供虚拟化资源的模式，将以前的信息"孤岛"转化为灵活、高效的资源池和具备自我管理能力的虚拟基础架构，从而以更低的成本和更好的服务提供给用户。云计算意味着，IT 的作用正在从提供 IT 服务逐步过渡到根据业务需求优化服务的交付和使用。

虚拟化是构建云计算基础架构不可或缺的关键技术之一。服务器虚拟化技术可用于云计算，一种常见的应用是通过虚拟化服务器将虚拟化的数据中心搬到私有云。当然，一些主流的公有云也使用这种虚拟化技术。

2. 云计算架构

云计算包括 3 个层次的服务：基础设施即服务（Infrastructure as a Service，IaaS）、平台即服务（Platform as a Service，PaaS）和软件即服务（Software as a Service，SaaS）。这 3 种服务分别在基础设施层、平台层和应用层实现，共同构成云计算的整体架构，如图 1-5 所示。

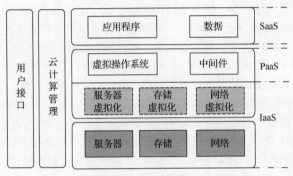

图 1-5　云计算架构

IaaS 模式的云计算将数据中心、基础设施等硬件资源通过 Internet 分配给用户。PaaS 模式的云计算可将一个完整的计算机平台，包括应用设计、应用开发、应用测试和应用托管，作为一种服务提供给用户。SaaS 是一种通过 Internet 提供软件的模式，用户无须购买和安装软件，而是直接通过网络向专门的提供商获取自己所需要的、带有相应软件功能的服务。从云计算架构看，云计算还包括用户接口（针对每个层次的云计算服务提供相应的访问接口）和云计算管理（对所有层次的云计算服务提供管理功能）这两个模块。

3. 云计算部署模式

对于云提供者而言，云计算分为以下 3 种部署模式。

● 公共云（Public Cloud）。公共云是面向公众提供应用和存储等资源，是为外部客户提供服务的云。它所有的服务是供公众使用的，而不是自己用。

● 私有云（Private Cloud）。私有云又称专用云，是为一个组织机构单独使用而构建的，是企业自己专用的云。它所有的服务都不是供公众使用的，而是供自己内部人员或分支机构使用。

● 混合云（Hybrid Cloud）。混合云是公共云和私有云的混合。混合云既面向公共空间又面向私有空间提供服务，可以发挥出所混合的多种云计算模型各自的优势。当用户需要使用既是公共云又是私有云的服务时，选择混合云比较合适。

任务实现

任务 1.1.1　了解企业级虚拟化解决方案

企业级虚拟化解决方案是基于服务器实现的，这方面的市场竞争激烈，VMware、Microsoft、

Red Hat、Citrix 等公司的虚拟化产品不断发展，各有优势。

1. VMware 虚拟化产品

作为业界领袖，VMware 公司从服务器虚拟化产品做起，现已形成完整的产品线，提供丰富的虚拟化与云计算解决方案，包括服务器、存储、网络、应用程序、桌面、安全等虚拟化技术，以及软件定义数据中心和云平台。下面列举其主要虚拟化产品。

- 服务器虚拟化平台 VMware vSphere。vSphere 是业界领先且可靠的服务器虚拟化平台和软件定义计算产品，可用于改进传统数据中心，或创建虚拟数据中心。它用于简化数据中心运维，实现基础架构和应用的最佳性能，是构建 VMware 所有云计算环境的基础。

- 网络虚拟化平台 VMware NSX。NSX 是 VMware 公司的网络虚拟化平台和软件定义网络产品，支持以软件形式创建整个网络，并将其嵌入到从底层物理硬件中抽象化的 Hypervisor 层，实现网络连接操作的自动化，消除由于硬件产生的网络相关的瓶颈。NSX 提供了全新的网络连接运维模式，可突破当前物理网络障碍，所有网络组件都可在几分钟内完成调配，而无须修改应用。

- 存储虚拟化产品 VMware vSAN。vSAN 是一种软件定义存储技术，其将虚拟化技术无缝扩展到存储领域，从而形成一个与现有工具组合、软件解决方案和硬件平台兼容的超融合基础架构（Hyper-Converged Infrastructure，HCI）解决方案。借助 HCI 解决方案，vSAN 能进一步降低风险，保护静态数据，同时提供简单的管理和独立于硬件的存储解决方案。

- 软件定义数据中心平台 VMware Cloud Foundation。这是一体化的软件定义数据中心平台，旨在简化软件定义数据中心和混合云部署，能够将 VMware 公司的 vSphere、vSAN 和 NSX 整合到一个原生集成的体系中，为私有云和公共云提供企业级云计算基础架构。

- 企业级云计算管理平台 VMware vCloud Suite。这是一款集成式产品，整合了 vSphere Hypervisor 和 VMware vRealize Suite 的混合云计算管理平台。借助 VMware 公司推出的可移动许可单元，vCloud Suite 可同时构建和管理基于 vSphere 的私有云和多供应商混合云。

- 虚拟桌面和应用平台 VMware Horizon。Horizon 提供一种精简方法，不仅能够交付、保护和管理虚拟桌面及应用，而且可以控制成本，并确保终端用户能够随时随地使用任意设备开展工作。它使终端用户能够通过一个数字化工作空间访问其所有虚拟桌面、应用和在线服务。

2. Citrix 虚拟化产品

Citrix 公司致力于云计算虚拟化、虚拟桌面和远程接入技术领域，其 Xen 技术被业界广泛看作部署最快速、最安全的虚拟化软件技术之一，Citrix 公司在桌面和应用虚拟化领域中表现比较突出。Citrix 公司主要提供以下虚拟化产品。

- Citrix XenServer。它基于强大的 Xen Hypervisor 程序实现，是一种全面且易于管理的服务器虚拟化平台。XenServer 是针对可高效地管理 Windows 和 Linux 虚拟服务器而设计。

- Citrix XenDesktop。这是一套桌面虚拟化解决方案，可将 Windows 桌面和应用转变为一种按需服务，向任何地点、使用任何设备的任何用户交付。

- Citrix XenApp。这是一种按需交付应用的解决方案，允许在数据中心对任何 Windows 应用进行虚拟化、集中保存和管理，然后随时随地通过任何设备按需交付给用户。

- Citrix CloudPlatform。这是面向企业和服务提供商的基础云计算架构。

3. Hyper-V

Hyper-V 是 Microsoft 公司推出的企业级虚拟化解决方案。Hyper-V 的设计借鉴了 Xen，管理程序采用微内核的架构，兼顾了安全性和性能的要求，能充分利用硬件资源，使虚拟机系统性能更接近真实系统性能。Hyper-V 的优势是其与 Windows 服务器集成，在开发、测试与培训领域应用较多。

4. Linux KVM

KVM（Kernel-based Virtual Machine，基于内核的虚拟机）是一种基于 Linux x86 硬件平

台的开源全虚拟化解决方案，也是主流的 Linux 虚拟化解决方案。KVM 最大的优势是开源，受到开源云计算平台的广泛支持，但是其对于企业级虚拟化的配置和维护有一定难度。

任务 1.1.2　调查国内的服务器虚拟化产品

国内虚拟化起步较晚，但是发展较快，直接对接云计算业务，致力于传统数据中心云化，集虚拟化平台和云管理特性于一身。目前服务器虚拟化应用技术发展很快，但是底层核心技术相较不足。通过调查、获取相关资料，编者将具有自主知识产权的部分国产服务器虚拟化产品资料整理如下。

1. 云宏的 CNware 软件

CNware 是广州云宏信息科技股份有限公司推出的基于云计算 IaaS 层的虚拟化平台解决方案。CNware 虚拟化软件构建了完全自主可控、软硬件生态开放的虚拟化资源池，提供企业级虚拟化管理特性、资源智能调度、高可用保护、故障检测等功能。它最突出的特点是全面支持"中国芯"，能够全面适配鲲鹏、飞腾、龙芯、海光、兆芯、申威等国产芯片服务器。

2. 深信服的 aSV 软件

深信服科技股份有限公司是专注于企业级网络安全、云计算、IT 基础设施与物联网的产品和服务供应商。其服务器虚拟化软件 aSV 属于云计算产品线。该软件是具有自主知识产权的虚拟化平台，将服务器 CPU、内存、磁盘、网络硬件等计算资源池化，通过统一平台管理计算资源和应用系统，可大幅提高计算资源利用率，适合构建高度可用、按需服务、性价比高的虚拟数据中心。aSV 也是深信服云计算平台的底层核心技术。

3. 华为的 FusionSphere 套件

FusionSphere 是华为公司拥有自主知识产权的云操作系统，集虚拟化平台和云管理特性于一身，专门满足企业和运营商客户云计算的需求。该软件专门为云设计和优化，提供强大的虚拟化功能和资源池管理、丰富的云基础服务组件和工具、开放的应用程序接口（Application Program Interface，API）等，全面支撑传统和新型的企业服务，极大地提升 IT 资产价值和提高 IT 运营及维护效率，降低运维成本。FusionSphere 包括 FusionCompute 虚拟化引擎和 FusionManager 云管理等组件。其中 FusionCompute 是云操作系统基础软件，主要由虚拟化基础平台和云基础服务平台组成，采用虚拟计算、虚拟存储、虚拟网络等技术，将计算、存储和网络资源划分为多个虚拟机资源，为用户提供高性能、可运营、可管理的虚拟机。FusionCompute 基于 XenServer 开源软件开发，具有 XenServer 的大多数特点和 EXSi 的部分特点。

任务 1.2　vSphere 虚拟化规划

任务说明

VMware vSphere 简称 vSphere，是完善的 VMware 软件定义数据中心平台的基础，在 VMware 虚拟化与云计算产品体系中具有重要地位。部署 vSphere 之后即可将虚拟化技术无缝延展到存储和网络服务，并自动进行基于策略的调配和管理。vSphere 也是 VMware 构建所有云计算环境的基础。vSphere 主要用于部署和管理数据中心，可以简化数据中心运维，提升业务效率，确保业务连续性，同时降低总成本。本书主要以 vSphere 7.0 为例讲解服务器虚拟化技术，这里对 vSphere 做总体介绍，并引导读者进行 vSphere 虚拟化规划。本任务的具体要求如下。

（1）了解 vSphere 的主要功能。

（2）理解 vSphere 虚拟化架构。

（3）了解 vSphere 数据中心的组成。

（4）掌握 vSphere 虚拟化的基本规划。

（5）了解 vSphere 的部署流程。

知识引入

1.2.1　vSphere 的主要功能

vSphere 为现代应用计算环境提供助力，目前支持使用任意虚拟机、容器和 Kubernetes（一种容器集群技术）的组合部署。vSphere 主要有两个版本 vSphere Standard 和 vSphere Enterprise Plus。vSphere Standard 可以通过服务器虚拟化、支持虚拟机的存储和实时迁移功能整合数据中心硬件并实现业务连续性，还可以跨集群边界共享数据中心资源，借助增强的端点保护功能加强虚拟化安全性。vSphere Enterprise Plus 包含 vSphere 的全部功能特性，可以将数据中心转变为简化的云运维环境，并提供前所未有的速度、安全性和简便性。

vSphere 具有丰富且强大的功能，其主要功能如表 1-1 所示。

表 1-1　vSphere 的主要功能

功能	说明
服务器虚拟化	在同一台服务器上同时运行多个操作系统和应用
数据中心资源共享	vSphere 提供虚拟数据中心作为所有对象的容器，便于从中央位置管理虚拟机模板、vApp、ISO 映像和脚本，可以将内容分组整理到可单独进行配置和管理的内容库
集中式网络管理	从一个集中式界面跨多个主机和集群实现虚拟网络连接的调配、管理和监控
软件定义存储	使用软件定义的存储模型，将虚拟机视为存储置备的一个单元，可以通过灵活的基于策略的机制进行管理
实时迁移工作负载	使用 vSphere vMotion 无须停机，即可在物理服务器之间迁移正在运行的虚拟机
主动保护工作负载	使用高优先级硬件警报可主动减轻可能发生主机故障的服务器上的工作负载
平衡工作负载	通过将 ESXi 主机分组为资源集群，以及使用分布式资源调度（Distributed Resource Scheduler，DRS）按集群平衡工作负载，可以隔离不同业务部门的计算需求
系统高可用性	vSphere HA 针对虚拟化环境中的硬件和操作系统故障，提供统一且经济、高效的故障切换保护，从而最大限度地减少停机时间
虚拟机容错	vSphere FT 支持虚拟机容错，确保用户能够在服务器发生故障时继续使用应用
快速部署和调配	可以创建配置文件，与 vSphere Auto Deploy 配合使用，快速部署和调配多个 vSphere 主机
按优先级为虚拟机分配资源	vSphere Network I/O Control（NIOC）和 vSphere Storage I/O Control（SIOC）可监控网络和存储，并根据设定的规则和策略自动将资源分配给优先级高的虚拟机
保护虚拟机和数据	使用 vSphere Data Protection，可以满足备份时段与恢复时间目标，高效利用存储和网络资源，轻松保护 IT 基础架构中的每一款应用
运行容器化应用	使用 vSphere with Tanzu 将 vSphere 转换为可在 Hypervisor 层上以本机方式运行 Kubernetes 工作负载的平台，在现有基础架构上与现有的企业级应用一起运行现代的容器化应用
虚拟化硬件加速器	使用 vSphere Bitfusion 虚拟化图形处理单元（Graphics Processing Unit，GPU）等硬件加速器，以提供可通过网络访问的共享资源池，从而支持人工智能和机器学习工作负载
智能运维管理自动化	使用 vRealize Operations Manager 实现 IT 运维管理自动化，使用 vRealize Log Insight 实现实时日志管理和日志分析

1.2.2　vSphere 虚拟化架构

vSphere 构建整个虚拟基础架构，通过一套应用和基础架构提供一个完整的虚拟化平台，其架构如图 1-6 所示。

图 1-6　vSphere 虚拟化架构

vSphere 旨在基于物理资源实现虚拟化应用。最底层的是物理资源池，由服务器、存储设备、网络设备等硬件资源组成，通过 vSphere 进行池化管理。

最上层的是虚拟机及其应用，这是 vSphere 最终要实现的目标。虚拟机是运行操作系统和应用程序的软件计算机。每个虚拟机都包含自己的虚拟（基于软件的）硬件，包括虚拟 CPU、内存、硬盘和网络接口卡。通过虚拟化可以将物理资源（如 CPU、内存、存储设备和网络设备）整合到物理资源池中，再将这些物理资源池动态、灵活地提供给虚拟机。

物理资源池上面的是 vSphere 虚拟化平台。它又可分为两个层次。第一层是基础架构服务，用于实现计算、存储和网络等基础设施的虚拟化。其中，计算是最基本的，ESXi 是 vSphere 环境中的管理程序，可根据需要动态地为虚拟机提供物理硬件资源，以支持虚拟机的运行。通过管理程序，虚拟机可以在一定程度上独立于基础物理硬件运行。第二层是应用服务，它基于基础架构的虚拟化实现增强或扩展应用，如可用性、安全性和自动化。例如，虚拟机迁移时，可以在物理主机间移动虚拟机，或者将虚拟机的虚拟磁盘从一种类型的存储移至另一种类型的存储，而不会影响虚拟机的运行。

应用服务需要管理服务的配合。管理服务由 vCenter Server 和 vSphere Operations Management 提供。vCenter Server 可以实现多台 vSphere 主机的集中化管理，还可以使用多种功能来提高虚拟基础架构的可用性和安全性。而 vSphere Operations Management 的智能运维管理将虚拟化提高到新的高度，可实现更高的性能和可用性。

1.2.3　vSphere 数据中心的组成

vSphere 由软件和硬件组成。典型的 vSphere 数据中心组成如图 1-7 所示。其基本硬件包括计算服务器、存储网络和阵列、IP 网络、管理服务器和管理客户端。其软件包括 ESXi 和 vCenter Server，以及其他实现不同功能的软件组件。

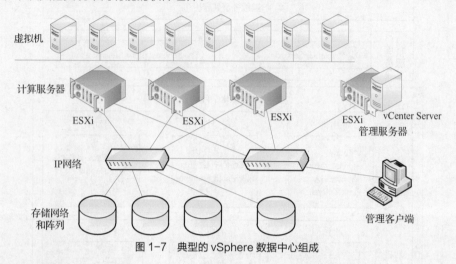

图 1-7　典型的 vSphere 数据中心组成

1. 计算服务器

计算服务器是运行 ESXi 的业界标准 x86 服务器，又称 ESXi 主机。ESXi 软件在硬件（裸机）上直接安装运行，主要为虚拟机提供 CPU 计算能力和内存等资源，并运行虚拟机。每台计算服务器在虚拟化环境中均称为独立主机。可以将连接到同一网络和存储子系统且具有类似配置的多台计算服务器划分到一个组中，以便在虚拟环境中创建资源集合，即集群。

2. 存储网络和阵列

存储系统是虚拟化的基础，用于存放大量虚拟化数据。存储资源由 vSphere 分配，这些资源在整个数据中心的虚拟机之间共享。vSphere 支持光纤通道存储区域网（Storage Area Network，SAN）阵列、互联网小型计算机系统接口（Internet Small Computer System Interface，iSCSI）SAN 阵列和网络附接存储（Network Attached Storage，NAS）阵列等主流存储技术，以满足不同数据中心的存储需求。SAN 支持在服务器组之间连接和共享存储阵列。

3. IP 网络

IP 网络是连接各种资源和对外服务的通道。每台计算服务器都可以配置多个物理网络适配器，为整个 vSphere 数据中心提供高带宽和可靠的网络连接。

4. 管理服务器

管理服务器提供基本的数据中心服务，如访问控制、性能监控和配置功能。vCenter Server 软件充当管理服务器，将各计算服务器中的资源统一在一起，使这些资源在整个 vSphere 数据中心的各虚拟机之间共享。vCenter Server 管理 ESXi 主机的虚拟机分配以及给定计算服务器中虚拟机的资源分配。在 vSphere 7.0 中，vCenter Server 以虚拟设备（Appliance，相当于虚拟机）的形式部署在 ESXi 主机上。

即使 vCenter Server 无法访问，则计算服务器也能继续工作。此时 ESXi 主机可单独管理，并根据上次设置的资源分配方案继续运行已经分配给它们的虚拟机。当恢复与 vCenter Server 的连接恢复后，可以再次将数据中心管理员作为一个整体进行管理。

5. 管理客户端

管理客户端通过联网设备连接到虚拟机的管理服务器，以进行资源的部署和调配，或向虚拟机发出控制命令等。vSphere 为数据中心管理和虚拟机访问提供多种界面，包括 vSphere Client（用于通过 Web 浏览器访问）和 vSphere 命令行界面。

任务实现

任务 1.2.1　进行 vSphere 虚拟化规划

实施服务器虚拟化有两种情形。一种情形是在现有的 IT 基础设施上升级改造，调整已有硬件设备，或添加新的设备来建立新型的数据中心；另一种情形是建设全新的虚拟数据中心。无论哪种情形，都要做好虚拟化规划，可以从以下几个方面进行规划。

1. 服务器规划

服务器主要用来承载虚拟机，根据虚拟机配置（所需资源）、用途和数量来决定服务器的配置和数量。在实际生产环境中，要考虑为系统预留资源容量，不能让服务器满载运行，通常需要预留 30% 或更高比例的资源容量。

服务器规划时，应重点考虑服务器的 CPU 和内存资源。对于 CPU，建议将物理 CPU 与虚拟 CPU 按照 1：10～1：4 的比例进行规划。例如，服务器具有两个 8 核的 CPU，按照 1：4 的比例可以虚拟出 64 个虚拟 CPU，如果每个虚拟机需要 4 个虚拟 CPU，则可以创建 16 个虚拟机。对于内存，一般每个虚拟机需要 2～4GB 内存，可以根据虚拟机数量估计内存，还应为主机系统本身的运行预留部分内存。具有两个 8 核的 CPU 的服务器一般配置 64GB 内存。

在实际生产环境中，多数虚拟机的 CPU 利用率不高，往往低于 10%，内存利用率多在 30% 以下。这样可以估算出所需的 CPU 和内存，计算公式为：

$$CPU\ 资源=CPU\ 频率×CPU\ 数量×CPU\ 利用率$$
$$内存资源=内存×内存利用率$$

计算出的资源需求可以是已有系统的实际需求，也可以是新建系统的预估需求。估算出虚拟机所需的总 CPU 资源和内存资源之后，预留 30%～40% 的余量，初步算出服务器的配置和数量。例如，虚拟机实际所需的 CPU 资源总量为 60GHz，拟配 CPU 频率 3GHz，需要 20 个 CPU 内核，考虑到预留，大约需要 30 个 CPU 内核，保险起见，具有两个 8 核的 CPU 的服务器需要配 3 台。实际需要总内存 120GB 左右，考虑到余量，可配 240GB 内存，每台服务器配 96GB 内存较为合适。

至于硬盘空间，服务器只需保证基本运行即可，虚拟机所用硬盘可由存储规划来解决。

对于现有的服务器，可以考虑增加内存、网卡，加配冗余电源。采购新的服务器时，除了配置 CPU 和内存外，还要配置多块网卡、冗余电源，如果使用本地存储，则要配置磁盘阵列。

2. 存储规划

选择存储方案时，尽量不要采用本地存储，而是采用存储设备（网络存储），因为虚拟机保存在共享的网络存储中，才能实现动态迁移、高可用性或容错等高级功能。

虚拟机不使用本地存储时，服务器可以考虑配置固态硬盘（Solid State Disk，SSD）来运行 ESXi 系统。

服务器数量较少时，可以配置 SAS HBA 接口（传输速度可达 6Gbit/s），在支持直接附接存储（Direct Attached Storage，DAS）连接的 SAS 系统上存储虚拟机，这种存储可向多台 ESXi 主机提供共享访问。服务器数量较多时，优先选择 FC HBA 接口（传输速度可达 8Gbit/s），使用光纤存储作为虚拟化平台的集中存储平台。

选择存储设备要考虑存储容量、磁盘类型和性能。存储容量至少是所需容量的两倍。虚拟化环境很多时候要求考虑磁盘的 IOPS（Input/Output Operations Per Second），即每秒进行输入/输出（Input/Output，I/O）操作的次数，其多用于数据库等场合以衡量随机访问的性能。存储端的 IOPS 和主机端的 I/O 是不同的，IOPS 是指存储每秒可接收多少次主机发出的访问，主机的一次 I/O 需要多次访问存储才可以完成。IOPS 决定延迟的大小。每个物理硬盘能处理的 IOPS 是有限制的，如 10000 转和 15000 转的硬盘的 IOPS 上限分别为 100 次和 150 次。通常，每个虚拟服务器的 IOPS 为 10~30 次，普通虚拟机为 5 次左右。同时运行 50 个虚拟服务器时，IOPS 至少为 1000 次，采用 10000 转 SAS 硬盘至少 10 块。

选择存储设备还要考虑接口带宽和数量，而且大多需要配置冗余接口。

3. 网络规划

作为支持虚拟机运行的服务器，往往需要更多的网卡（6 个网卡很常见）和更高的网络带宽。例如，负载平衡和故障转移、动态迁移虚拟机等都需要专用网络，使用独立的物理网卡。

在虚拟化环境中，物理服务器上运行多个虚拟机，而且支持虚拟机动态迁移，这大大增加了网络流量，且对交换机的背板带宽和上行链路带宽要求很高。

ESXi 支持在虚拟交换机中划分虚拟局域网（Virtual Local Area Network，VLAN），将物理主机网卡连接到交换机的 Trunk 端口，然后在虚拟交换机上划分 VLAN。在物理网卡不多的情况下，也可以将虚拟机划分到不同的 VLAN 中。

4. 虚拟化架构设计

前面主要是基础设施的规划，在此基础上还要设计虚拟化整体架构，包括数据中心结构设计、ESXi 主机和 vCenter Server 配置、虚拟存储设计、虚拟网络设计等。例如，虚拟化架构采用标准虚拟交换机，管理网络、vMotion 网络使用同一网络，业务系统使用另外一个网络，所有绑定的网卡分别连接到不同的物理交换机上，以保证网络的冗余。

任务 1.2.2　了解 vSphere 部署流程

vSphere 是一款复杂的产品，需要安装和设置多个组件。为确保成功部署 vSphere，需要了解所需的任务序列。vSphere 安装和设置工作流程如图 1-8 所示。

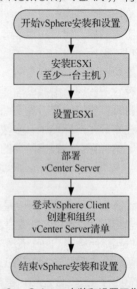

图 1-8　vSphere 安装和设置工作流程

任务 1.3　使用 VMware Workstation 部署虚拟机

任务说明

VMware Workstation 是一款主流的桌面虚拟化软件，可在单一桌面上同时运行多个不同的操作系统，为用户提供开发、测试、部署软件的解决方案。作为开发测试平台，它提供广泛的操作系统支持，甚至可以构建跨平台的云级应用，测试不同的操作系统和浏览器兼容性。本书的主要实验环境都是通过 VMware Workstation 部署的。本任务的具体要求如下。

（1）了解 VMware Workstation 虚拟机及其实现技术。

（2）掌握 VMware Workstation 虚拟机创建和安装操作系统的方法。

（3）掌握 VMware Workstation 虚拟磁盘和移动设备的操作和使用方法。

（4）掌握 VMware Workstation 虚拟机的操作和使用方法。

知识引入

1.3.1　虚拟机文件

与物理机一样，虚拟机是运行操作系统和应用程序的软件计算机。虚拟机包含一组规范和配置文件，这些文件存储在物理机可访问的存储设备上。因为所有的虚拟机都是由一系列文件组成的，所以复制和重复使用虚拟机就变得很容易。通常虚拟机包含以下文件。

* 虚拟机配置文件。虚拟机配置文件包含虚拟机配置信息，如 CPU、内存、网卡，以及虚拟磁盘的配置信息。创建虚拟机时会同时创建相应的配置文件。更改虚拟机配置后，该文件也会相应地变更。虚拟化软件根据配置文件提供的配置信息从物理主机上为该虚拟机分配物理资源。虚拟机配置文件仅包含配置信息，通常使用文本格式或 XML 格式，文件很小。

* 虚拟磁盘文件。虚拟机所使用的虚拟磁盘，实际上是物理硬盘上的一种特殊格式的文件，其模拟了一个典型的基于扇区的硬盘。虚拟磁盘为虚拟机提供存储空间。在虚拟机中，虚拟磁盘被虚拟机当作物理硬盘使用，功能相当于物理机的物理硬盘。虚拟机的操作系统安装在一个虚拟磁盘（文件）中。虚拟磁盘文件用于捕获驻留在主机内存的虚拟机的完整状态，并将信息以一个明确的磁盘文件格式显示出来。每个虚拟机都从其相应的虚拟磁盘文件启动，并加载到物理主机内存中。随着虚拟机的运行，虚拟磁盘文件可通过更新来反映数据或状态改变。虚拟磁盘文件可以复制到远程存储，提供虚拟机的备份和灾难恢复副本，也可以迁移或者复制到其他服务器上。虚拟磁盘也适合集中式存储，而不是存于每台本地服务器上。

* 虚拟机内存文件。虚拟机内存文件是包含正在运行的虚拟机的内存信息的文件。当虚拟机关闭时，该文件的内容可以提交到虚拟磁盘文件中。

* 虚拟机状态文件。与物理机一样，虚拟机也支持待机、休眠等状态，这就需要相应的文件来保存虚拟机的状态。当暂停虚拟机后，会将其挂起状态保存到状态文件中，由于仅包含状态信息，该文件通常不大。

* 日志文件。虚拟化软件通常使用日志文件记录虚拟机调试运行的情况，这对故障诊断非常有用。

1.3.2　VMware Tools

VMware Tools 是一种实用程序套件，可用于提高虚拟机操作系统的性能，改善虚拟机的管理。许多 VMware Workstation 功能只有在安装 VMware Tools 之后才可用。注意，应在激活操作系统许可证之前安装 VMware Tools。

VMware Tools 的安装程序是以 ISO 文件的形式提供的，ISO 是一种光盘映像存储格式。ISO 映像文件对虚拟机操作系统来说就像 CD-ROM。不同类型的客户机操作系统，如 Windows、Linux，都有一个 ISO 文件。执行安装或升级 VMware Tools 的命令时，虚拟机的第一个虚拟 CD-ROM 驱动器会自动临时连接到相应虚拟机操作系统的 VMware Tools 的 ISO 文件。

1.3.3　虚拟机快照和克隆

快照可以保存虚拟机在某一个时间点的状态，以便在需要时返回该状态。这个特性也可以帮助用户更好地进行软件测试工作。快照的内容包括虚拟机内存、虚拟机设置，以及所有虚拟磁盘的状态。恢复到快照时，虚拟机的内存、设置和虚拟磁盘都将返回到拍摄快照时的状态。

创建虚拟机并安装操作系统是一项非常耗时的工作，使用克隆只需安装及配置一次虚拟机系统，就可以快速创建多个安装及配置好系统的虚拟机。当需要将多个相同的虚拟机部署到一个组时，克隆功能非常有用。用户还可以配置一个具有完整开发环境的虚拟机，然后将其作为软件测试的基准配置反复克隆。

克隆是一个已经存在的虚拟机操作系统的副本。现有虚拟机被称为父虚拟机。克隆操作完成后，克隆会成为单独的虚拟机。对克隆所做的更改不会影响父虚拟机，对父虚拟机的更改也不会出现在克隆中。克隆的 MAC 地址和通用唯一标识符（Universally Unique Identifier，UUID）将不同于父虚拟机。

虚拟机克隆分为以下两种类型。

● 链接克隆：实时与父虚拟机共享虚拟磁盘的虚拟机副本。链接克隆是通过父虚拟机的快照创建而成的，因此节省了磁盘空间，多个虚拟机可以使用同一个软件。链接克隆必须能够访问父虚拟机，否则将无法使用。

● 完整克隆：虚拟机的完整独立副本。克隆后，它不会与父虚拟机共享任何数据。对完整克隆执行的操作完全独立于父虚拟机。由于完整克隆不与父虚拟机共享虚拟磁盘，因此完整克隆的表现一般要好于链接克隆。

任务实现

任务 1.3.1　安装 VMware Workstation

除了 VMware vSphere Client 和 VMware vCenter Converter Standalone 之外，VMware Workstation 不能与其他 VMware 产品安装在同一系统上。如果已经安装其他 VMware 产品，则必须先将它们卸载才能安装 VMware Workstation。

在 VMware 官网下载 VMware Workstation 16 Pro 的 Windows 安装程序。以管理员身份登录 Windows 主机系统（本任务实验环境为 Windows 10），运行该安装程序，启动相应的安装向导，根据提示进行操作即可。当出现"自定义"界面时，建议勾选"增强型键盘驱动程序"复选框以便使用虚拟机的增强型虚拟键盘功能，重启系统后此功能才有效。

VMware Workstation 主界面如图 1-9 所示，包括菜单栏、工具栏、多个窗格、状态栏等。每个虚拟机都相当于在主机系统中以窗口模式运行的独立计算机，用户可以与虚拟机进行互动、管理虚拟机的运行、从一个虚拟机切换到另一个虚拟机。

顶部的菜单栏提供全面的功能操作菜单项，菜单项是否可用取决于当前所选操作的对象，例如某项操作在虚拟机的当前状态下不支持，"虚拟机"菜单中的相应菜单项将不可用。

工具栏提供一组用于常用操作的按钮，如开机、关机、挂起、重启、快照、全屏等。

左侧的"库"窗格显示由 VMware Workstation 管理的虚拟机、文件夹和远程主机。默认情况下会显示所有项。右键单击"库"中的一个节点（虚拟机、文件夹或远程主机），弹出相应的快捷菜单，可以执行常见操作。

右侧窗格显示若干选项卡，选择"库"中的某个节点，会在右侧窗格中创建一个相应的虚拟机选项卡。默认会显示"主页"选项卡，使用其中的链接可以创建虚拟机、打开虚拟机、连接到远程服务器、连接到 VMware 云。在虚拟机选项卡中，可以查看和管理相应的虚拟机。对于处于已关机或挂起状态的虚拟机，虚拟机选项卡中出现的是摘要视图，可以在其中进行虚拟机硬件和选项设置，也可以创建或修改虚拟机描述。对于处于运行状态的虚拟机，默认情况下虚拟机选项卡中出现的是控制台视图（相当于计算机监视器），将鼠标指针移动到该控制台视图中，或者按<Ctrl+G>组合键，用户可以在此像操作物理计算机一样操作虚拟机。处于运行状态的虚拟机也可以转到摘要视图，从"查看"菜单中选择"控制台视图"命令，可以在控制台视图与摘要视图之间来回切换。

图 1-9　VMware Workstation 主界面

虚拟机选项卡下面显示的是缩略图，当虚拟机处于运行状态时，缩略图会及时更新以显示虚拟机的实际内容；当虚拟机被挂起时，缩略图为虚拟机挂起时的屏幕截图。单击缩略图可以显示虚拟机的摘要视图或控制台视图，也可以在虚拟机之间快速切换。

最底部的是状态栏，可以使用状态栏上的图标来查看消息，并对硬盘和网络适配器等设备进行操作。

任务 1.3.2　创建虚拟机

创建虚拟机

在创建虚拟机之前，需要做一些准备工作，如确定客户机操作系统的安装方式、选择虚拟网络（交换机）类型、选择虚拟磁盘类型、决定内存大小、是否自定义硬件设置等。VMware Workstation 提供新建虚拟机向导，支持两种配置类型：典型和自定义。典型配置的虚拟机是一种快捷方式，能以最少的操作步骤创建虚拟机；自定义配置的虚拟机是一种高级方式，需要自定义各类虚拟机资源。这里以创建一个拟运行 Windows Server 2016 操作系统的典型虚拟机进行示范。

（1）从"文件"菜单中选择"新建虚拟机"命令，启动新建虚拟机向导，选中"典型"单选按钮。

（2）单击"下一步"按钮，出现图 1-10 所示的界面，选择客户机操作系统的安装来源。这里选中"稍后安装操作系统"单选按钮，创建一个具有空白硬盘的虚拟机。

用户可以选择使用安装程序光盘或使用 ISO 映像文件来安装操作系统，这将进入简易模式，接下来 VMware Workstation 自动识别其中的操作系统并进行安装。

（3）单击"下一步"按钮，出现图 1-11 所示的界面，选择客户机操作系统及版本。这里选择"Microsoft Windows"操作系统的"Windows Server 2016"版本。

如果客户机操作系统未在列表中列出，则操作系统和版本都选择"其他"单选按钮。

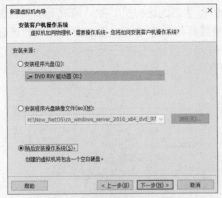
图 1-10　安装客户机操作系统

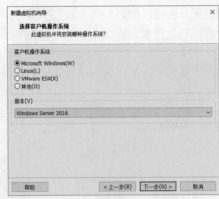
图 1-11　选择客户机操作系统

（4）单击"下一步"按钮，出现图 1-12 所示的界面，输入虚拟机的名称，并设置安装位置。默认位置在"我的文档"中，建议将其改为其他文件夹，并保证有足够的硬盘空间。

（5）单击"下一步"按钮，出现图 1-13 所示的界面，设置虚拟磁盘的大小，并指定是否将磁盘拆分为多个文件。

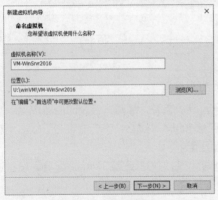
图 1-12　命名虚拟机

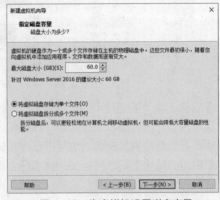
图 1-13　为虚拟机设置磁盘容量

（6）单击"下一步"按钮，出现图 1-14 所示的界面，给出目前的虚拟机配置清单供用户确认。可以根据需要单击"自定义硬件"按钮，在弹出的对话框中自定义硬件配置和虚拟机选项。

（7）单击"完成"按钮创建虚拟机。

新建的虚拟机加入库中且处于已关机状态，如图 1-15 所示。

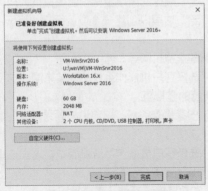
图 1-14　确认虚拟机配置

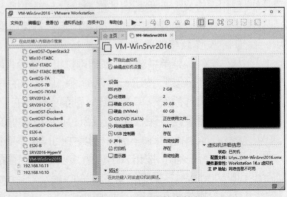
图 1-15　新建的虚拟机

任务 1.3.3　在虚拟机上安装操作系统

在虚拟机上安装操
作系统

前面使用向导创建虚拟机时，如果没有安装任何操作系统，则该虚拟机相当于一台裸机。在虚拟机中安装操作系统与在物理计算机中安装操作系统基本相同。可以通过安装程序光盘或 ISO 映像文件安装虚拟机操作系统，也可以使用预启动执行环境（Preboot Execution Environment，PXE）服务器通过网络连接安装虚拟机操作系统。这里以通过 ISO 文件安装操作系统为例示范安装 Windows Server 2016，这也是较为常见的方式之一。

（1）设置启动光盘，单击"编辑虚拟机设置"选项打开相应的对话框，将虚拟机中的 CD/DVD 驱动器配置为指向要安装的操作系统的 ISO 文件（这里为 Windows Server 2016 的 ISO 文件），并将该驱动器配置为启动时连接，如图 1-16 所示。

（2）开启虚拟机，虚拟机加载安装文件后进入安装过程，如图 1-17 所示，根据提示在虚拟机控制台中完成安装。本例选择安装 Windows Server 2016 Standard（桌面体验）。

图 1-16　设置从 ISO 文件启动

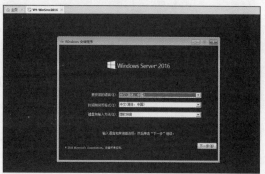

图 1-17　虚拟机安装操作系统

（3）完成安装后，控制台中显示当前正在运行安装有操作系统的虚拟机，如图 1-18 所示。

（4）登录虚拟机。从"虚拟机"菜单中选择"发送 Ctrl+Alt+Del"命令，或者按<Ctrl+Alt+Insert>组合键（用于代替<Ctrl+Alt+Delete>组合键），输入用户名和密码登录 Windows Server 2016 虚拟机。

图 1-18　成功安装操作系统的虚拟机

接下来安装 VMware Tools。注意，虚拟机必须在开机状态下才能安装 VMware Tools。

从"虚拟机"菜单中选择"安装 VMware Tools"命令，自动将 VMware Tools 的 ISO 文件装载到虚拟机的 CD-ROM 驱动器，打开虚拟机的 CD-ROM 驱动器，运行 setup.exe 来启动安装向导，如图 1-19 所示。根据提示完成安装，并重新启动虚拟机使 VMware Tools 生效。

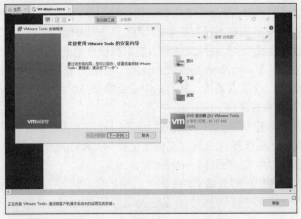

图 1-19　安装 VMware Tools

查看和修改虚拟机设置

任务 1.3.4　查看和修改虚拟机设置

在虚拟机创建过程中可以设置虚拟硬件和虚拟机选项，虚拟机创建之后，甚至安装客户机操作系统之后，还可以查看和修改虚拟机设置。

用户可以向虚拟机添加设备，包括 DVD 和 CD-ROM 驱动器、USB 控制器、虚拟或物理硬盘、并行/串行端口、通用小型计算机接口（Small Computer System Interface，SCSI）设备和处理器，还可以修改现有硬件设备的设置。选择虚拟机，然后从"虚拟机"菜单中选择"设置"命令，打开图 1-20 所示的对话框，在"硬件"选项卡中选择要修改的硬件，在右侧窗格中进行修改即可。要添加新的硬件，单击"添加"按钮启动添加硬件向导，如图 1-21 所示，选择要添加的硬件类型，根据提示完成硬件添加即可。

> **提示**　VMware Workstation 支持设备的热插拔功能，即虚拟机正在运行时，可以添加或移除声卡、网卡、硬盘等设备，这为测试工作带来了极大的方便。需要注意的是，不能在虚拟机运行时降低内存。

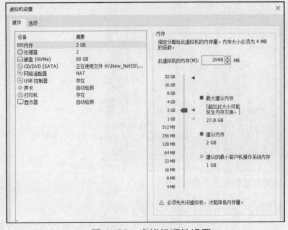

图 1-20　虚拟机硬件设置

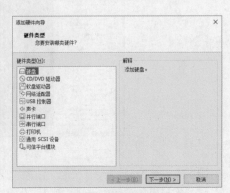

图 1-21　添加硬件向导

　　用户可以根据需要对虚拟机的选项进行设置，如更改虚拟机名称，启用增强型键盘，配置电源选项以配置虚拟机在开机、关机和关闭时的行为。在"虚拟机设置"对话框（见图 1-20）中切换到"选项"选项卡，如图 1-22 所示，查看和修改选项设置。

图 1-22　虚拟机选项设置

任务 1.3.5　创建和使用虚拟磁盘

创建和使用虚拟
磁盘

　　使用新建虚拟机向导可创建具有一个虚拟磁盘的虚拟机。用户可以向虚拟机中添加硬盘作为虚拟磁盘，也可以从虚拟机中移除它，以及更改现有虚拟磁盘的设置。这里介绍为虚拟机创建一个新的虚拟磁盘。

　　（1）选择一个虚拟机，从"虚拟机"菜单中选择"设置"命令，在弹出的对话框中单击"添加"按钮启动添加硬件向导，从"硬件类型"列表中选择"硬盘"选项。

　　（2）单击"下一步"按钮，出现图 1-23 所示的界面，选择磁盘类型。这里选择"SCSI"单选按钮。

　　VMware Workstation 16 Pro 支持非易失性高速传输总线（Non-Volatile Memory express，NVMe）类型的虚拟磁盘，但无法在虚拟机运行状态下添加该类型的磁盘。

　　（3）单击"下一步"按钮，出现"选择磁盘"界面，为虚拟机选择磁盘。这里选择"创建新虚拟磁盘"单选按钮。

　　用户也可以选择"使用现有虚拟磁盘"单选按钮，将现有虚拟磁盘连接到当前虚拟机。还可以使用物理磁盘，让虚拟机直接访问主机上的本地硬盘。

　　（4）单击"下一步"按钮，出现"指定磁盘容量"界面，为虚拟机设置磁盘容量。

　　默认取消勾选"立即分配所有磁盘空间"复选框，这样虚拟磁盘空间最初会很小，随着数据的添加会不断增长。如果勾选该复选框，会立即启用所需的物理磁盘空间，这有助于提高性能。

　　为提高性能，建议选中"将虚拟磁盘存储为单个文件"单选按钮，这要求虚拟磁盘文件存储在没有文件大小限制的文件系统上。

　　（5）单击"下一步"按钮，指定虚拟磁盘文件名和存储位置，默认与虚拟机文件位于同一文件夹。虚拟磁盘文件名以虚拟机名称开头。

　　（6）单击"完成"按钮添加新的虚拟磁盘。

　　新创建的虚拟磁盘将在虚拟机操作系统中显示为新的空白硬盘，如图 1-24 所示，刚开始处于脱机状态，还需要联机并对其进行初始化，然后分区和格式化才能正常使用。

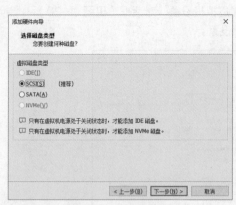

图 1-23　选择磁盘类型

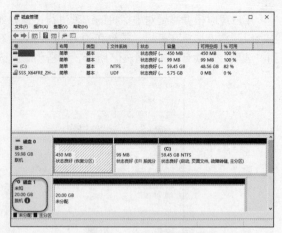

图 1-24　新创建的空白磁盘

使用可移动设备

任务 1.3.6　使用可移动设备

在正在运行的虚拟机中可使用可移动设备，如 DVD/CD-ROM 驱动器、USB 设备，以及智能卡读卡器等。要连接可移动设备，选择正在运行的虚拟机，然后从"虚拟机"菜单中选择"可移动设备"命令，选择设备，然后选择"连接"命令即可，如图 1-25 所示。

将 USB 设备连接到虚拟机更为简单。在虚拟机运行时，如果将 USB 设备插入主机系统，则弹出图 1-26 所示的对话框，需要选择连接到指定的虚拟机。如果连接到主机系统的 USB 设备未在虚拟机开机时连接到虚拟机，则必须手动将该设备连接到虚拟机。

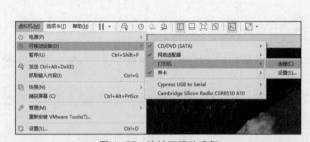

图 1-25　连接可移动设备

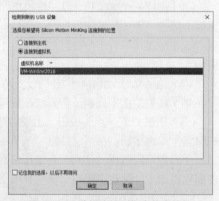

图 1-26　选择连接到指定的虚拟机

> **提示**　某些设备无法用于主机系统和虚拟机操作系统，也无法被多个虚拟机操作系统同时使用。VMware Workstation 虚拟机嵌套不支持硬件的物理传递，在物理主机上的 VMware Workstation 虚拟机 A 中再安装 VMware Workstation 来运行虚拟机 B，则虚拟机 B 不能直接使用物理主机上的设备。

任务 1.3.7　操作和使用虚拟机

在虚拟机控制台中操作虚拟机与操作物理机基本相同。

1. 开机时进入固件设置界面

物理计算机开机时可通过特定的按键进入固件（或 BIOS）设置界面，查看和调整固件设置，如按<F2>键进入 BIOS 设置界面，按<F12>键选择启动菜单。VMware Workstation 对虚拟机也提供了同样的功能，从"电源"子菜单中选择"打开电源时进入固件"命令即可进入固件设置界面。本例中虚拟机选用的固件类型是统一可扩展固件接口（Unified Extensible Firmware Interface，UEFI），固件设置界面如图 1-27 所示。

UEFI 是操作系统和平台固件之间的接口，与 BIOS 固件相比，其在架构方面拥有更大的优势。可以通过虚拟机选项的高级设置来更改固件类型，如将 UEFI 改为传统 BIOS。

2. 开关虚拟机

可以通过"虚拟机"菜单中的"电源"子菜单中的命令（见图 1-28）来执行选定虚拟机的开机、关机、挂起、重置（重启）操作。也可以单击工具栏的开关机按钮右侧的下拉按钮来打开"电源"子菜单。

操作和使用虚拟机

注意，"电源"子菜单中的上下两组开关机命令是不同的。上面一组是软电源命令，由 VMware Workstation 向客户机操作系统发出开关机信号，例如选择"关闭客户机"命令将向客户机操作系统发出关机信号，客户机操作系统收到信号并进行正常的"软关机"，这有助于虚拟机操作系统安全地关闭。下面一组是硬电源命令，相当于直接对虚拟机电源进行操作，例如选择"关机"命令，VMware Workstation 强行关闭虚拟机，而不考虑正在进行的工作。建议虚拟机开关机操作使用硬电源命令。

并非所有客户机操作系统都会对 VMware Workstation 的开关机信号做出响应，如果客户机操作系统未对信号做出响应，则需要像操作物理机那样在客户机操作系统中执行打开或关闭。

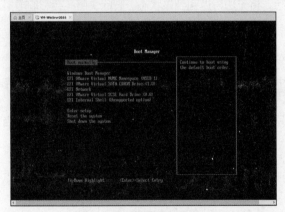

图 1-27　虚拟机固件设置

图 1-28　虚拟机的"电源"子菜单

3. 在虚拟机与主机系统之间传输文件和文本

用户可以使用拖放功能在主机系统与虚拟机之间以及不同虚拟机之间移动文件、文件夹、电子邮件附件、纯文本、带格式的文本和图像等。

用户可以在虚拟机之间以及虚拟机中运行的应用程序之间剪切、复制和粘贴文本，还可以在主机系统中运行的应用程序和虚拟机中运行的应用程序之间剪切、复制和粘贴图像、纯文本、带格式的文本和电子邮件附件。

4. 虚拟机快照管理

用户可以在虚拟机处于开启、关机或挂起状态时拍摄快照。建议在关机状态下拍摄快照，这样占用的资源最少。

选择要拍摄快照的虚拟机，然后从"虚拟机"菜单中选择"快照">"拍摄快照"命令，在打开的对话框中设置快照名称，单击"确定"按钮即可完成快照的拍摄。

用户可以使用快照管理器查看虚拟机的所有快照，直接对其进行操作。从"虚拟机"菜单中选择"快照"＞"快照管理器"命令即可打开当前虚拟机的快照管理器，如图1-29所示。

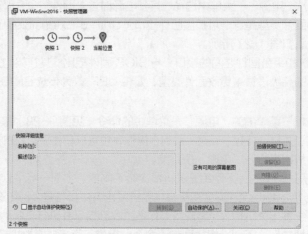

图1-29　快照管理器

通过"恢复到快照"可将虚拟机恢复到拍摄特定快照时的状态。从"虚拟机"菜单中选择"快照"命令，从子菜单中选择如何恢复，单击列表中的快照即可恢复到该快照。如果要恢复到父快照，选择"恢复到快照"命令即可。

删除快照时，已保存的虚拟机状态会被删除，将无法再返回到该状态。删除快照不会影响虚拟机的当前状态。

5. 虚拟机克隆

建议在关机状态下克隆虚拟机，这样占用的资源最少。下面示范克隆虚拟机。

（1）选择要克隆的父虚拟机，然后从"虚拟机"菜单中选择"管理"＞"克隆"命令，启动克隆虚拟机向导。

（2）单击"下一步"按钮，出现图1-30所示的界面，选择克隆源。这里选择"虚拟机中的当前状态"单选按钮。

如果该虚拟机之前创建了关机状态的快照，则可以选择从现有快照中创建克隆。

（3）单击"下一步"按钮，出现图1-31所示的界面，选择克隆类型。这里选择"创建链接克隆"单选按钮。

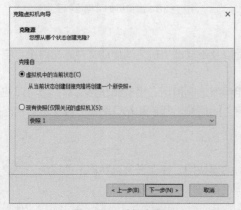

图1-30　选择克隆源

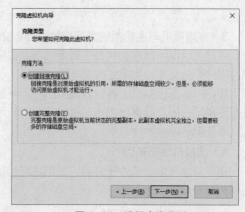

图1-31　选择克隆类型

（4）单击"下一步"按钮，出现"新虚拟机名称"界面，设置克隆虚拟机的名称和虚拟机文件的存放位置。

（5）单击"完成"按钮，开始创建克隆，结束之后单击"关闭"按钮退出向导。

创建链接克隆非常快，过程中还会创建一个快照。创建完整克隆需要的时间长一些，具体时长取决于所要复制的虚拟磁盘的大小。

克隆虚拟机向导为克隆虚拟机创建了新的 MAC 地址和 UUID，其他配置信息（如虚拟机名称和静态 IP 地址配置）与父虚拟机没有任何差别，还需要进一步调整。

6. 虚拟机导出与导入

OVF 是一种虚拟机打包和分发格式，具有独立于平台、高效、可扩展、开放的特点。它包含所需虚拟磁盘和虚拟硬件配置（如 CPU、内存、网络连接设备和存储设备）的完整列表。可以说将虚拟机导出为 OVF 格式，相当于制作虚拟机模板。导出文件格式也可改为 OVA。两种格式大致相同，只是 OVA 文件是将虚拟磁盘和虚拟机文件以及 MF 文件（验证虚拟机相关配置）全部打包在一起，OVF 文件是将虚拟磁盘和 MF 文件分开保存。

首先确认虚拟机未加密且已处于关机状态，然后从"文件"菜单中选择"导出为 OVF"命令，弹出相应的对话框，设置 OVF 文件名称和保存目录，单击"保存"按钮开始 OVF 导出过程，状态栏指示导出进度。

用户可以在 VMware Workstation 中导入 OVF 或 OVA 格式的虚拟机，将其转换为 VMware 运行时格式（VMX），并在 VMware Workstation 中运行。例如，要导入 OVF 格式的虚拟机，从"文件"菜单中选择"打开"命令，浏览到 OVF 文件，然后单击"打开"按钮，设置虚拟机名称和虚拟机文件目录，再单击"导入"按钮即可。成功导入 OVF 格式的虚拟机后，虚拟机会出现在虚拟机库中。

任务 1.4　组建 VMware Workstation 虚拟网络

任务说明

VMware Workstation 可以在一台物理计算机上组建若干虚拟网络，模拟完整的网络环境，非常便于测试网络应用。本书的学习和实验需要搭建多种网络环境，建议使用 VMware Workstation 组建虚拟网络。本任务的具体要求如下。

（1）了解 VMware Workstation 虚拟网络组件。

（2）了解 VMware Workstation 虚拟网络结构。

（3）了解 VMware Workstation 虚拟网络组网模式。

（4）掌握 VMware Workstation 虚拟网络创建和配置的方法。

（5）掌握 VMware Workstation 虚拟机设置虚拟网卡的实现方法。

知识引入

1.4.1　虚拟网络组件

与物理网络一样，要组建虚拟网络，必须有相应的网络组件。在 VMware Workstation 虚拟网络中，各种虚拟网络组件是由软件实现的，主要的虚拟网络组件如下。

• 虚拟交换机。如同物理交换机，虚拟交换机用于连接各种网络设备或计算机。在 Windows

主机系统中，VMware Workstation 最多可创建 20 个虚拟交换机，一个虚拟交换机对应一个虚拟网络。虚拟交换机又称为虚拟网络，其名称为 VMnet0、VMnet1、VMnet2，以此类推。VMware Workstation 预置的虚拟交换机映射到特定的网络。

- 主机虚拟网卡。VMware Workstation 主机最多可以安装 19 个虚拟网卡（虚拟适配器）。主机虚拟网卡连接到虚拟交换机以加入虚拟网络，实现主机与虚拟机之间的通信。主机虚拟网卡与虚拟交换机是一一对应的关系，添加虚拟网络（虚拟交换机）时，默认在主机系统中自动安装相应的虚拟网卡。
- 虚拟网桥。通过虚拟网桥，可以将 VMware 虚拟机连接到 VMware 主机所在的局域网中。这是一种桥接模式，直接将虚拟交换机连接到主机的物理网卡上。默认情况下，名为 VMnet0 的虚拟网络支持虚拟网桥。虚拟网桥不会在主机中创建虚拟网卡。
- 虚拟网络地址转换（Network Address Translation，NAT）设备。虚拟 NAT 设备用于实现虚拟网络中的虚拟机共享主机的一个 IP 地址（主机虚拟网卡上的 IP 地址），以连接到主机外部网络。NAT 还支持端口转发，让外部网络用户也能通过 NAT 访问虚拟网络内部资源。默认情况下，名为 VMnet8 的虚拟网络支持 NAT 模式。
- 虚拟动态主机配置协议（Dynamic Host Configuration Protocol，DHCP）服务器。对于非网桥连接方式的虚拟机，可通过虚拟 DHCP 服务器自动为它们分配 IP 地址。
- 虚拟机虚拟网卡。创建虚拟机时自动为虚拟机创建虚拟网卡，一个虚拟机最多可以安装 10 个虚拟网卡，连接到不同的虚拟交换机。

1.4.2 VMware Workstation 虚拟网络结构

VMware Workstation 使用各种虚拟网络组件可以在一台计算机上建立满足不同需求的虚拟网络环境。其虚拟网络结构如图 1-32 所示，其中反映了各个虚拟网络组件之间的关系。

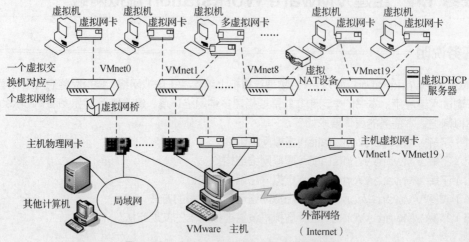

图 1-32　VMware Workstation 虚拟网络结构

一台 Windows 计算机上可以创建多个虚拟网络，每个虚拟网络以虚拟交换机为核心。VMware Workstation 主机通过物理网卡（桥接模式）或虚拟网卡连接到虚拟交换机，VMware Workstation 虚拟机通过虚拟网卡连接到虚拟交换机，这样就组成了虚拟网络，从而实现主机与虚拟机、虚拟机与虚拟机之间的网络通信。

在 Windows 主机上，一个虚拟网络可以连接的虚拟设备的数量不受限制。主机和虚拟机都可连接到多个虚拟网络。每个虚拟网络有自己的 IP 地址范围。

为便于标识虚拟网络，VMware Workstation 将它们统一命名为 VMnet0～VMnet19。每个虚拟交换机对应一个虚拟网络，这两者的名称都是相同的。虚拟机上的虚拟网卡要连接到某个虚拟网络，也要将其网络连接指向相应的虚拟网络名称。

除了桥接模式的虚拟网络，要让主机能够接入其他虚拟网络，需要在主机上添加一个对应的虚拟网卡。例如，要添加 VMnet2 虚拟网络，主机上默认会在添加一个对应于 VMnet2 虚拟网络的虚拟网卡（主机上默认的虚拟网卡名称会加上特殊前缀，如 VMware Virtual Adapter for VMnet2），并确保该虚拟网卡连接到 VMnet2 虚拟网络，以便主机能够与连接 VMnet2 虚拟网络的虚拟机进行通信。

1.4.3 VMware Workstation 虚拟网络组网模式

默认情况下有 3 个虚拟网络由 VMware Workstation 进行特殊配置，它们分别对应 3 种标准的 VMware Workstation 虚拟网络模式，即桥接（Bridged）模式、NAT 模式和仅主机（Host-only）模式。默认桥接模式网络名称为 VMnet0（默认不显示），NAT 模式网络名称为 VMnet8，仅主机模式网络名称为 VMnet1，这 3 个虚拟网络在 VMware Workstation 安装时自动创建。VMnet2～VMnet7、VMnet9～VMnet19 用于自定义虚拟网络。

1. 桥接模式

基于桥接模式的 VMware Workstation 虚拟网络结构如图 1-33 所示。虚拟交换机（默认为 VMnet0）通过虚拟网桥自动桥接到主机的物理网卡，从而将虚拟网络并入主机所在网络。VMware Workstation 虚拟机通过虚拟网卡连接到该虚拟交换机，经虚拟网桥连接到主机所在网络。与其他两种模式不同，桥接模式的主机上并不提供对应的 VMware Workstation 虚拟网卡。

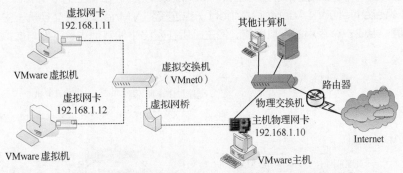

图 1-33　基于桥接模式的 VMware Workstation 虚拟网络结构

虚拟机 IP 地址需要与主机 IP 地址在同一个网段，虚拟机与主机在该网络中的地位相同，被当作一台独立的物理计算机对待。虚拟机可与主机相互通信，透明地使用主机所在网络中的任何可用服务，包括 DNS、DHCP 和共享上网。虚拟机还可以与主机所在网络上的其他计算机相互通信，虚拟机上的资源也可被主机所在网络中的任何主机访问。

如果主机位于以太网中，则这是一种最容易让虚拟机访问主机所在网络的组网模式。这种模式还有一个优点，就是方便物理网络中的其他计算机访问虚拟机。

2. NAT 模式

基于 NAT 模式的 VMware Workstation 虚拟网络结构如图 1-34 所示。默认情况下，VMnet8 虚拟交换机提供虚拟 NAT 设备和虚拟 DHCP 服务器，虚拟机连接到 VMnet8 虚拟交换机，再通过虚拟 NAT 设备连接到主机上的物理网卡，该虚拟 NAT 设备在 VMnet8 虚拟网络与主机所连接的网络之间转发数据。虚拟 DHCP 服务器可以为虚拟机提供 DHCP 服务。主机上的 VMnet8 虚拟网卡（默认名称为 VMware Network Adapter VMnet8）也连接到 VMnet8 虚拟交换机，用于实现主机与虚拟机之间的通信。

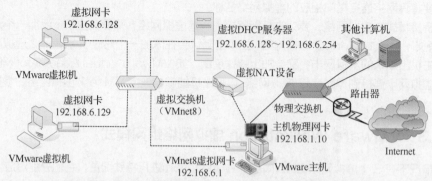

图 1-34　基于 NAT 模式的 VMware Workstation 虚拟网络结构

使用 NAT 模式，可以让虚拟机借助 NAT 功能通过主机来访问外网。这是一种让虚拟机单向访问主机、外网或本地网络资源的简单方法，但是网络中的其他计算机不能访问虚拟机，而且效率比较低。如果希望在虚拟机中不用进行任何手动配置就能直接访问 Internet，建议采用 NAT 模式。另外，主机系统通过非以太网适配器连接网络时，NAT 将非常有用。

3. 仅主机模式

基于仅主机模式的 VMware Workstation 虚拟网络结构如图 1-35 所示。这种模式相当于 NAT 模式去除了虚拟 NAT 设备。默认情况下，VMnet1 虚拟交换机提供虚拟 DHCP 服务器，为虚拟机动态分配 IP 地址，虚拟机连接到 VMnet1 虚拟交换机，主机上的 VMnet1 虚拟网卡（默认名称为 VMware Network Adapter VMnet1）也连接到 VMnet1 虚拟交换机，主机与虚拟机之间可以通信，组成一个专用的虚拟网络，但主机所在网络中的其他主机不能与虚拟机进行网络通信。

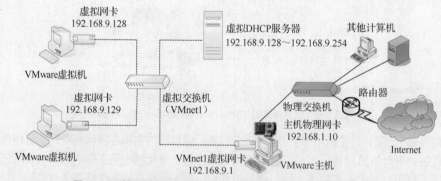

图 1-35　基于仅主机模式的 VMware Workstation 虚拟网络结构

仅主机模式将虚拟机与外部网络隔开，虚拟机成为一个独立的系统，虚拟机对外只能访问到主机，主机与虚拟机之间以及虚拟机之间都可以相互通信。这种模式适合建立一个完全独立于主机所在网络的虚拟网络，以便进行各种网络实验。

> **提示**　在默认配置中，仅主机模式的虚拟机无法连接外部网络。如果主机系统上安装了合适的路由器或者配置了 NAT，则仍然可以在主机 VMnet1 虚拟网卡和物理网卡之间建立连接，从而将虚拟机连接到外部网络。

任务实现

任务 1.4.1　在 VMware Workstation 主机上配置虚拟网络

在一台 Windows 计算机上最多可创建 20 个虚拟网络，在为虚拟机配置网络连接之前，根据需要在 VMware Workstation 主机上对虚拟网络进行配置，这需要使用虚拟网络编辑器。

在 VMware
Workstation 主机上
配置虚拟网络

在 VMware Workstation 主界面中选择"编辑">"虚拟网络编辑器"命令，再单击"更改设置"按钮，打开图 1-36 所示的"虚拟网络编辑器"对话框，上面区域显示当前已经创建的虚拟网络列表，默认已经创建了 3 个虚拟网络，分别是 VMnet0、VMnet1 和 VMnet8。

添加虚拟网络的同时在主机上创建对应名称的虚拟网卡。可以查看主机的网络连接，如图 1-37 所示，VMnet1 和 VMnet8 虚拟网络分别与主机上的 VMware Network Adapter VMnet1 和 VMware Network Adapter VMnet8 虚拟网卡连接，而桥接模式的 VMnet0 虚拟网络比较特殊，它与主机上的物理网卡进行桥接，直接使用物理网卡。

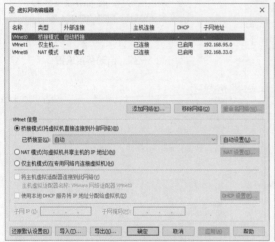

图 1-36　列出现有的虚拟网络

图 1-37　查看主机的网络连接

在"虚拟网络编辑器"对话框中可以添加或删除虚拟网络，或者修改现有虚拟网络配置，如为虚拟网络配置子网（包括子网 IP 地址和子网掩码）、DHCP 或 NAT。下面示范默认虚拟网络的配置调整。

1. 调整桥接模式虚拟网络的配置

安装 VMware Workstation 时已经自动安装虚拟网桥。默认情况下，主机自动将 VMnet0 虚拟网络桥接到第一个可用的物理网卡。一个物理网卡只能桥接一个虚拟网络。如果主机上有多个物理网卡，那么也可以自定义其他网桥以连接其他物理网卡。

如图 1-38 所示，在"已桥接至"下拉列表中选择要桥接的物理网卡。默认选择的是"自动"，单击"自动设置"按钮可以进一步选择自动桥接的物理网卡，如图 1-39 所示。

2. 调整 NAT 模式虚拟网络的配置

如图 1-40 所示，NTA 模式的虚拟网络需选中"NAT 模式（与虚拟机共享主机的 IP 地址）"单选按钮（一个主机上只能有一个 NAT 模式虚拟网络），默认勾选"将主机虚拟适配器连接到此网络"复选框，表示会在主机上添加一个对应于该虚拟网络的虚拟网卡。如果修改子网 IP 地址并单击

"应用"按钮，则对应的 NAT 设置和 DHCP 设置会自动修改 IP 地址。

默认为 NAT 模式虚拟网络启用了 NAT 服务。单击"NAT 设置"按钮打开图 1-41 所示的对话框，NAT 网关一定要与虚拟网络位于同一子网，一般采用默认值即可。也可以将 NAT 模式虚拟网络的子网 IP 地址设置为主机所在物理网络的子网 IP 地址。例如主机物理网卡 IP 地址为192.168.1.100/24，可将虚拟网络的子网 IP 地址设置为 192.168.1.0。注意，DHCP 设置分配的IP 地址不要与物理子网的 IP 地址发生冲突。

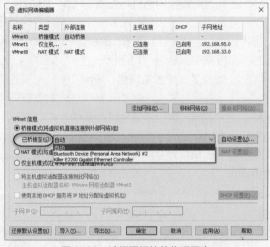

图 1-38　选择要桥接的物理网卡

图 1-39　自动桥接设置

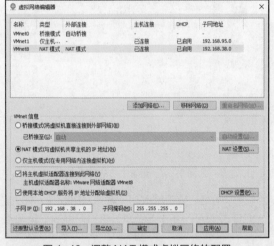

图 1-40　调整 NAT 模式虚拟网络的配置

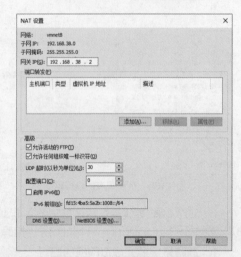

图 1-41　虚拟网络的 NAT 设置

虚拟机可通过虚拟 DHCP 服务器从该虚拟网络获取一个 IP 地址，也可以不使用虚拟 DHCP服务器。默认勾选"使用本地 DHCP 服务将 IP 地址分配给虚拟机"复选框，单击"DHCP 设置"按钮打开图 1-42 所示的对话框，可以根据需要进一步配置 DHCP 服务器，包括可分配的 IP 地址范围和租期。

3. 调整仅主机模式虚拟网络的配置

首先为虚拟网络选择"仅主机模式（在专用网络内连接虚拟机）"，然后可以根据需要更改子网IP 地址设置和 DHCP 设置，如图 1-43 所示。这种模式的网络除了没有 NAT 设置之外，其他设置与 NAT 模式相同。可以在主机上建立多个仅主机模式虚拟网络。

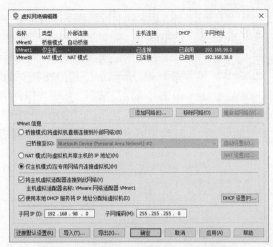

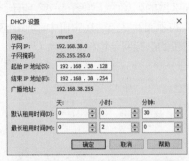

图 1-42 虚拟网络的 DHCP 配置

图 1-43 调整仅主机模式虚拟网络的配置

任务 1.4.2 在 VMware Workstation 虚拟机上设置虚拟网卡

使用新建虚拟机向导创建虚拟机时,默认会创建一个 NAT 模式的虚拟网卡,可通过自定义硬件修改它。在创建 VMware Workstation 虚拟机之后,使用虚拟网络设置对话框进一步设置虚拟网卡的属性。在 VMware Workstation 主界面中选中某个虚拟机,选择"虚拟机">"设置"命令打开相应的对话框,在"硬件"选项卡中单击"网络适配器",如图 1-44 所示,设置网络连接模式。如果要增加更多的虚拟网卡,单击"添加"按钮,根据提示选择"网络适配器"硬件类型,新添加一个 NAT 模式的虚拟网卡,然后根据需要修改网络连接模式。与物理机一样,一个虚拟机可有多个网络连接,如图 1-45 所示。

在 VMware Workstation 虚拟机上设置虚拟网卡

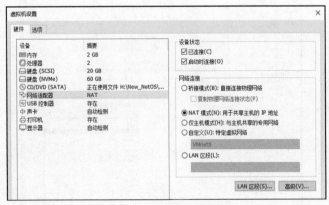

图 1-44 设置网络连接模式

图 1-45 虚拟机有多个网络连接

任务 1.4.3 创建 VMware Workstation 虚拟网络

如果要设计一个更复杂的网络,就要进行自定义配置。除了在默认虚拟网络的基础上进行调整之

创建 VMware
Workstation 虚拟
网络

外，更多的时候需要通过自定义一个或多个虚拟网络，在主机或虚拟机上安装多个虚拟网卡，来实现防火墙、网关等复杂网络配置。下面示范添加一个虚拟网络。

在"虚拟网络编辑器"对话框中单击"添加网络"按钮弹出相应的对话框，如图 1-46 所示，从下拉列表中选择要添加的虚拟网络名称（本例中选择"VMnet2"），单击"确定"按钮，将该虚拟网络添加到上面区域的列表中，如图 1-47 所示。再单击"确定"或"应用"按钮完成虚拟网络的添加，并自动在主机中添加相应的虚拟网卡。如果要删除虚拟网络，主机中对应的虚拟网卡也将被删除。

图 1-46　添加虚拟网络

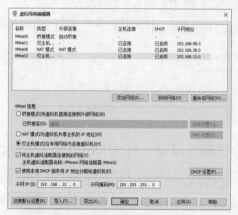

图 1-47　新添加的虚拟网络

在"虚拟网络编辑器"对话框中从列表中选择一个虚拟网络，可以在下面区域中对其进行配置，单击"确定"或"应用"按钮使配置生效。如图 1-47 所示，本例中将新添加的虚拟网络设置为仅主机模式，勾选"将主机虚拟适配器连接到此网络"复选框，表示在主机上创建对应的虚拟网卡来连接该虚拟网络（见图 1-48）。在"子网 IP"和"子网掩码"文本框中为该虚拟网络设置 IP 地址范围，一般应根据需要修改其默认设置。勾选"使用本地 DHCP 服务将 IP 地址分配给虚拟机"复选框以启用 DHCP，单击"DHCP 设置"按钮打开相应的对话框可以配置和管理该虚拟网络的 DHCP 配置。

创建自定义的虚拟网络之后，虚拟机的虚拟网卡就可以选择连接到该虚拟网络，如图 1-49 所示。

图 1-48　主机上新增的虚拟网卡

图 1-49　将虚拟机连接到自定义的虚拟网络

项目小结

　　企业级虚拟化依赖于服务器虚拟化技术。通过本项目的实施，我们弄清了虚拟化的概念，了解了虚拟机、数据中心和云计算技术，以及主流的企业级虚拟化解决方案；对业界领先的虚拟化平台软件 vSphere 有了总体了解，并掌握了 vSphere 虚拟化基本规划。本项目还介绍了使用桌面虚拟化软件 VMware Workstation 部署虚拟机和虚拟网络的方法，这一方面可以增进读者对虚拟化技术的感性认识，另一方面为后续的实验环境部署打下基础。学习服务器虚拟化部署时，通常使用虚拟化技术组建一个虚拟的实验室来完成实验和测试工作。限于篇幅，vSphere 虚拟化平台的虚拟化实验环境部署请参见相关的线上文档。项目 2 将从单台 ESXi 主机虚拟化平台部署开始介绍 vSphere。

附录 A　部署
VMware vSphere
实验环境

课后练习

简答题

1. 什么是虚拟化？
2. 简述虚拟化的优势。
3. 按实现技术，虚拟化可以分为哪几种类型？
4. 简述服务器虚拟化的概念和作用。
5. 什么是虚拟机？
6. 虚拟机监控器有什么作用？分为哪两种类型？
7. 解释数据中心和软件定义数据中心的概念。
8. 简述 vSphere 虚拟化架构。
9. 简述 vSphere 数据中心的组成。
10. VMware Workstation 虚拟网络有哪 3 种模式？各有什么特点？
11. 为什么要为虚拟机安装 VMware Tools？
12. 虚拟机克隆分为哪两种类型？各有什么特点？

操作题

1. 查找关于容器技术的资料，弄清容器与虚拟机的区别，并整理相关的资料。
2. 在 Windows 10 操作系统上安装 VMware Workstation 16 Pro，创建一个虚拟机并安装 CentOS 7 操作系统。
3. 在虚拟机上测试 3 种虚拟组网模式的配置。

项目2
部署和使用ESXi

02

学习目标

- 掌握ESXi的安装和配置方法
- 掌握单台ESXi主机的基本管理方法
- 掌握在ESXi主机上部署vSphere虚拟机的方法
- 学会使用VMware Host Client操作和管理vSphere虚拟机

项目描述

vSphere体系结构包含两个核心组件，分别代表虚拟化基础架构的两个软件层：虚拟化层和管理层。其中ESXi组件作为虚拟化层，安装在服务器上，用于创建并运行虚拟机和虚拟设备。vSphere内置Web客户端管理工具VMware Host Client，可以用来管理单台ESXi主机。一般来说，构建一个vSphere虚拟数据中心的第一步就是部署ESXi。本项目将通过4个典型任务，讲解ESXi的安装和配置管理，示范在ESXi主机上部署Windows和Linux虚拟机，并示范虚拟机的基本操作和管理方法。vCenter Server组件作为管理层，将在下一个项目讲解。

任务 2.1 ESXi 安装与配置管理

任务说明

VMware ESXi 简称 ESXi，是 vSphere 虚拟化架构的基础和核心，虚拟机需要在 ESXi 主机上安装和运行，因而基于 vSphere 实现服务器虚拟化需要先部署 ESXi 主机。本任务的具体要求如下。

（1）了解 ESXi。

（2）了解 ESXi 安装要求，准备 ESXi 主机。

（3）安装 ESXi 软件。

（4）使用 ESXi 控制台配置管理 ESXi 主机。

（5）使用 VMware Host Client 配置管理 ESXi 主机。

（6）配置 ESXi 主机的网络时间协议（Network Time Protocol，NTP）来实现时钟同步。

在生产环境中，一般都是在物理服务器上安装 ESXi 的。对于初学者来说，在虚拟机上安装、测试 ESXi 往往更为方便。本任务采用一台 VMware Workstation 虚拟机作为 ESXi 主机（应用虚拟机嵌套技术）来完成 ESXi 的安装，拓扑设计如图 2-1 所示。

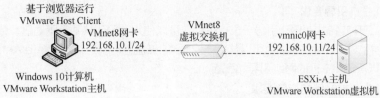

图 2-1　ESXi 安装与配置管理实验拓扑

如果条件允许，也可以在物理服务器或 PC 上安装 ESXi，只是要求 CPU 支持 64 位硬件虚拟化，如 Intel 的 Core i3、i5、i7 系列。

知识引入

2.1.1　ESXi 概述

ESXi 是用于创建和运行虚拟机的虚拟化平台。它与 VMware Workstation 和 VMware Server 一样，都是虚拟机软件。不同的是，ESXi 简化了虚拟机软件与物理主机之间的操作系统层，可直接在裸机上运行，其虚拟化管理层更为精练、性能更好、效率更高。

ESXi 的前身 vSphere ESX 在虚拟化内核中有一个称为控制台操作系统（Console Operation System，COS）的管理分区，目的是提供主机管理界面。COS 集成各种 VMware 管理代理和其他基础架构服务代理，可以使用第三方代理来实现特定功能。ESXi 采用新的架构体系，不再需要 COS，所有 VMware 管理代理直接在虚拟化内核上运行，基础架构服务代理也由内核附带模块直接提供，第三方代理经授权后也可以在虚拟化内核上运行。这样，ESXi 的代码非常精练，所占空间很小。

ESXi 不是免费的软件，但是可以到 VMware 官方网站的"VMware vSphere 评估中心"注册账号，并下载 60 天的评估版本，这对于学习和测试 vSphere 基本足够。

2.1.2　ESXi 安装要求

安装或升级 ESXi 时，系统必须满足特定的硬件和软件要求，这里列出 ESXi 7.0 的要求。

1. ESXi 主机的硬件要求

- 至少具有两个 CPU 内核。
- 支持广泛的多核 64 位 x86 处理器。
- 需要在 BIOS 中针对 CPU 启用 NX/XD 位。
- 至少 4GB 的物理内存。建议至少提供 8GB 的物理内存，以便能够在典型生产环境中运行虚拟机。
- 支持 64 位虚拟机，x64 CPU 必须能够支持硬件虚拟化（Intel VT-x 或 AMD RVI）。
- 一个或多个千兆以太网控制器或更快的以太网控制器。
- 至少具有 32GB 永久存储（如 HDD、SSD 或 NVMe）的引导磁盘。
- SCSI 磁盘或包含未分区空间的用于虚拟机的本地（非网络）RAID LUN。
- 串行 ATA（SATA）需要一个支持 SAS 控制器或板载 SATA 控制器连接的磁盘。SATA 磁盘将被视为远程、非本地磁盘，默认情况下只能用作暂存分区。
- 要使用 SATA CD-ROM 设备，必须使用 IDE 模拟模式。因为不能将 SATA CD-ROM 设备连接到 ESXi 主机上的虚拟机。

2. ESXi 主机引导要求

vSphere 7.0 支持从 UEFI 引导 ESXi 主机。可以使用 UEFI 从硬盘驱动器、CD-ROM 驱动器或 USB 介质引导 ESXi 主机，也可以从大于 2TB 的磁盘进行引导。vSphere Auto Deploy 支持使用 UEFI 进行 ESXi 主机的网络引导和配置。

3. ESXi 安装或升级的存储要求

安装 ESXi 7.0 需要的持久存储设备的空间至少为 32GB。升级到 ESXi 7.0 需要的引导设备的空间至少为 4GB。

从本地磁盘、SAN 或 iSCSI LUN 引导时，要求磁盘至少具有 32GB 以便能够创建系统存储卷。建议本地磁盘不低于 138GB，该磁盘包含引导分区、ESX-OSData 卷和 VMFS（Virtual Machine File System，虚拟机文件系统）数据存储。

2.1.3 ESXi 安装方式

ESXi 支持多种安装方式，以满足多种部署规模需求。

1. 交互式 ESXi 安装

这种方式适合不超过 5 台 ESXi 主机的小型部署。安装 ESXi 的前提是能够访问 ESXi 安装程序，可以从 CD/DVD、可引导的 USB 设备引导 ESXi 安装程序，或者通过 PXE 从网络中引导 ESXi 安装程序。

2. 脚本式 ESXi 安装

这是一种无须人工干预的安装方式，适合部署具有相同设置的多台 ESXi 主机。ESXi 安装程序包含主机配置设置，必须存储在主机启动过程中可以访问的位置，如可以通过 HTTP（HTTPS）、FTP、NFS、CD/DVD 或 USB 访问。通常从 PXE、CD/DVD 或 USB 驱动器中引导 ESXi 安装程序。

3. vSphere Auto Deploy ESXi 安装

这种方式可以为数百台物理主机部署 ESXi，便于管理员管理大型部署。采用这种方式，可以指定要部署的映像，以及要使用此映像部署的主机；也可以指定应用到主机的主机配置文件，并且为每个主机指定 vCenter Server 位置和脚本包。主机由中央 vSphere Auto Deploy 服务器进行网络引导，启动和配置完成后，主机由 vCenter Server 管理，就像其他 ESXi 主机一样。

2.1.4 ESXi 管理工具

可以使用多种工具对 ESXi 进行配置管理，下面介绍两种常用的工具。

1. VMware Host Client

vSphere 7.0 提供了客户端 ESXi 管理工具 VMware Host Client（VMware 主机客户端）。在没有部署 vCenter Server 的情况下，可用该工具来管理单台 ESXi 主机。在部署 vCenter Server 的情况下，当 vCenter Server 不可用时，也可用该工具来进行紧急管理。当然，部署 vCenter Server 之后，应当首选 vSphere Web Client 工具，这将在项目 3 中讲解。

VMware Host Client 是一个基于 HTML5 的 Web 客户端，用来连接和管理单台 ESXi 主机。可以使用 VMware Host Client 在目标 ESXi 主机上执行管理和基本故障排除任务，以及高级管理任务。这些管理任务包括基本虚拟化操作（如部署和配置各种虚拟机）、创建及管理网络和数据存储、ESXi 主机性能优化等。当然，该工具也用来操作和管理 ESXi 主机上的虚拟机。

2. ESXi 控制台

有些配置管理任务是 VMware Host Client 和 vSphere Web Client 不能胜任的，此时可以考

虑使用 ESXi 内置的控制台。这种控制台又称直接控制台用户界面（Direct Console User Interface，DCUI）。ESXi 控制台允许管理员执行系统级的配置管理任务，比如改变主机网络配置、改变启动参数、检查特定目录下可用的磁盘空间等。

某些配置管理任务需要启用 ESXi 控制台的技术支持模式（Technical Support Model，TSM）。这种模式提供了进入 Linux 命令行界面的入口，也就是 ESXi Shell，允许管理员执行高级的故障诊断任务。例如，当 ESXi 主机失去与 vSphere 客户端工具之间的连接，或者需要获取硬件设备的具体信息时，TSM 就派上用场了。

任务实现

任务 2.1.1　准备 ESXi 主机

准备 ESXi 主机并在 ESXi 主机上安装 ESXi 软件

这里使用 VMware Workstation 16 Pro 创建一台用作 ESXi 主机的虚拟机，将其命名为 ESXi-A。考虑到实验配套，先修改 VMware Workstation 的虚拟网络，将默认的 NAT 模式虚拟网络 VMnet8 修改为符合实验要求的配置，具体是在"虚拟网络编辑器"对话框中将子网 IP 地址改为 192.168.10.0（见图 2-2），在"NAT 设置"对话框中将网关 IP 地址改为 192.168.10.2（见图 2-3）。

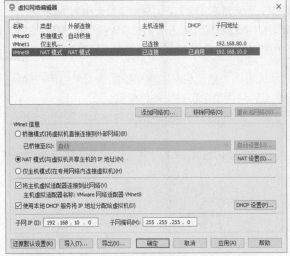

图 2-2　修改 VMnet8 虚拟网络的子网 IP 地址

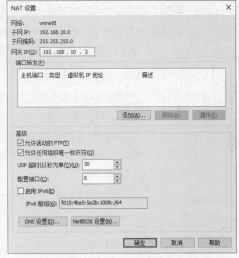

图 2-3　修改 VMnet8 虚拟网络的网关 IP 地址

使用 VMware Workstation 创建的虚拟机要满足 ESXi 的硬件基本要求，VMware Workstation 16 Pro 支持的客户机操作系统已包括 ESXi 7.0 类型。

（1）打开 VMware Workstation 16 Pro，选择"文件">"新建虚拟机"命令，启动新建虚拟机向导，选中"典型"单选按钮。

（2）单击"下一步"按钮，出现图 2-4 所示的界面，选中"稍后安装操作系统"单选按钮，这样会创建一个具有空白硬盘的虚拟机。

（3）单击"下一步"按钮，出现图 2-5 所示的界面，选择客户机操作系统及版本。这里选中"VMware ESX(X)"单选按钮，再从"版本"下拉列表中选择"VMware ESXi 7 和更高版本"。

按照这个版本创建的虚拟机能够满足 ESXi 7.0 主机的部署硬件要求。

图 2-4　安装客户机操作系统

图 2-5　选择客户机操作系统

（4）单击"下一步"按钮，出现"命名虚拟机"界面，输入虚拟机的名称，并设置安装位置。默认位置在"我的文档"中，建议将其改为其他文件夹，并保证有足够的硬盘空间。

（5）单击"下一步"按钮，出现图 2-6 所示的界面，指定虚拟磁盘的大小，并指定是否将磁盘拆分为多个文件。这里将磁盘大小改为 200GB 以便提供足够的存储空间创建虚拟机，并选中"将虚拟磁盘存储为单个文件"单选按钮。

> **提示**　针对 ESXi 6.0 的磁盘建议大小为 40GB，而针对 ESXi 7.0 的磁盘建议大小为 142GB，这是因为 ESXi 7.0 新增了一个 VMFSL 格式的分区，需占用 120GB 的空间。VMFSL 是 VMFS Local 的缩写，是为虚拟存储区域网络（vSAN）准备的一个特殊文件系统。

（6）单击"下一步"按钮，出现图 2-7 所示的界面，给出目前的虚拟机配置清单供用户确认。用户可根据需要单击"自定义硬件"按钮，在弹出的对话框中自定义硬件配置。

如果用户采用自定义方式创建虚拟机，可以参考此处的虚拟机配置清单对虚拟机的硬件进行定义，以满足 ESXi 7.0 主机的部署硬件要求。

编者在实验环境中将该虚拟机配置更改为 4 个 CPU 内核和 8GB 内存，以便有足够用的系统资源在其上创建多个虚拟机。

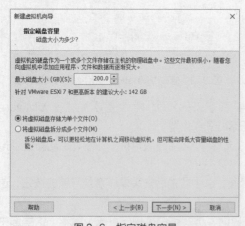

图 2-6　指定磁盘容量

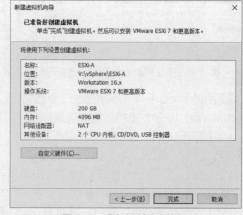

图 2-7　准备好创建虚拟机

（7）单击"完成"按钮，完成用作 ESXi 主机的虚拟机的创建。

新建的虚拟机处于已关机状态。

任务 2.1.2　在 ESXi 主机上安装 ESXi 软件

下面以在前面创建的 VMware Workstation 虚拟机（用作 ESXi 主机）上采用交互式方式安装 ESXi 7.0（从 CD/DVD 引导 ESXi 安装程序来完成 ESXi 安装）为例进行示范。用户可以从 VMware 官方网站下载相应的评估版，这是 ISO 格式的映像文件。首先设置启动光盘，选择"编辑虚拟机设置"选项打开相应的对话框，将虚拟机中的 CD/DVD 驱动器配置为指向该 ISO 映像文件，并将该驱动器配置为启动时连接。

（1）开启该虚拟机，首先装载 ESXi 安装器，如图 2-8 所示，按<Enter>键进入引导过程。

（2）出现图 2-9 所示的欢迎界面，按<Enter>键继续安装。

图 2-8　装载 ESXi 安装器

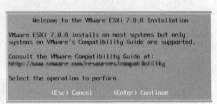

图 2-9　欢迎界面

（3）出现图 2-10 所示的界面，按<F11>键接受授权协议。

（4）出现图 2-11 所示的界面，选择安装 ESXi 的磁盘。ESXi 安装器自动检测到本地磁盘，按<Enter>键选择在该磁盘上安装。

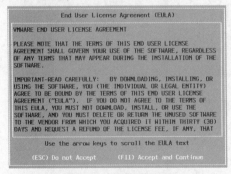

图 2-10　接受授权协议

图 2-11　选择安装 ESXi 的磁盘

（5）出现图 2-12 所示的界面，选择键盘布局，这里选择默认的"US Default"，按<Enter>键继续。

（6）出现图 2-13 所示的界面，设置 root 账户的密码，密码默认情况下必须至少包括小写字母、大写字母、数字和特殊字符（如下画线或短画线）中的 3 类，确认两次输入密码一致且无误后按<Enter>键。

（7）出现图2-14所示的界面，提示磁盘会被重新分区，确认之后按<F11>键开始安装。

（8）出现图2-15所示的界面，说明安装完成，移除安装介质，按<Enter>键重新启动。

图2-12　选择键盘布局

图2-13　设置root账户的密码

图2-14　确认安装选项

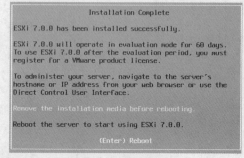

图2-15　完成安装

ESXi成功启动后，显示其控制台，如图2-16所示。

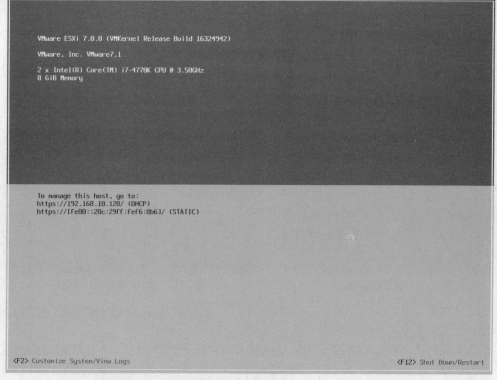

图2-16　ESXi控制台

任务 2.1.3　使用 ESXi 控制台配置管理 ESXi 主机

完成 ESXi 的安装之后，通常需要使用 ESXi 控制台修改 ESXi 主机的基本
配置。

使用 ESXi 控制台配
置管理 ESXi 主机

1. 进入系统定制界面

ESXi 主机成功启动之后，自动进入控制台主界面（见图 2-16），显示当前
硬件环境和主机 IP 地址。按<F2>键，弹出图 2-17 所示的界面，输入正确的 root 密码，按<Enter>
键进入图 2-18 所示的系统定制（System Customization）界面。

该界面左侧显示系统定制命令菜单，右侧是相应的配置管理窗格。在该界面中，除了进行一些
基本的配置，如修改密码、配置和测试网络外，还可以查看系统日志。

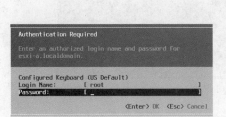

图 2-17　ESXi 身份验证

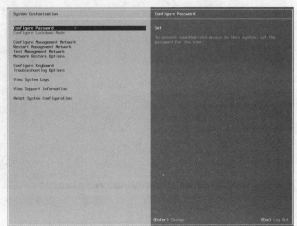

图 2-18　ESXi 系统定制界面

2. 配置 ESXi 管理网络

管理网络是 ESXi 的基本网络，用于通过其他主机或节点对 ESXi 主机进行管理。在界面左侧
选中"Configure Management Network"选项，右侧窗格中会显示当前的管理网络信息，如主机
名、IPv4 地址和 IPv6 地址，如图 2-19 所示。

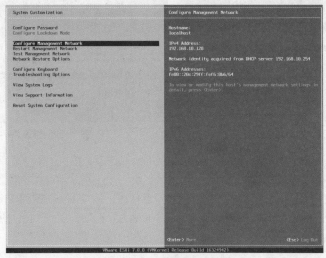

图 2-19　显示管理网络信息

要修改管理网络的配置，按<Enter>键进入图 2-20 所示的配置界面，左侧列出了相关的网络配置命令菜单，右侧窗格显示相应的网络配置信息。默认显示当前的网络适配器为 vmnic0，如果要改变，需要按<Enter>键弹出网络适配器选择界面（见图 2-21），进行相应操作。

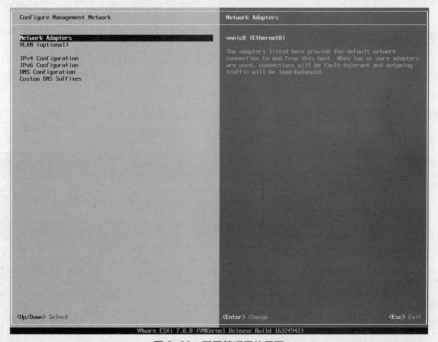

图 2-20　配置管理网络界面

下面结合项目实验要求修改管理网络的基本配置。

（1）修改 IPv4 配置。选中"IPv4 Configuration"选项，按<Enter>键弹出图 2-22 所示的界面，IPv4 地址是由 DHCP 服务器动态分配的，这里选中"Set static IPv4 address and network configuration"（静态 IPv4 地址和网络配置）选项，将"IPv4 Address"（IPv4 地址）值更改为 192.168.10.11，按<Enter>键完成修改，返回配置管理网络界面。

图 2-21　选择网络适配器

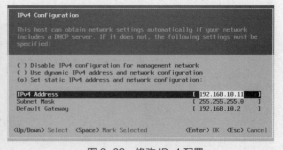

图 2-22　修改 IPv4 配置

（2）修改 DNS 配置。选中"DNS Configuration"选项，按<Enter>键弹出图 2-23 所示的界面，选中"Use the following DNS server addresses and hostname:"选项，并将"Hostname"（主机名）的值更改为 esxi-a，DNS 服务器留待以后修改，按<Enter>键完成修改。

（3）修改 DNS 后缀。选中"Custom DNS Suffixes"选项，按<Enter>键弹出图 2-24 所示的界面，在"Suffixes"（后缀）中增加 abc.com，按<Enter>键完成修改。

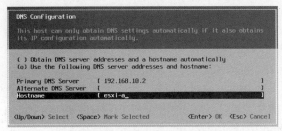

图 2-23　修改 DNS 配置

图 2-24　修改 DNS 后缀

（4）完成管理网络配置修改后，按<Esc>键弹出"Configure Management Network:Confirm"界面，按<Y>键确认修改并重新启动管理网络。

（5）回到系统定制界面，可以通过选中"Test Management Network"选项来测试管理网络是否正常。

3. 启用 ESXi Shell 和 SSH

ESXi 本身就是一个定制的 Linux 系统，管理员除了直接使用 ESXi 控制台外，也可以在 ESXi 主机上使用命令行 ESXi Shell 进行基本的配置管理。远程管理端还可以通过安全外壳（Secure Shell，SSH）登录 ESXi Shell 进行故障排除等操作。启用 ESXi Shell 和 SSH 实际上启用的是 ESXi 控制台的技术支持模式，这只有在进行高级故障诊断和排除时才有必要用到，例如尝试恢复一台不能通过 vSphere Client 访问的 ESXi 主机时。

默认情况下，ESXi 主机禁用 ESXi Shell 和 SSH。进入 ESXi 系统定制界面后，选中"Troubleshooting Options"选项，按<Enter>键进入图 2-25 所示的界面，从"Troubleshooting Mode Options"菜单中选择要启用的服务，按<Enter>键启动相应的服务。这里分别启用 ESXi Shell 和 SSH，这两个都是开关选项，再次按<Enter>键则会禁用相应的服务。

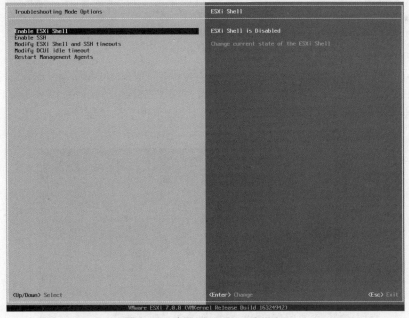

图 2-25　启用 ESXi Shell 和 SSH

管理员还可以根据需要选择"Modify ESXi Shell and SSH timeouts"选项来设置 ESXi Shell 的超时时间。默认 ESXi Shell 的超时时间为 0（禁用）。

　　启用 ESXi Shell 和 SSH 之后即可登录命令行界面进行管理操作。如果管理员可以直接访问 ESXi 主机，进入控制台后，按<Alt+F1>组合键切换到 ESXi Shell 登录界面，可以使用 ESXi 管理员身份及其密码进行登录。这与使用 Linux 命令行登录一样。

　　登录之后即可使用命令进行操作，比如 vdf 命令用于显示 ESXi 主机可用的磁盘空间，vdu 命令用于显示某个目录占用了多少磁盘空间，exit 命令用于退出当前登录。值得一提的是，esxcli 是非常重要的命令，用途广泛，该命令包括许多子命令，如 esxcli hardware 用于获取 ESXi 主机的硬件及配置信息，esxcli network nic 用于列出网卡信息，esxcli vm 用于列出运行在主机上的虚拟机的信息。ESXi 命令行获取帮助的方法为：

```
命令  --help
```

　　如图 2-26 所示，这里以 root 身份登录，输入 v 之后连续按<Tab>键两次将自动补全命令，会看到一个命令列表（许多命令都是以 v 开头的），可以从中选择使用的命令。按<Alt+F2>组合键切换回 ESXi 控制台。

图 2-26　本地登录 ESXi Shell

　　如果远程连接到 ESXi 主机，则使用 SSH 或其他远程控制台连接到 ESXi 主机上启动会话。这里从 VMware Workstation 虚拟机（ESXi 主机）的物理主机上，使用 PuTTY 作为 SSH 客户端通过 SSH 登录 ESXi Shell，如图 2-27 所示。这与 Linux 的 SSH 登录一样。

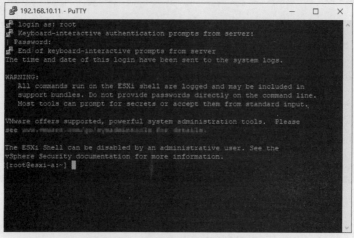

图 2-27　SSH 远程登录 ESXi Shell

4. 重置系统配置

系统配置的改变可能与各种问题有关，包括连接到网络和设备的问题等，可以通过重置系统配置解决这些问题。这种操作将覆盖所有配置更改，例如删除管理员账户（root）的密码，配置更改（如 IP 地址设置和许可证配置）也可能会被删除，然后重新启动主机。

进入 ESXi 系统定制界面后，选中"Reset System Configuration"选项，按<Enter>键进入图 2-28 所示的界面，按<F11>键确认重置系统配置。

重置系统配置不会删除 ESXi 主机上的虚拟机。重置系统配置后，虚拟机不可见，但是可以通过重新配置存储及重新注册虚拟机使其再次可见。

5. 关闭与重启 ESXi 主机

在 ESXi 控制台主界面中，按<F2>键弹出身份验证（Authentication Required）界面，输入正确的 root 密码，按<Enter>键弹出图 2-29 所示的界面，按<F2>键可关闭 ESXi 主机，按<F11>键可重启 ESXi 主机。选中"Forcefully terminate running VMs"，在关机或重启时可强制终止 ESXi 主机上正在运行的虚拟机。

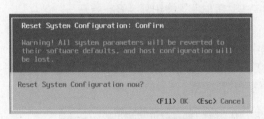

图 2-28　重置系统配置

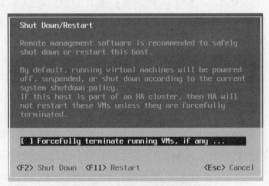

图 2-29　ESXi 关机或重启界面

任务 2.1.4　使用 VMware Host Client 远程管理 ESXi 主机

在 ESXi 控制台上的大部分配置管理操作功能，都可以通过 VMware Host Client 执行。与 ESXi 控制台相比，VMware Host Client 还提供更丰富的主机管理功能，如配置高级主机设置、许可授权、管理证书、启用锁定模式等。

使用 VMware Host Client 远程管理 ESXi 主机

1. VMware Host Client 登录

VMware Host Client 基于 HTML5，对浏览器有要求，如要求火狐（Firefox）浏览器版本不低于 45。

每台 ESXi 主机都内置 VMware Host Client 的 HTTP 服务，在 Web 浏览器中输入包含目标 ESXi 主机名或 IP 地址的统一资源定位符（Uniform Resource Locator，URL），格式为 https://host-name/ui 或 https://host-IP-address/ui。这里在 VMware Workstation 主机上使用谷歌浏览器访问 ESXi 主机地址 https://192.168.10.11/ui，首次访问会提示安全问题，继续访问即可。

当出现登录界面时，输入登录 ESXi 主机的用户名和密码，单击"登录"按钮，出现 VMware Host Client 主界面，如图 2-30 所示。

左侧窗格显示导航器，通过导航器可以对 ESXi 主机进行管理，也可以对 ESXi 主机上的虚拟机、存储和网络进行管理。右侧窗格是相应的配置管理界面，默认显示主机的基本信息，并提供常用的 ESXi 主机操作按钮，其中，单击"操作"按钮可以展开一个菜单。

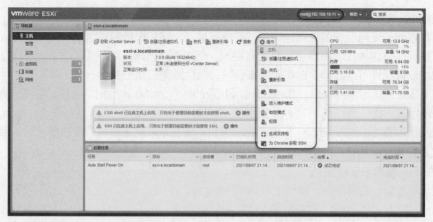

图 2-30　VMware Host Client 主界面

要退出 VMware Host Client 登录，可以单击 VMware Host Client 主界面顶部的用户名（这里为 root@192.168.10.11），然后从下拉列表中选择"注销"命令，这样就可以关闭 VMware Host Client 会话，但并不影响目标 ESXi 主机的运行。

界面中的导航器是可折叠的，单击左侧的"导航器"按钮可以折叠导航器，导航器中的项目缩成一组图标以将右侧的配置管理窗格最大化。再次单击"导航器"按钮则会重新展开。

2. 管理系统设置

展开 VMware Host Client 主界面的左侧窗格中的"主机"节点，单击其中的"管理"命令，右侧窗格中出现相应的主机管理界面，如图 2-31 所示，默认显示"系统"选项卡，在这里可以进行高级设置，如更改自动启动配置、进行主机的时间和日期配置。

图 2-31　主机管理界面

3. 管理 ESXi 主机授权

安装 ESXi 时的默认许可证为评估模式。评估模式许可证在 60 天后过期。评估模式许可证提供最新 vSphere 产品版本的一组功能。对于 ESXi 主机，许可证或评估许可证期限到期将导致与 vCenter Server 断开连接。所有已启动的虚拟机将继续运行，但在关闭虚拟机后无法启动虚拟机。

在主机管理界面中切换到"许可"选项卡，选择"分配许可证"选项，输入许可证密钥，然后单击"检查许可证"按钮，最后单击"分配许可证"按钮以保存更改。

4. 监控 ESXi 主机

展开 VMware Host Client 主界面的左侧窗格中的"主机"节点，单击其中的"监控"命令，右侧窗格中出现相应的主机监控界面，如图 2-32 所示，可以监控 ESXi 主机运行状况，并查看性能图表、事件、任务、系统日志和通知。

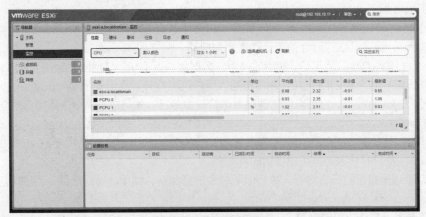

图 2-32　主机监控界面

5. 进入或退出维护模式

执行系统升级、核心服务配置、增加内存等特定任务时，需要将 ESXi 主机设置为维护模式。要将主机置于维护模式下，主机上运行的所有虚拟机都必须关闭电源，或者迁移到不同的主机。

在 VMware Host Client 主界面的左侧窗格中单击"主机"命令，右侧窗格中显示主机信息，右键单击该主机，或者单击"操作"按钮，从弹出的操作菜单中选择"进入维护模式"命令，弹出图 2-33 所示的对话框，单击"是"按钮即可进入维护模式。置于维护模式之后，可以在操作菜单中选择"退出维护模式"命令，返回正常模式。

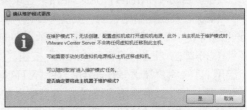

图 2-33　提示进入维护模式

任务 2.1.5　将 ESXi 主机的时钟与 NTP 服务器同步

计算机的时钟非常重要，许多应用都依赖计算机和服务器的时钟。如果时钟不同步，对时间敏感的应用可能会出现问题。vSphere 虚拟机的时钟依赖于 ESXi 主机，安装 ESXi 之后，需要调整 ESXi 主机的时间配置，通常将 ESXi 主机的时钟与 NTP 服务器进行同步。如果能够访问 Internet，则可以直接使用 Internet 提供的 NTP 服务器。按照实验要求，下面使用内部网络的 NTP 服务器。

将 ESXi 主机的时钟
与 NTP 服务器同步

1. 部署 NTP 服务器

为便于实验，这里直接在 VMware Workstation 主机上部署一个 NTP 服务器，统一 vSphere 网络（ESXi 主机作为 VMware Workstation 虚拟机）的系统时间。该物理主机运行 Windows 10 操作系统，可以利用其内置的 W32Time 服务架设一台 NTP 服务器。默认情况下，Windows 计算机作为 NTP 客户端，可以通过修改注册表使其作为 NTP 服务器。

（1）打开注册表编辑器，展开 HKEY_LOCAL_MACHINE\SYSTEM\CurrentControl Set\Services\W32Time\TimeProviders\NtpServer 节点，将 Enabled 键值由默认的 0 改为 1，表示启用 NTP 服务器。

（2）在注册表编辑器中继续将 HKEY_LOCAL_MACHINE\SYSTEM\CurrentControlSet\Services\W32Time\Config 节点下的 AnnounceFlags 键值改为 5，这样强制该主机将它自身宣布为

可靠的时间源，从而使用内置的 CMOS 时钟。默认值 a（十六进制）表示采用外部的时间服务器。

（3）以管理员身份打开命令行，执行命令 net stop w32time&&net start w32time，先停止再启动 W32Time 服务。

（4）在命令行中执行 services.msc 命令，打开服务管理单元（或者从计算机管理控制台中打开该管理单元），设置 W32Time 服务启动模式为自动。

（5）NTP 服务的端口是 123，使用的是用户数据报协议（User Datagram Protocol，UDP）。如果启用防火墙，则允许 UDP 123 端口访问。用户可以打开"高级安全 Windows 防火墙"对话框，设置相应的入站规则。也可以以管理员身份打开命令行，执行以下命令来添加该规则。

```
netsh advfirewall firewall add rule name= NTPSERVER dir=in action=allow protocol=UDP localport=123
```

至此，设置的 NTP 服务器可以提供时间服务。

（6）以管理员身份打开命令行，执行以下命令进行测试，如果能返回结果，则说明配置成功。

```
w32tm /stripchart /computer:127.0.0.1
```

前面在准备 ESXi 主机时修改了 VMware Workstation 虚拟网络，物理主机上 VMnet8 网卡对应的 IP 地址为 192.168.10.1/24，NTP 服务器也可使用这个地址。

2. 为 ESXi 主机设置 NTP 服务器

对于 ESXi 7.0 主机，可以通过 VMware Host Client 设置 NTP，下面以此为例进行示范。

（1）启动 VMware Host Client，登录并连接到 ESXi 主机。

（2）展开左侧窗格中的"主机"节点，单击其中的"管理"命令，再从右侧窗格中选择"系统"选项卡中的"时间和日期"选项，显示当前的时间和日期配置，如图 2-34 所示。

（3）单击"Edit NTP Settings"按钮，弹出图 2-35 所示的对话框，选中"使用网络时间协议（启用 NTP 客户端）"单选按钮，在"NTP 服务器"文本框中输入要同步的一个或多个 NTP 服务器的 IP 地址（或完全限定域名），这里输入前面设置的内部 NTP 服务器的 IP 地址 192.168.10.1，从"NTP 服务启动策略"下拉列表中选择"随主机启动和停止"，最后单击"保存"按钮。

（4）单击"刷新"按钮，此时时间并未同步，这是因为 NTP 设置没有生效，导致 NTP 服务没有运行。重启 ESXi 主机，则时间会与 NTP 服务器同步。

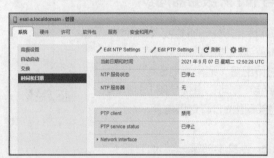

图 2-34 当前的时间和日期配置

图 2-35 编辑时间配置

任务 2.2 在 ESXi 主机上部署 Windows 虚拟机

任务说明

部署 ESXi 主机之后，即可在 ESXi 主机上创建和运行虚拟机。可以使用 VMware Host Client

在 ESXi 主机上创建 vSphere 虚拟机。国内中小企业的服务器多数使用 Windows 操作系统。下面介绍 Windows 操作系统的部署过程,操作系统以 Windows Server 2016 为例。本任务的具体要求如下。

（1）了解 vSphere 虚拟机的基本知识。
（2）在 ESXi 主机上创建能够运行 Windows 操作系统的虚拟机。
（3）掌握 ESXi 主机上的虚拟机配置。
（4）学会在 vSphere 虚拟机上安装 Windows 操作系统。

知识引入

2.2.1　vSphere 虚拟机文件

基于 vSphere 虚拟化架构运行的虚拟机可以称为 vSphere 虚拟机。vSphere 虚拟机包含一组规范和配置文件,并且由主机的物理资源提供支持。每个虚拟机都有一些虚拟设备,这些设备可提供与物理硬件相同的功能,并且可移植性更强、更安全,且更易于管理。

vSphere 虚拟机包含若干个文件,这些文件存储在存储设备上。关键文件包括配置文件（.vmx）、虚拟磁盘文件（.vmdk）、虚拟机 BIOS 或 EFI 配置文件（.nvram）和日志文件（.log）,还有一些操作性过程文件,如虚拟机快照（.vmsd）、虚拟机快照数据文件（.vmsn）、虚拟机交换文件（.vswp）和虚拟机挂起文件（.vmss）。其中,.nvram 文件的格式即 NVRAM（Non-Volatile Random Access Memory,非易失性随机访问存储器）,是指断电之后所存储的数据不丢失的随机访问存储器。

2.2.2　vSphere 虚拟机组件

vSphere 虚拟机通常包括操作系统、VMware Tools、虚拟资源和硬件等组件。其管理方式基本与物理机的管理方式相同。

在虚拟机上安装客户机操作系统的方法与在物理机上安装操作系统的方法相同,必须获取包含操作系统安装文件的 CD/DVD-ROM 或 ISO 映像。

VMware Tools 是一套实用程序,能够提高虚拟机客户机操作系统的性能,并增强对虚拟机的管理能力。使用 VMware Tools,可以更好地控制虚拟机界面。

默认情况下,ESXi 为虚拟机提供模拟的硬件。每个虚拟硬件设备在虚拟机上执行的功能与物理机上的硬件执行的功能相同。每个虚拟机都必须具备 CPU、内存和磁盘资源。在虚拟机运行时,可以使用内存或 CPU 热插拔选项向虚拟机添加内存或 CPU 资源。注意,从 vSphere 7.0 开始,无法添加、移除或配置软盘驱动器、并行端口或 SCSI 设备。

并非所有的硬件设备都可用于虚拟机,虚拟机兼容性设置决定了哪些硬件功能对于虚拟机可用。创建虚拟机或升级现有虚拟机时,可使用虚拟机兼容性设置选择可运行虚拟机的 ESXi 主机版本。兼容性设置可确定适用于虚拟机的虚拟硬件,相当于适用于主机的物理硬件。新虚拟硬件的功能通常随主要或次要 vSphere 版本每年发布一次。

2.2.3　虚拟磁盘置备格式

创建虚拟磁盘时会进行两个置备（Provision）操作:分配空间和置零。所谓置零,就是擦除物理设备上的数据。根据分配空间和置零的不同操作,vSphere 虚拟机的虚拟磁盘有 3 种置备格式可供选择,这 3 种格式的介绍如表 2-1 所示。

表 2-1　虚拟磁盘置备格式

格式	说明	特点	应用场合
精简置备（Thin Provision）	创建时不会立刻分配指定大小的空间，而是指定最大空间，占用空间大小根据实际使用量计算	I/O 操作不频繁时，磁盘性能较好，且创建磁盘所需时间短	磁盘 I/O 操作不频繁、I/O 压力较小的应用，如 DNS 服务器、DHCP 服务器
厚置备延迟置零（Thick Provision Lazy Zeroed）	创建时就分配指定大小的空间，只是不会擦除物理设备上保留的任何数据，以后执行写操作时会先按需置零	磁盘性能和创建磁盘所需时间都较为适中	I/O 压力适中的应用，如 Web 服务器、邮件服务器、虚拟桌面等。生产环境中大多选择此格式
厚置备置零（Thick Provision Eager Zeroed）	创建时就分配指定大小的空间，并同时将物理设备上保留的所有数据全部置零，也就是提前置零	创建磁盘所需的时间会更长，但能够降低 I/O 延迟，磁盘性能最好	I/O 压力较大、写入任务繁重的应用，如数据库服务器、FTP 服务器等。使用 vSphere FT 虚拟机容错必须选用此格式

下面以一个例子说明这 3 种格式的差别，一个 40GB 的虚拟磁盘采用 3 种不同的置备格式存储 10GB 数据，如图 2-36 所示。

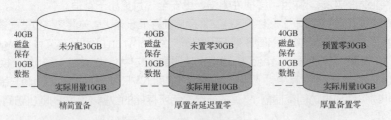

图 2-36　虚拟磁盘置备格式

任务实现

在 ESXi 主机上创建虚拟机

任务 2.2.1　在 ESXi 主机上创建虚拟机

创建虚拟机时，将其与特定的数据存储相关联，并选择操作系统和虚拟硬件选项。虚拟机从其运行的主机获取 CPU 和内存，访问存储及网络连接。下面演示使用 VMware Host Client 通过新建虚拟机向导创建虚拟机，该虚拟机计划运行 Windows Server 2016 操作系统。

（1）在 VMware Host Client 主界面中单击左侧窗格中的"主机"命令，单击"创建/注册虚拟机"按钮，或者右键单击该主机，从快捷菜单中选择"创建/注册虚拟机"命令，启动新建虚拟机向导。首先选择创建类型，如图 2-37 所示，这里选中"创建新虚拟机"选项。

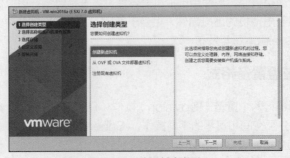

图 2-37　选择创建类型

（2）单击"下一页"按钮进入"选择名称和客户机操作系统"界面，设置内容如图 2-38 所示。创建新的虚拟机时，应为虚拟机提供唯一的名称。这里的客户机操作系统选择"Windows"，操作系统版本选择"Microsoft Windows Server 2016（64 位）"。

（3）单击"下一页"按钮进入"选择存储"界面，设置内容如图 2-39 所示。这里的数据存储区或数据存储集群用于存储虚拟机配置文件和所有虚拟磁盘。

图 2-38　选择名称和客户机操作系统

图 2-39　选择存储

（4）单击"下一页"按钮进入"自定义设置"界面，首先设置虚拟硬件，如图 2-40 所示。

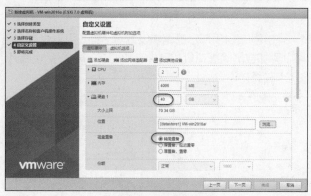

图 2-40　虚拟硬件设置

管理员可以根据需要自定义虚拟硬件，包括修改现有设备的设置、增加或删除设备等。各类设备可以有多个，系统会自动在设备类别名称后加上序号（从 1 开始）。展开相应的设备类别，可以设置其具体参数或选项，例如虚拟磁盘置备格式应在创建时设置，这里改为"精简置备"（界面中的磁盘格式中文翻译与表 2-1 的略有差别）；考虑到实验环境，硬盘大小可以改得小一些，这里为 40GB。

（5）单击"虚拟机选项"按钮，查看和修改虚拟机选项。虚拟机选项决定了虚拟机的设备和行为，如电源管理、引导选项。这里保持默认设置，以后可根据需要修改。

（6）单击"下一页"按钮进入"即将完成"界面，列出虚拟机上述配置选项，确认后单击"完成"按钮。

新创建的虚拟机将出现在虚拟机列表中，并在 ESXi 主机上自动注册。在 VMware Host Client 主界面中选择左侧窗格中的"虚拟机"命令，打开虚拟机列表，如图 2-41 所示，可以发现新创建的虚拟机。

图 2-41　虚拟机列表

配置 ESXi 主机上的
虚拟机

任务 2.2.2　配置 ESXi 主机上的虚拟机

除了在虚拟机创建过程中自定义虚拟硬件和虚拟机选项外，虚拟机创建之后，甚至安装客户机操作系统之后，还可以添加或配置大多数虚拟机属性。

1. 查看和更改虚拟机硬件配置

在 VMware Host Client 主界面中打开虚拟机列表，单击要配置的虚拟机，出现图 2-42 所示的界面。该界面列出了该虚拟机的基本信息和硬件配置，可以查看现有硬件的详细配置。

图 2-42　查看虚拟机详细信息

单击"编辑"按钮，弹出图 2-43 所示的编辑设置对话框，可以修改编辑设置。默认显示的是"虚拟硬件"选项卡，可以添加或删除虚拟机的硬件，如图 2-44 所示，展开"网络适配器 1"，可以进一步查看或修改该网卡的具体设置。

图 2-43　虚拟机编辑设置

图 2-44　配置虚拟机硬件

2. 修改虚拟机引导设置

虚拟机可以与物理机一样配置引导设置，这是通过编辑虚拟机选项来实现的。进入虚拟机的编辑设置对话框（见图 2-43），切换到"虚拟机选项"选项卡，展开"引导选项"，如图 2-45 所示，vSphere 虚拟机的引导固件包括 EFI 和 BIOS 类型，默认采用哪种类型取决于创建虚拟机时选择的硬件版本和客户机操作系统版本。选择 Windows Server 2016 操作系统时，默认的引导固件是 EFI，可以更改引导固件类型及其相关的设置，来配置虚拟机引导行为。

引导延迟设置（延迟时间单位为毫秒）在更改 BIOS 或 EFI 设置（如引导顺序）时很有用。例如，可以更改 BIOS 或 EFI 设置，以强制虚拟机从 CD-ROM 引导以便安装系统。在"强制执行BIOS 设置"中勾选"虚拟机下次引导时，强制进入 BIOS 设置画面。"复选框，则会强制虚拟机下次引导时进入 BIOS 或 EFI 设置界面。

例如，引导固件改为 BIOS 之后，虚拟机重新开机之后，将显示开机界面。按<F2>键进入 BIOS设置界面；按<F12>键从网络启动操作系统；按<Esc>键进入启动菜单，可调整启动选项。虚拟机的 BIOS 设置界面如图 2-46 所示，可以在此调整 BIOS 选项。

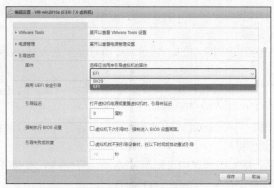

图 2-45　引导选项设置

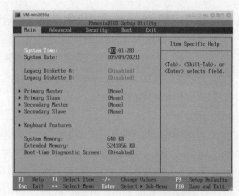

图 2-46　虚拟机 BIOS 设置界面

任务 2.2.3　在虚拟机中安装 Windows 操作系统

在虚拟机中安装
Windows 操作系统

如果没有安装任何操作系统，虚拟机只是一台裸机。在虚拟机中安装操作系统与在物理计算机中安装操作系统的过程基本相同。可以从安装程序光盘或 ISO 文件安装虚拟机操作系统，也可以使用 PXE 服务器通过网络连接安装虚拟机操作系统。这里以安装 Windows Server 2016 操作系统为例，需要提前准备该系统安装所用的 ISO 映像文件。

1. 安装 Windows Server 2016 操作系统

由于这里的 ESXi 主机本身也是一台 VMware Workstation 虚拟机，因此首先设置引导光盘。在 VMware Workstation 中打开"虚拟机设置"对话框，将虚拟机中的 CD/DVD 驱动器配置为指向要安装的操作系统的 ISO 文件（本例中为 Windows Server 2016 的 ISO 文件），并将该驱动器配置为启动时连接，如图 2-47 所示。

在虚拟机硬件设置中将 CD/DVD 驱动器设置为主机设备（默认设置），即使用 ESXi 主机的光驱设备（见图 2-44，需要勾选"连接"复选框）。

在 VMware Host Client 主界面中展开左侧窗格中的"虚拟机"节点，单击要安装操作系统的虚拟机（这里为 VM-win2016a），右侧窗格中显示该虚拟机信息，单击左上角的控制台缩略图，开启虚拟机。虚拟机加载安装文件后进入操作系统安装过程，如图 2-48 所示，根据提示在虚拟机控制台中完成安装。完成安装后，控制台中显示当前正在运行安装了操作系统的虚拟机。

图 2-47　设置从 ISO 映像文件启动

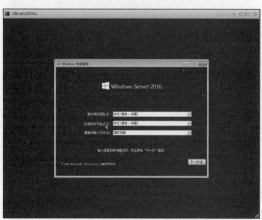

图 2-48　在虚拟机中安装 Windows Server 2016 操作系统

53

2．在 Windows 虚拟机中安装 VMware Tools

安装 VMware Tools 是创建新虚拟机的必需步骤。

（1）在 VMware Host Client 主界面中展开左侧窗格中的"虚拟机"节点，单击要安装 VMware Tools 的虚拟机（这里为 VM-win2016a）。

（2）单击"操作"按钮，从操作菜单中选择"客户机操作系统">"安装 VMware Tools"，自动将 VMware Tools 的 ISO 文件装载到虚拟机的 CD-ROM 驱动器中。

（3）单击虚拟机控制台缩略图进入虚拟机界面，打开其 CD-ROM 驱动器，运行 setup.exe 来启动安装向导。根据提示完成安装，并重新启动虚拟机。

完成 VMware Tools 安装并重启虚拟机之后，虚拟机信息中会显示 VMware Tools 已安装并且正在运行，如图 2-49 所示。之后还可以根据需要进行 VMware Tools 升级。

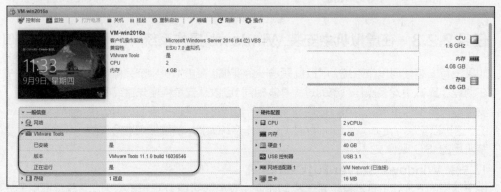

图 2-49　显示 VMware Tools 已安装并且正在运行

3．将虚拟机的时间与 ESXi 主机同步

可以使用 VMware Tools 让 ESXi 虚拟机与 ESXi 主机时间同步，前提是在虚拟机中安装 VMware Tools。进入虚拟机的编辑设置界面，切换到"虚拟机选项"选项卡，展开"VMware Tools"，默认设置并没有启用时间同步，勾选"同步客户机时间与主机时间"复选框，如图 2-50 所示，这样只要 ESXi 主机的时间不出现问题，虚拟机的时间就不会出现问题，误差应该在 10s 之内。

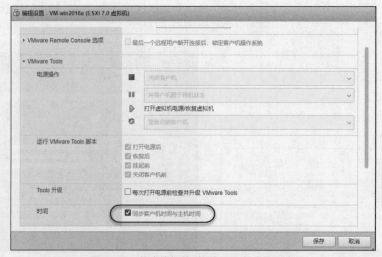

图 2-50　将虚拟机的时间与 ESXi 主机同步

任务 2.3 在 ESXi 主机上部署 Linux 虚拟机

任务说明

Linux 具有完善的网络功能和较高的安全性，现已成为企业用户的服务器操作系统的首选之一。前面讲解了在 ESXi 主机上部署 Windows 操作系统的方法，接下来介绍部署 Linux 操作系统的过程，操作系统以 CentOS 7 为例。前面在 vSphere 虚拟机上安装 Windows 操作系统时采用从 ESXi 主机的光驱引导的方式，这里采用另一种方式，将操作系统的 ISO 映像文件上传到 ESXi 存储中，将 ISO 映像文件挂载到虚拟机的虚拟光驱，通过虚拟机的虚拟光驱引导安装程序。本任务的具体要求如下。

在 ESXi 主机上部署
Linux 虚拟机

（1）将 Linux 操作系统的 ISO 文件上传到 ESXi 存储。

（2）在 ESXi 主机上创建能够运行 Linux 操作系统的虚拟机。

（3）学会在 vSphere 虚拟机上安装 Linux 操作系统。

知识引入

Linux 发行版主要有 3 个分支：Red Hat、Slackware 和 Debian。每一个分支都拥有一个代表性的企业服务器级版本，分别是 Red Hat Enterprise Linux（简称 RHEL）、SUSE Linux Enterprise（简称 SUSE）和 Ubuntu Server（简称 Ubuntu）。CentOS 是一个基于 RHEL 提供的源代码的企业级 Linux 发行版，国内许多用户选择 CentOS 来替代商业版的 RHEL。但目前 CentOS 官方放弃了对 CentOS Linux 8 的技术支持，重心已从 CentOS Linux 转移到 CentOS Stream。考虑到 CentOS 官方会按照计划维护 CentOS 7 直至其生命周期结束，也就是 2024 年 6 月，这里选择 CentOS 7 来示范 Linux 操作系统的部署。

任务实现

任务 2.3.1 将 Linux 操作系统的 ISO 文件上传到 ESXi 存储

提前准备好 CentOS 7 系统的 ISO 文件。在 VMware Host Client 主界面中选择左侧窗格中的"存储"命令，在列表中单击一个数据存储（这里为 datastore1），展开清单中的数据存储，然后单击"数据存储浏览器"按钮，选中要管理的数据存储，单击"创建目录"按钮，弹出"新建目录"对话框，命名目录，再单击"创建目录"按钮，如图 2-51 所示。

接着在"数据存储浏览器"对话框中选中刚创建的目录，单击"上载"按钮，从弹出的文件选择对话框中选择要上传的 ISO 文件，单击"打开"按钮，文件开始上传直至完毕，如图 2-52 所示。

图 2-51 在 ESXi 存储中创建目录

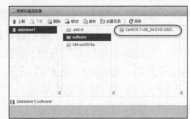

图 2-52 将 ISO 文件上传到 ESXi 存储中

任务 2.3.2　创建虚拟机

参照任务 2.2.1，在 VMware Host Client 中使用新建虚拟机向导创建虚拟机，多数选项采用默认设置，不同的设置主要有以下两处。

① 当出现"选择名称和客户机操作系统"界面时，设置内容如图 2-53 所示，主要针对 CentOS 7 进行设置。

图 2-53　选择名称和客户机操作系统

② 当出现"自定义设置"界面时，设置内容如图 2-54 所示。这里将 CD/DVD 驱动器设置为"数据存储 ISO 文件"，并指定之前上传的 ISO 文件。

图 2-54　虚拟机硬件设置

任务 2.3.3　在虚拟机中安装 CentOS 7 操作系统

参照任务 2.2.3，使用 VMware Host Client 在虚拟机中安装 CentOS 7 操作系统。选择左侧窗格中的"虚拟机"命令，单击要安装操作系统的虚拟机（这里为 VM-centos7a），右侧窗格中显示该虚拟机信息，单击左上角的控制台缩略图，开启虚拟机。虚拟机加载安装文件后进入 CentOS 7 安装过程，根据提示在虚拟机控制台中完成安装。

完成安装后，控制台中显示当前正在运行安装了操作系统的虚拟机。该虚拟机的详细信息如图 2-55 所示。在"一般信息"中展开"VMware Tools"，可以发现，在虚拟机中安装 CentOS 7 操作系统的过程中已经自动安装了 VMware Tools，无须再单独安装。这一点与前面创建的 Windows 操作系统的虚拟机有所不同。

图 2-55　安装有 CentOS 7 的 Linux 操作系统的虚拟机详细信息

任务 2.4　虚拟机的基本操作和管理

任务说明

在 ESXi 主机上完成虚拟机的创建之后，可以使用 VMware Host Client 对 ESXi 主机上的 vSphere 虚拟机进行操作和日常的监控管理。本任务的具体要求如下。

（1）通过浏览器控制台和 VMware 远程控制台访问和操作 vSphere 虚拟机。

（2）学会在 vSphere 虚拟机中添加和使用硬件设备。

（3）掌握 vSphere 虚拟机的日常监控和管理操作。

在本任务中，需要添加一台 VMware Workstation 虚拟机来测试 VMware 远程控制台，拓扑设计如图 2-56 所示。

图 2-56　虚拟机基本操作和管理实验拓扑

知识引入

2.4.1　虚拟机控制台

虚拟机控制台用来访问虚拟机的桌面，用户可以通过控制台操作和使用虚拟机，如进行操作系统设置、运行应用程序等。

ESXi 支持两种虚拟机控制台，一种是浏览器控制台，另一种是 VMware 远程控制台（VMware Remote Console，VMRC）。使用浏览器控制台的好处是无须安装其他软件，但是其功能有限，不支持虚拟机附加本地硬件。而 VMRC 可以提供更为完善的控制台功能，但是需要单独安装。

值得一提的是，VMware 桌面产品 VMware Workstation、VMware Fusion 或 VMware Player 都可以作为 VMRC 客户端使用，如果系统中安装了其中一种，则无须下载并安装 VMRC。

2.4.2　虚拟机快照

虚拟机快照保留以下信息。

- 虚拟机设置。虚拟机目录，包括在拍摄快照后添加或更改的磁盘。
- 电源状态。虚拟机可以通电、关机或挂起。
- 磁盘状态。所有虚拟机的虚拟磁盘状态。
- 内存状态。虚拟机内存的内容，这是可选的。

快照的层次结构是具有一个或多个分支的树。层次结构中的快照具有父子关系。在线性进程中，除第一个和最后一个快照外，其他快照都有一个父快照和一个子快照。第一个快照没有父快照，最后一个快照没有子快照。每个有子快照的父快照都可以有多个子节点。可以还原到当前父快照，或者还原快照树中的任何父或子快照，并从该快照创建更多快照。每次还原快照并拍摄另一个快照时，都会创建分支或子快照。

快照通过为每个连接的虚拟磁盘或虚拟裸磁盘映射（Raw Disk Mapping，RDM）创建一系列增量磁盘来保留特定时间点的磁盘状态，通过创建内存文件可选地保留内存和电源状态，并在快照管理器（Snapshot Manager）中创建一个表示虚拟机状态和设置的快照对象，同时创建一个额外的.vmdk磁盘文件。

任务实现

任务 2.4.1　使用控制台操作虚拟机

使用控制台操作虚拟机

在VMware Host Client中可以使用浏览器控制台或使用VMRC访问虚拟机，并在虚拟机上执行不同的任务。

1. 使用浏览器控制台

在虚拟机信息界面中提供浏览器控制台的缩略图。默认情况下，单击该缩略图打开浏览器控制台，如果虚拟机此时处于关机状态还将同时启动虚拟机。如图2-57所示，浏览器控制台右上角有一组窗口操作按钮，单击右上角的"操作"按钮则会弹出操作菜单，选择菜单中的命令可以对虚拟机执行各种操作。例如，从浏览器控制台的操作菜单中直接选择"Ctrl+Alt+Delete"命令（相当于按<Ctrl+Alt+Delete>组合键），以登录系统。如果要按其他键，可从"客户机操作系统"子菜单中选择"发送键值"命令。

用户还可以从浏览器的新选项卡中打开控制台，或者从浏览器的新窗口中打开控制台。在虚拟机信息界面单击"控制台"按钮弹出相应的菜单，从中选择控制台命令，如图2-58所示。也可以从浏览器控制台的操作菜单中选择控制台命令。

图 2-57　浏览器控制台

图 2-58　选择控制台命令

2. 使用 VMRC

本项目实验环境中的计算机上安装有 VMware Workstation 16 Pro，可以直接用作 VMRC。在该计算机上使用 VMware Host Client 操作时，从虚拟机的控制台菜单中选择"启动远程控制台"命令，弹出"要打开 VMware Workstation 吗"提示对话框，单击"打开 VMware Workstation"按钮，会提示"无效的安全证书"，根据提示提供 ESXi 登录账户和密码，单击"仍然连接"按钮，即可在 VMware Workstation 中远程访问虚拟机，如图 2-59 所示。VMware Workstation 中还可以切换到该 ESXi 主机上的其他虚拟机进行操作。

为示范独立的 VMRC，这里利用另一台 Windows 10 计算机（以 VMware Workstation 虚拟机的形式提供，命名为 Windows 10-A）来操作。下面示范下载、安装和使用 VMRC。

（1）确认该计算机有一个网卡选择 NAT 模式，并安装有谷歌浏览器。

（2）通过谷歌浏览器使用 VMware Host Client 访问 ESXi-A 主机。

（3）打开虚拟机信息界面，从控制台菜单（见图 2-58 中）选择"下载 VMRC"命令。

（4）自动连接到 VMware 官网的 VMRC 下载页面，输入账号和密码之后，即可下载 VMRC。

（5）下载完毕，安装 VMRC。

（6）在 VMware Host Client 中切换到虚拟机信息界面，从控制台菜单中选择"启动远程控制台"命令，弹出"要打开 VMware Remote Console 吗"提示对话框，单击"打开 VMware Remote Console"按钮，会提示"无效的安全证书"，单击"仍然连接"按钮即可打开 VMRC 来访问并操作虚拟机，如图 2-60 所示。

图 2-59　VMware Workstation 用作 VMRC

图 2-60　独立的 VMRC 操作虚拟机的界面

任务 2.4.2　在虚拟机中使用硬件设备

用户可以向 ESXi 主机上的虚拟机添加实际的硬件设备，包括 DVD 和 CD-ROM 驱动器、USB 控制器、虚拟或物理硬盘、处理器等，还可以修改现有硬件设备的设置。这些设备可以连接到 ESXi 主机，也可以连接到管理端。由于这些设备是真实的物理设备，因此与前面所讲的虚拟机硬件不同。

在虚拟机中使用硬件设备

下面以使用 U 盘为例进行介绍，其中涉及虚拟机嵌套，即在 ESXi 主机（VMware Workstation 虚拟机）上的 vShpere 虚拟机上使用 U 盘。

（1）在 VMware Workstation 主机上插入 U 盘，弹出对话框提示检测到新的 USB 设备，选择该设备连接到虚拟机（ESXi-A）。

（2）使用 VMware Host Client 打开虚拟机（本例中为 VM-win2016a）的编辑设置对话框，单击"虚拟硬件"按钮，单击"添加其他设备"弹出相应的设备菜单，从中选择"USB 设备"，如图 2-61 所示，新的 USB 设备添加到该虚拟机中，单击"保存"按钮。

（3）此时在虚拟机中就可以访问该 U 盘，如图 2-62 所示。

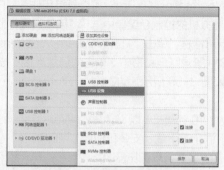

图 2-61　添加 USB 设备　　　　　　图 2-62　在虚拟机中访问主机 U 盘

管理虚拟机

任务 2.4.3　管理虚拟机

创建虚拟机后，可以在虚拟机上执行不同的管理任务。在 VMware Host Client 主界面中选择左侧窗格中的"虚拟机"命令，将显示可用虚拟机的列表。右键单击要管理的虚拟机，将弹出相应的操作菜单，如图 2-63 所示。选中某虚拟机，单击"操作"按钮，可弹出同样的操作菜单。还可以在虚拟机的浏览器控制台中使用操作菜单。需要注意的是，虚拟机运行时和关机时的可用操作菜单项不同。

提示　操作菜单中的"电源"子菜单中的"关闭电源"命令和"客户机操作系统"子菜单中的"关机"命令是不同的，前者相当于将虚拟机直接断电，有数据丢失的可能性；后者相当于软关机，由虚拟机中的操作系统执行，更为安全。

1. 设置虚拟机自动启动

用户可以设置虚拟机自动启动，即随 ESXi 主机启动而自动启动，ESXi 主机关闭时则自动关闭。从虚拟机的操作菜单中选择"自动启动">"启用"命令，再根据需要选择"自动启动">"配置"命令，弹出图 2-64 所示的对话框，设置启动配置，一般保持默认值即可。如果要取消自动启动，从虚拟机的操作菜单中选择"自动启动">"禁用"命令即可。

图 2-63　虚拟机操作菜单　　　　　　图 2-64　配置虚拟机自动启动

2. 虚拟机注册与删除

虚拟机注册意味着虚拟机加入 VMware Host Client 清单中。取消虚拟机注册，则意味着 VMware Host Client 清单中不再显示该虚拟机，但该虚拟机仍然保留在数据存储中。可以从虚拟机的操作菜单中选择"取消注册"命令。

被取消注册的虚拟机可以重新注册，具体步骤如下。

（1）在 VMware Host Client 主界面中选择左侧窗格中的"主机"命令，单击"创建/注册虚拟机"按钮，选择创建类型需选中"注册现有虚拟机"选项。

（2）单击"下一页"按钮，出现"选择要注册的虚拟机"界面，单击"选择一个或多个虚拟机、一个数据存储或目录"按钮，打开"数据存储浏览器"，如图 2-65 所示，定位到要注册的虚拟机配置文件（.vmx），单击"选择"按钮。

图 2-65　选择要注册的虚拟机配置文件（.vmx）

（3）回到"选择要注册的虚拟机"界面，确认选中需注册的虚拟机配置文件。

（4）单击"下一页"按钮，进入"即将完成"界面，列出所选的虚拟机配置文件，确认后单击"完成"按钮，即可完成虚拟机的注册。

还可以将虚拟机从 ESXi 主机中彻底删除，这就意味着不但从 VMware Host Client 清单中删除虚拟机，而且从数据存储中删除虚拟机中的所有文件，包括配置文件和虚拟磁盘文件。可以从虚拟机的操作菜单中选择"删除"命令，前提是该虚拟机已经处于关机状态。

3. 使用 VMware Host Client 管理快照

在 VMware Host Client 中可以查看虚拟机的所有快照，并使用快照管理器管理快照。虚拟机正在运行时或已关机时，都可以生成快照。从虚拟机的操作菜单中选择"快照">"生成快照"命令，弹出图 2-66 所示的对话框，为快照命名，选择是否生成内存的快照，单击"生成快照"按钮，即可生成虚拟机当前状态的快照。

从虚拟机的操作菜单中选择"快照">"管理快照"命令，将打开"快照管理器"，如图 2-67 所示，可以查看、还原、删除和编辑已有快照。

图 2-66　生成虚拟机快照对话框

图 2-67　快照管理器

任务 2.4.4　监控虚拟机

在 VMware Host Client 中可以监控虚拟机的各种性能，并跟踪虚拟机上发生的操作（日志）。

展开左侧窗格中的"虚拟机"节点，从列表中选择一个虚拟机，进一步展开清单中的虚拟机节点，
然后选择"监控"命令，可以查看虚拟机的性能、事件、任务、日志和通知信息，如图 2-68 所示。

监控虚拟机

图 2-68   监控虚拟机

项目小结

　　基于 vSphere 构建虚拟化基础架构，首先要在服务器上安装 ESXi 虚拟化软件，使其作为 ESXi
主机。通过本项目的实施，我们搭建了一个包含单台 ESXi 主机的最基本 vSphere 虚拟化平台，并
在该平台分别部署了典型的 Windows 操作系统的虚拟机和 Linux 操作系统的虚拟机。通过本项目
的学习，读者应增强对 vSphere 虚拟化的感性认识，掌握 ESXi 主机和 vSphere 虚拟机的基本操
作和管理，从而达到 vSphere 快速入门的目的。项目 3 将部署 vSphere 虚拟化基础架构的管理层
vCenter Server，进一步完善 vSphere 虚拟化平台。

课后练习

简答题

1. 简述 ESXi 的主要功能。
2. ESXi 主要有哪几种安装方式？
3. 简述 ESXi 主机的维护模式。
4. 为什么要将 ESXi 时间与 NTP 服务器同步？
5. vSphere 虚拟机兼容性是指什么？
6. vSphere 虚拟磁盘置备有哪几种格式？各有什么特点？适合哪类应用？
7. 浏览器控制台与 VMRC 有什么不同？

操作题

1. 准备一台 ESXi 主机（建议使用 VMware Workstation 虚拟机），安装 ESXi 7.0。
2. 登录 ESXi 主机的控制台，完成管理网络的初步配置。
3. 通过浏览器登录 ESXi 主机的 VMware Host Client 界面，熟悉 ESXi 主机的基本管理
操作。
4. 在 ESXi 主机上创建一台运行 Ubuntu Linux 操作系统的虚拟机，并检查 VMware Tools
的安装情况。

项目3
部署和使用vCenter Server

学习目标

- 掌握vCenter Server的安装和配置方法
- 掌握vCenter Server环境中的ESXi主机管理
- 学会基于vCenter Server环境部署和管理虚拟机

项目描述

vCenter Server是一项服务，是实现vSphere规模化应用和高级功能的基础。数据中心的高级功能，如实时迁移虚拟机、高可用性和容错等，都需要vCenter Server支持。通过项目2的实施，我们安装了ESXi，并在ESXi主机上部署了典型的虚拟机。但是，部署ESXi只是搭建了单台vSphere主机的简单虚拟化环境，只有部署vCenter Server才能实现多台ESXi主机集中运维，构建更为完善的虚拟化平台。本项目将通过3个典型任务，讲解vCenter Server的安装和配置管理，示范在vCenter Server环境中建立数据中心对ESXi主机进行集中管理，并进一步介绍vSphere虚拟机的部署、管理和使用方法。

任务 3.1　vCenter Server 安装与配置管理

任务说明

ESXi 用于创建并运行虚拟机和虚拟设备，而 vCenter Server 作为虚拟化平台管理中心，用于管理网络中连接的多台 ESXi 主机，并将主机资源池化，从而实现主机、虚拟机及其资源的集中、统一配置管理。在项目 2 中部署了一台 ESXi 主机，这里将部署一台 vCenter Server 服务器。从 vSphere 7.0 开始，不能直接在 Windows 计算机上安装 vCenter Server，而是要通过部署 VMware vCenter Server Appliance（VCSA）来安装 vCenter Server。Appliance 就是虚拟设备，实际上是一台预装特定软件的虚拟机，可以通过另一台 ESXi 主机来部署该虚拟机。本任务的具体要求如下。

（1）了解 vCenter Server 及其安装要求。
（2）准备 ESXi 主机并安装 vCenter Server。
（3）熟悉 vCenter Server 管理界面。
（4）学会使用 vSphere Client 管理 vCenter Server。
（5）掌握 vSphere 管理权限。

本任务的实验环境中增加一台 VMware Workstation 虚拟机作为 ESXi 主机（应用虚拟机嵌套技术）来完成 vCenter Server 的安装，拓扑设计如图 3-1 所示。如果条件允许，也可以将物理服务器或 PC 作为 ESXi 主机。

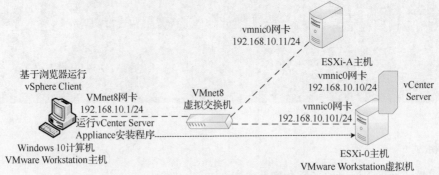

图 3-1　vCenter Server 安装与配置管理实验拓扑

知识引入

3.1.1　vCenter Server 的地位和主要功能

vCenter Server 位于 vSphere 虚拟化基础架构的管理层，与 ESXi 配套使用，可以池化和管理多台 ESXi 主机的资源，如图 3-2 所示。

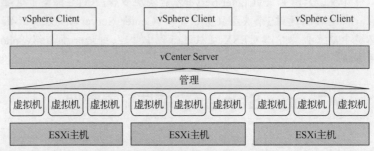

图 3-2　位于管理层的 vCenter Server

vCenter Server 为虚拟机和主机的管理、操作、资源配置以及性能评估提供了一个集中的平台，管理员可以用它来集中配置、管理和监控虚拟基础架构，并实现自动化管理和安全管理。

vCenter Server 提供了 ESXi 主机管理、虚拟机管理、模板管理、虚拟机部署、任务调度、统计与日志、警报与事件管理等功能，还支持数据中心高级功能。

3.1.2　vCenter Server 组件与服务

vCenter 单点登录（Single Sign-On，SSO）身份验证服务为 vSphere 软件组件提供安全身份验证服务。使用 SSO，vSphere 软件组件可通过安全令牌交换机制相互通信，而无须通过目录服务对每个组件分别进行用户身份验证。在 vSphere 6.x 中，vCenter Server 及其服务都必须在平台服务控制器（Platform Service Controller，PSC）中绑定。PSC 提供包括 SSO 在内的一系列服务。PSC 独立于 vSphere 进行升级，在其他任何依赖 SSO 的产品之前完成升级。安装 vCenter Server 时可以选择嵌入式 PSC 或外部 PSC。选择嵌入式 PSC，与 PSC 绑定在一起的所有服务与 vCenter Server 服务一起部署在同一个服务器上。选择外部 PSC，PSC 与 vCenter Server 安装在不同的服务器上。

从 vSphere 7.0 开始，安装新的 vCenter Server 或升级到 vCenter Server 7.0 需要使用 vCenter Server Appliance。vCenter Server Appliance 是针对运行 vCenter Server 及关联服务而优化的预配置 Linux 虚拟机。新的 vCenter Server 包含所有 PSC 服务，不再需要单独的 PSC，也无法部署和使用外部 PSC。所有 PSC 服务都已集成到 vCenter Server 中，并且简化了部署和管理。

部署 vCenter Server Appliance 时，将在同一系统上安装 vCenter Server、vCenter Server 组件和身份验证服务，具体会安装以下组件和服务。

• vCenter Server 服务组：包含 vCenter Server、vSphere Client、vSphere Auto Deploy 和 vSphere ESXi Dump Collector。其中 vSphere Client 是基于 HTML5 的客户端，可以使用 Web 浏览器连接到 vCenter Server 实例。vCenter Server Appliance 还包含 VMware vSphere Lifecycle Manager（可选的服务）和 VMware vCenter Lifecycle Manager，前者由 vSphere 用来执行集中式自动修补程序和版本管理，后者自动执行虚拟机管理过程，并适时从服务中移除虚拟机。

• 身份验证服务：包含 SSO、License Service（许可证服务）、Lookup Service（查找服务）和 VMware Certificate Authority（VMware 证书颁发机构）。

每个 vCenter Server 都与一个 SSO 域关联。域名默认为 vsphere.local，但可以在部署过程中更改域名。域决定本地身份验证空间。为防止身份验证冲突，应为域指定唯一名称。指定域名后，可以添加用户和组。

3.1.3 vCenter Server 安装要求

用户选用 vSphere 7.0 版本，安装 vCenter Server 也就是部署 vCenter Server Appliance，必须满足以下要求。

1. 硬件要求

vCenter Server Appliance 的硬件要求取决于 vSphere 环境，具体要求如表 3-1 所示。部署 vCenter Server Appliance 虚拟机的 ESXi 主机或 DRS 集群必须满足最低存储要求。存储要求不但取决于 vSphere 环境大小和存储大小，还取决于磁盘置备格式（微型环境采用精简置备时磁盘实际大小不能低于 25GB）。

表 3-1 vCenter Server Appliance 的硬件要求

vSphere 环境	vCPU 数目	内存	默认存储大小	大型存储大小	超大型存储大小
微型环境（最多 10 台主机或 100 个虚拟机）	2	12GB	429GB	1519GB	3279GB
小型环境（最多 100 台主机或 1000 个虚拟机）	4	19GB	494GB	1544GB	3304GB
中型环境（最多 400 台主机或 4000 个虚拟机）	8	28GB	708GB	1708GB	3468GB
大型环境（最多 1000 台主机或 10000 个虚拟机）	16	37GB	1058GB	1758GB	3518GB
超大型环境（最多 2500 台主机或 45000 个虚拟机）	24	56GB	1783GB	1883GB	3643GB

2. 软件要求

在 vSphere 7.0 中，可以直接连接到 6.5 版本或更高版本的 ESXi 主机上安装 vCenter Server，也可以连接到 6.5 版本或更高版本的 vCenter Server 实例（已安装 vCenter Server 的服务器）上，在 vCenter Server 清单中的 ESXi 主机或 DRS 集群上安装 vCenter Server。

3. 所需端口

vCenter Server 必须能将数据发送到每个托管主机，并且能够从每个 vSphere Client 接收数据。要在托管主机之间启用迁移和配置，源主机和目标主机必须能够通过预确定的 TCP（Transmission Control Protocol，传输控制协议）和 UDP 端口彼此接收数据。对于内置防火墙，安装程序将在安装或升级过程中打开这些端口。对于自定义防火墙，必须手动打开所需端口，有关 vSphere 中所用的端口和协议可以在其官网上查询。

4. DNS 要求

尽可能为 vCenter Server Appliance 虚拟机指定静态 IP 地址，如果计划使用全称域名作为 vCenter Server 服务器名称，必须通过添加正向和反向 DNS 主机记录来确认该域名可由 DNS 服务器解析。如果使用 DHCP 而不是静态 IP 地址，则应验证 vCenter Server 服务器名称是否已在 DNS 中更新。

确保 ESXi 主机管理接口可以从 vCenter Server 和所有 vSphere Client 进行有效的 DNS 解析。确保 vCenter Server 可以从所有 ESXi 主机和 vSphere Client 进行有效的 DNS 解析。

5. vSphere Client 软件要求

vSphere Client 支持的客户机操作系统为 Windows（32 位和 64 位版本）、macOS，支持的浏览器版本为 Chrome 75 或更高版本、Mozilla Firefox 69 或更高版本、Microsoft Edge 79 或更高版本。

3.1.4 vCenter Server 安装方式

VMware 公司发布了 vCenter Server Appliance 的 ISO 映像，其中包含 vCenter Server Appliance 的图形用户界面（Graphical User Interface，GUI）和命令行界面（Command Line Interface，CLI）安装程序。可以从一台连接到目标 ESXi 主机或 vCenter Server 实例的网络客户机上运行安装程序。网络客户机支持的操作系统包括 Windows 8 和更高版本、Windows Server 2012 和更高版本、SUSE 15、Ubuntu 16.04 和 Ubuntu 18.04、macOS v10.13 和更高版本，以及 macOS High Sierra、macOS Mojave、macOS Catalina。还可以直接使用 OVA 模板部署 vCenter Server Appliance。

1. 在网络客户机上运行安装程序

vSphere 7.0 支持以下两种 vCenter Server Appliance 部署方法。

（1）GUI 部署。

可以使用 GUI 安装程序以交互方式部署 vCenter Server Appliance。采用这种方式，应将 vCenter Server 安装程序下载到运行 Windows、Linux 或 macOS 的网络客户机中，从该客户机运行部署向导，并提供部署和设置所需的信息。

（2）CLI 部署。

可以使用 CLI 安装程序以静默方式在 ESXi 主机或 vCenter Server 实例上部署 vCenter Server Appliance。采用这种方式，必须先准备一个包含部署规范的配置参数及其值的 JSON 模板文件。无须人工干预，在运行 Windows（Windows 10 之前的版本必须安装 Visual C++可再发行库版本 14.0 或更高版本）、Linux 或 macOS 的网络客户机上执行 CLI 安装程序进行自动部署。

CLI 部署支持自动安装，因而也就支持以批量方式同时安装多个 vCenter Server 实例，前提是为要安装的所有 vCenter Server 实例创建 JSON 模板文件，CLI 安装程序会使用这些 JSON 模板文件评估部署的拓扑并确定顺序。每个实例的 JSON 模板文件必须使用静态 IP 地址来解析部署中该实例依赖的其他实例的网络地址。

2. 直接使用 OVA 模板部署

安装 vCenter Server 会涉及 OVA 和 OVF 这两个概念。OVF 是一种支持跨产品和平台交换虚拟设备的文件格式，OVA 则是 OVF 的一种分发文件格式。通过导出 OVF 或 OVA 模板，可以创建其他用户可导入的虚拟设备。可以使用导出功能将预先安装的软件作为虚拟设备分发，或者向用户分发模板虚拟机。vCenter Server 安装包中提供了 vCenter Server Appliance 的 OVA 模板，除了通过网络客户机运行安装程序外，管理员也可以直接使用该 OVA 模板来部署 vCenter Server Appliance。

3.1.5 vCenter Server 配置方法

vSphere 7.0 提供配置 vCenter Server 的多种方法。

• 使用 vCenter Server 管理界面。以 root 用户身份登录，可以编辑系统设置，如访问权限、网络、时间同步和 root 密码设置。这是配置 vCenter Server 的首选方法。

• 使用 vSphere Client。以 SSO 域用户身份登录，可以导航到 vCenter Server 的系统配置设置界面，管理在 vCenter Server 中运行的服务并修改访问权限、网络和防火墙设置等各种设置。

• 使用 Bash Shell。直接进入 vCenter Server Appliance 的命令行界面，也可以使用 SSH 远程登录，在 vCenter Server 中运行配置、监控以及故障排除命令。

• 使用直接控制台用户界面。与前面介绍的 ESXi 主机一样，可以登录 vCenter Server 直接控制台用户界面，这是一种文本用户界面（Text User Interface，TUI），更改 root 用户的密码、配置网络设置，启用对 Bash Shell 或 SSH 的访问。

> **提 示** vCenter Server 安装时使用预配置的 Linux 虚拟机，但并不支持对预配置的 Linux 虚拟机进行自定义，除非为该虚拟机添加内存、CPU 和磁盘空间。

3.1.6 vSphere 管理权限

对 vSphere 组件和对象的操作都需要一定的权限。vCenter SSO 单点登录支持身份验证，以确定用户是否可以访问 vSphere 组件。每个用户被授权查看或操作 vSphere 对象。

1. vSphere 管理权限的相关概念

• 权限（Permission）：vCenter Server 对象层次结构中的每个对象都具有关联权限。每个权限都为一个组或用户指定其对该对象的权限。

• 用户和组（User and Group）：在 vCenter Server 上，可以将权限分配给经过身份验证的用户或组。用户通过 SSO 进行身份验证。

• 特权（Privilege）：特权是细粒度的访问控制权限。可以将这些权限分配到角色中，然后映射到用户或组。

• 角色（Role）：角色是一组特权。角色允许管理员根据用户执行的一系列典型任务分配对象的权限。默认角色（如管理员）是在 vCenter Server 中预定义的，无法更改。其他角色，如资源池管理员，是预定义的角色。可以创建自定义角色，也可以通过克隆和修改预定义角色来创建自定义角色。

2. vCenter Server 权限模型

vCenter Server 权限模型依赖于为对象层次结构中的对象分配权限。每个权限给予一个用户或一组特权，即所选对象的角色。例如，可以在对象层次结构中选择一台 ESXi 主机，并将一个角色分配给一组用户。该角色为这组用户赋予该主机相应的权限。

任务实现

任务 3.1.1　准备安装 vCenter Server Appliance

准备安装 vCenter
Server Appliance

在部署 vCenter Server Appliance 之前，需要先做好相应的准备工作。

（1）使用 VMware Workstation 16 Pro 创建一个虚拟机用作 ESXi 主机，将其命名为 ESXi-0，创建时选择"典型"方式，客户机操作系统选择"VMware ESXi 7 和更高版本"。如图 3-3 所示，该虚拟机主要配置为 4 个 CPU 内核、16GB 内存和 250GB 硬盘，网络适配器为 NAT，以便有足够的系统资源在其上部署 vCenter Server Appliance。

（2）在该虚拟机上安装 ESXi 7.0，安装完毕，再将其主机名更改为 esxi-0，IP 地址设置为 192.168.10.101，如图 3-4 所示。

（3）从 VMware 网站下载 vCenter Server Appliance 的 ISO 映像，其文件名格式为 VMware-VCSA-all-版本号-构建号.iso。该文件中包含 vCenter Server Appliance 的 GUI 和 CLI 安装程序。

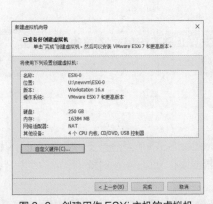

图 3-3　创建用作 ESXi 主机的虚拟机

图 3-4　完成 ESXi 7.0 的安装和网络配置

任务 3.1.2　部署 vCenter Server Appliance

部署 vCenter
Server Appliance

下面采用 GUI 部署方法以交互方式部署 vCenter Server Appliance。如图 3-5 所示，GUI 部署工作流包括两个阶段。第 1 阶段是 OVA 部署，启动部署向导以选择部署类型和设备设置，在目标服务器上完成 OVF 文件的部署，此阶段在安装向导中称为部署 vCenter Server Appliance。第 2 阶段是设备设置，启动设置向导以配置设备时间同步和 SSO，此阶段将完成初始设置并启动新部署 vCenter Server Appliance 的服务，此阶段在安装向导中称为设置 vCenter Server Appliance。这里在 VMware Workstation 主机（Windows 10）上运行 GUI 安装程序，将 vCenter Server Appliance

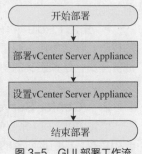

图 3-5　GUI 部署工作流

部署到 ESXi-0 主机上。注意，运行 GUI 安装程序部署 vCenter Server Appliance 的客户机分辨率至少达到 1024 像素 x768 像素才能正常显示安装界面，还要保证目标 ESXi 主机未处于锁定模式或维护模式。

1. 第 1 阶段：OVA 部署

（1）将下载的 vCenter Server Appliance 安装包（.iso）解压（或者加载到虚拟光驱），导航到 vcsa-ui-installer/win32 文件夹，运行其中的 installer.exe 安装程序，启动部署向导。

如果在 Linux 操作系统上运行 GUI 安装程序，则应切换到 lin64 子目录并运行 installer 文件；如果在 macOS 操作系统上运行 GUI 安装程序，则应切换到 mac 子目录并运行 Installer.app 文件。

（2）出现部署选项界面，默认为英文，通过右上角的语言菜单将其改为简体中文，如图 3-6 所示，单击"安装"按钮。

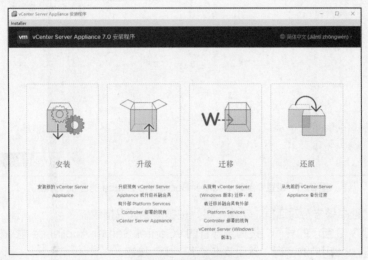

图 3-6　选择部署选项

（3）启动第 1 阶段部署向导，显示操作步骤，首先显示的是"简介"界面，如图 3-7 所示，此处可以了解部署过程，然后单击"下一步"按钮。

图 3-7　第 1 阶段部署简介

（4）出现"最终用户许可协议"界面，勾选"我接受许可协议条款"复选框，单击"下一步"按钮。

（5）出现图 3-8 所示的界面，设置要部署 vCenter Server Appliance 的目标服务器。这里输入目标 ESXi 主机（本例为 ESXi-0 主机）的 IP 地址、HTTPS 端口（默认 443 即可），以及对该 ESXi 主机具有管理特权的用户的用户名（root）和密码，然后单击"下一步"按钮。

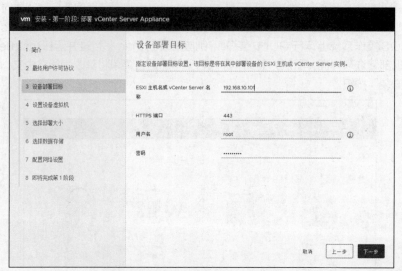

图 3-8　设置要部署 vCenter Server Appliance 的目标服务器

（6）弹出"证书警告"对话框，单击"是"按钮接受证书指纹。

（7）出现图 3-9 所示的界面，设置要部署的 vCenter Server Appliance 虚拟机。为该虚拟机输入名称，设置 root 用户的密码，然后单击"下一步"按钮。

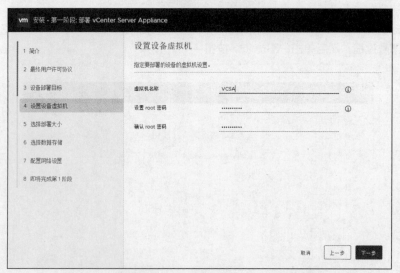

图 3-9　设置要部署的 vCenter Server Appliance 虚拟机

这里的 root 是 vCenter Server Appliance 预配置 Linux 虚拟机的超级管理员账户，使用该账户可以登录 vCenter Server 管理界面，也可以登录预配置虚拟机操作系统。此处密码必须至少为 8 个字符，由数字、大小写字母和特殊字符（如!、#、@）组成。

（8）出现图 3-10 所示的界面，为 vCenter Server 选择部署大小。这里部署大小选择"微型"，存储大小选择"默认"，然后单击"下一步"按钮。

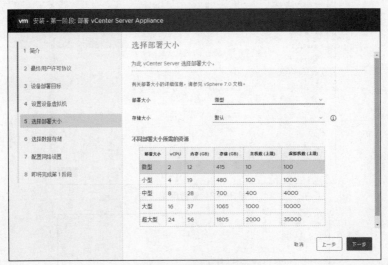

图 3-10　选择部署大小

（9）出现图 3-11 所示的界面，从可用数据存储列表中选择存储该虚拟机的配置文件和虚拟磁盘的位置。这里单击"安装在可从目标主机访问的现有数据存储上"单选按钮和勾选"启用精简磁盘模式"复选框，然后单击"下一步"按钮。

图 3-11　选择数据存储

（10）出现图 3-12 所示的界面，为该虚拟机配置网络设置，重点是设置 IP 地址，然后单击"下一步"按钮。注意，此处的网络设置是为 vCenter Server Appliance 虚拟机本身配置的。

（11）出现"即将完成第 1 阶段"界面，检查 vCenter Server Appliance 的部署设置，然后单击"完成"按钮。

（12）正式开始第 1 阶段的部署，部署的时间取决于目标主机的性能。完成后弹出图 3-13 所示的对话框，单击"继续"按钮执行部署过程的第 2 阶段。这里还给出访问 vCenter Server Appliance 管理界面的网址。

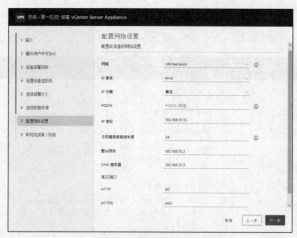

图 3-12　配置网络设置

图 3-13　完成第 1 阶段的部署

　　安装的第 1 阶段实际上是通过专业的 OVA 文件来创建 vCenter Server Appliance。这是一个运行 vCenter Server 的虚拟机，该虚拟机运行的 Linux 版本是 Project Photon OS 3.0，这是 VMware 公司为容器化应用而设计的轻量级操作系统。该虚拟机中安装有 PostgreSQL 数据库、vCenter Server 7.0 和 vCenter Server 7.0 组件，以及运行 vCenter Server 所需的服务（如 SSO、License Service）。

> **提示**　管理员也可以直接使用 **vSphere Client** 来部署 **vCenter Server Appliance** 的 **OVA** 文件（具体操作方法参见任务 **3.3**），以替代 GUI 部署过程第 1 阶段的操作。

2. 第 2 阶段：设备设置

　　（1）第 2 阶段设置向导首先显示的是"简介"界面，如图 3-14 所示，查看简介，然后单击"下一步"按钮。

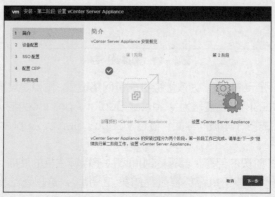

图 3-14　第 2 阶段设置简介

（2）出现图 3-15 所示的界面，选择时间同步模式，这里选择"与 ESXi 主机同步时间"，SSH
访问保持默认设置（禁用），然后单击"下一步"按钮。

图 3-15　设备配置

时间同步模式也可以选择"与 NTP 服务器同步时间"，并输入 NTP 服务器的名称或 IP 地址（多
个 NTP 服务器要以逗号分隔）。

（3）出现图 3-16 所示的界面，选择创建新 SSO 域，输入域名（本例为 vsphere.local），设
置 SSO 管理员的密码（本例管理员账户为 administrator），然后单击"下一步"按钮。

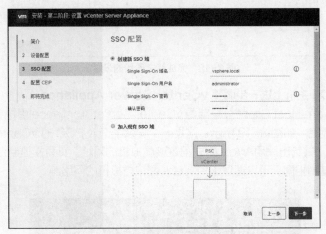

图 3-16　SSO 配置

（4）出现"配置 CEIP"界面，查看 VMware 客户体验提升计划，这里取消勾选"加入 VMware
客户体验提升计划(CEIP)"复选框，单击"下一步"按钮。

（5）出现图 3-17 所示的界面，检查 vCenter Server Appliance 的配置设置，确认无误之后
单击"完成"按钮，弹出"警告"对话框，然后单击"确定"按钮完成部署过程的第 2 阶段。

（6）完成第 2 阶段设置之后，弹出图 3-18 所示的对话框，单击"设备入门页面"处的链接可
以进入 vCenter Server Appliance 的"入门"界面。单击"关闭"按钮退出向导。

第 2 阶段完成了 vCenter Server 初始设置，并启动了新安装的 vCenter Server 服务。

> **提 示**　如果不使用第 2 阶段设置向导，管理员也可以登录新安装的 **vCenter Server** 管理界面，
> 手动完成 **vCenter Server** 初始设置。

图 3-17　检查 vCenter Server Appliance 的配置设置

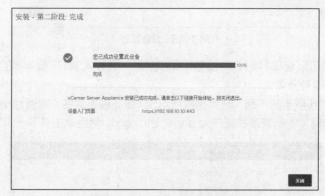

图 3-18　完成第 2 阶段的设置

3．在目标 ESXi 主机上进一步调整 vCenter Server Appliance

可以通过 VMware Host Client 登录部署 vCenter Server Appliance 虚拟机的 ESXi-0 主机，打开该虚拟机的控制台，如图 3-19 所示。这是一个安装了嵌入 PSC 的 vCenter Server，运行的是 Linux 操作系统，并给出采用 Web 方式配置该虚拟机的网址。其直接控制台用户界面与 ESXi 主机的直接控制台基本相同，可以通过该控制台调整该虚拟机的网络等。

图 3-19　vCenter Server Appliance 虚拟机控制台

在 VMware Host Client 界面中，设置 vCenter Server Appliance 虚拟机自动启动，并对 ESXi-0（本例中由 VMware Workstation 虚拟机充当主机）主机设置自动启动，目的是让该虚拟机随 ESXi 主机启动而自动启动，ESXi 主机关闭时则自动关闭。还要将 ESXi-0 主机的时钟设置为与 NTP 服务器的 IP 地址 192.168.10.1 同步。具体操作方式参见项目 2。

另外，为节省系统资源，笔者在实验环境中将 ESXi-0 主机（虚拟机）的内存降至 12GB（12288MB）。

任务 3.1.3 使用 vCenter Server 管理界面配置 vCenter Server

部署 vCenter Server Appliance 之后，可以通过浏览器登录 vCenter Server 管理界面对 vCenter Server 进行配置。

使用 vCenter Server 管理界面配置 vCenter Server

1. 登录 vCenter Server 管理界面

（1）打开 Web 浏览器，输入访问 vCenter Server 管理界面的 URL，格式为 https://vCenter Server 实例的域名或 IP 地址:5480，本例为 https://192.168.10.10:5480，由于使用 SSL 安全连接，首次访问可能会提示安全问题，继续访问即可。

不同的浏览器版本提示的安全信息不尽相同，以谷歌浏览器为例，首先提示"您的链接不是私密链接"，单击"高级"链接，再单击"继续前往"选项。

（2）出现图 3-20 所示的登录界面时，输入用户名（root）和密码（密码为部署 vCenter Server Appliance 时所设置的密码），单击"登录"按钮。

图 3-20 登录 vCenter Server 管理界面

（3）成功登录之后，出现图 3-21 所示的 vCenter Server 管理界面，左侧是导航区，显示主要配置功能项，右侧是详细信息窗格，显示相应的配置界面。默认显示 vCenter Server 摘要信息和运行状况。

图 3-21 vCenter Server 摘要信息和运行状况

2. 查看和修改 vCenter Server 设置

在 vCenter Server 管理界面中的导航区中切换到相关功能项，可以查看和修改系统设置。下面列举部分操作。

单击"监控"项，可以查看 vCenter Server 的系统资源使用情况，如 CPU、内存、磁盘、网络、数据库。

单击"访问"项，如图 3-22 所示，显示当前的访问设置，其中 DCLI 表示直接控制台用户界面。单击"编辑"按钮，弹出图 3-23 所示的对话框，可以启用或禁用 SSH 登录，还可以启用在特定时间间隔内对 vCenter Server Bash Shell 进行访问。这与前面的 ESXi 主机配置相似。

图 3-22 查看访问设置

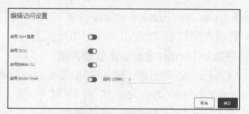

图 3-23 编辑访问设置

单击"时间"项，可以查看和更改系统时区和时间同步设置，这里将时区改为"Asia/Shanghai"（亚洲/上海）。

单击"系统管理"项，可以更改 root 用户的密码和密码过期设置。

另外，还可以通过 vCenter Server 管理界面重新引导或关闭 vCenter Server，从顶部菜单窗格中打开"操作"下拉菜单，选择"重新引导"或"关闭"命令，确认操作即可。

任务 3.1.4 使用 vSphere Client 配置 vCenter Server

使用 vSphere
Client 配置 vCenter
Server

在 vSphere 6.5 和更高版本中，vSphere Client 作为 vCenter Server Appliance 部署的一部分进行安装，保证 vSphere Client 始终指向同一 vCenter SSO 实例。可以通过 vSphere Client 对 vCenter Server 执行一些配置管理操作。

1. 使用 vSphere Client 登录 vCenter Server

（1）打开 Web 浏览器，然后输入 vCenter Server 的 URL，本例为 https://192.168.10.10/ui，首次访问会提示安全问题，继续访问即可。

如果 URL 不加 ui 路径，则需要在弹出的界面中单击"启动 vSphere Client(HTML5)"按钮。

（2）出现图 3-24 所示的登录界面，输入在 vCenter Server 中具有权限的用户的凭据，首次登录使用 SSO 管理员账户，这里为 administrator@vsphere.local，然后单击"登录"按钮。

图 3-24 vSphere Client 登录界面

注意，此处的登录账户与 vCenter Server 管理界面的登录账户不同。

（3）成功登录之后，将显示 vSphere Client 界面，如图 3-25 所示，默认显示 vCenter Server 的摘要信息，可以对 vCenter Server 进行配置和管理。

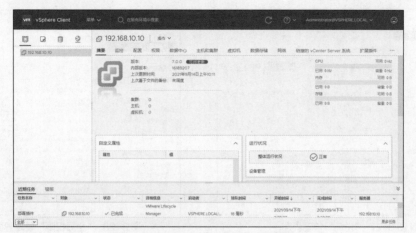

图 3-25　显示 vCenter Server 的摘要信息

2. 使用 vSphere Client 查看和修改 vCenter Server 配置

在 vSphere Client 界面中切换到"配置"选项卡，如图 3-26 所示，默认显示配置统计信息设置。除了配置统计信息设置之外，还可以根据需要配置许可证设置、运行时设置、将 vCenter Server 实例加入 Active Directory 域、设置日志记录等。

图 3-26　vCenter Server 配置

任务 3.1.5　使用 vSphere Client 管理 vSphere 权限

采用 SSO 域管理员用户登录可以进行任何操作。vCenter Server 允许通过权限和角色对授权进行细粒度的控制。实际部署中，安全起见，需要结合实际情况实现更精细的权限管理。

使用 vSphere
Client 管理
vSphere 权限

1. 查看和管理 vSphere 角色与全局权限

在 vSphere Client 界面中从顶部菜单窗格中打开"操作"下拉菜单，从中选择"系统管理"命令打开相应的系统管理界面。

单击左侧栏的"访问控制"节点下的"角色"，进入"角色"管理界面，如图 3-27 所示，可以查看现有每个角色的特权和使用情况，也可以创建新的角色，复制、修改和删除已有角色。单击 + 按钮会启动创建角色向导，设置的关键是选择特权。

单击"访问控制"节点下的"全局权限"，可以进入图 3-28 所示的"全局权限"管理界面。

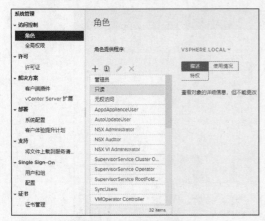

图 3-27 "角色"管理界面

图 3-28 "全局权限"管理界面

2. 查看和管理 vSphere 用户与组

在 vSphere Client 界面中打开系统管理界面，单击左侧栏的"Single Sign On"节点下的"用户和组"，进入"用户和组"管理界面。如图 3-29 所示，从"域"下拉列表中选择"vsphere.local"，可以查看该域中现有的每个用户、组的信息。

在此界面中单击"添加用户"按钮弹出相应的对话框，可以创建新的用户，这里在 vsphere.local 域中创建一个名为"Zhong"的用户，具体步骤不再赘述。

图 3-29 "用户和组"管理界面

系统内置了许多组，可以根据需要在组中添加成员。

3. 为 vSphere 对象分配权限

创建用户和组并定义角色后，必须将用户和组及其角色分配给相关的 vSphere 对象。可以为层次结构级别不同的对象分配权限，也可以同时为多个对象分配相同的权限。下面以为 vCenter Server 本身添加权限为例进行示范。

（1）在 vSphere Client 界面的导航区中浏览到要为其分配权限的对象（这里为 vCenter Server 服务器 192.168.10.10）。

（2）切换到"权限"选项卡，可以查看当前已分配的权限列表，如图 3-30 所示。

（3）单击＋按钮打开相应的对话框，如图 3-31 所示，选择"vsphere.local"域、要分配权限的"Zhong"用户、"只读"角色，并勾选"传播到子对象"复选框以将该角色应用于所选对象及其所有子对象，然后单击"确定"按钮。

（4）可以发现，添加的权限已经出现在对象的权限列表中。

图 3-30　对象的权限列表

图 3-31　添加权限

（5）测试权限设置。以新创建的 Zhong@vsphere.local 用户身份登录 vCenter Server，可以发现其中许多操作命令不能执行，如图 3-32 所示，这表明所设置的"只读"权限已生效。

图 3-32　测试对象的权限设置

任务 3.2　在 vCenter Server 环境中配置管理主机

任务说明

vCenter Server 最主要的功能是集中管控主机和虚拟机，前提是要将 ESXi 主机纳入 vCenter Server 的数据中心。前面部署了一台 ESXi 主机和一台 vCenter Server 服务器，这里在 vCenter Server 中创建数据中心，并将 ESXi 主机加入该数据中心进行管理。本任务的具体要求如下。

（1）了解 vCenter Server 清单。

（2）创建数据中心并将 ESXi 主机加入数据中心。

（3）掌握文件夹的创建和管理方法。

（4）使用 vSphere Client 管理 vCenter Server 环境中的 ESXi 主机。

知识引入

3.2.1　vCenter Server 清单

在 vSphere 中，清单的英文为"Inventory"，也可以译为库存，用于组织和管理各种 vSphere 对象，清单是 vCenter Server 可管控的虚拟和物理对象的集合。数据中心、集群、主机、虚拟机、数据存储等都是清单对象，这些清单对象可以按一定的层次结构进行组织和管理。下面介绍几个高层次对象。

数据中心又称虚拟数据中心，是完成运行虚拟机的全功能环境所需的所有清单对象的容器，是 vCenter Server 最高层次的容器（除文件夹外），必须至少创建一个数据中心。可以将主机、文件夹或集群添加到数据中心，也可以将资源池、vApp、网络、数据存储和虚拟机添加到数据中心。

集群（Cluster），也可译为群集，是一组主机。创建集群是为了整合多台主机和虚拟机的资源，提高可用性，进行更灵活的资源管理。当主机被添加到集群中时，主机的资源将成为集群资源的一部分。可以通过集群管理其中所有主机的资源。

文件夹是包含其他文件夹或一组相同类型的对象的通用容器，目的是对对象进行分组，方便层次化管理。可以为不同类型的对象创建不同类型的文件夹，如主机和集群文件夹、网络文件夹、存储文件夹、虚拟机和模板文件夹。文件夹层次不受限制，数据中心也可以加入文件夹中。用户可以在最顶层（vCenter Server 服务器下面）创建文件夹用于分组管理数据中心，然后在该文件夹下创建数据中心，或者将数据中心移至该文件夹。但是不能在集群中创建文件夹，也不能将集群置于某文件夹中。

可以在数据中心、文件夹或集群对象下添加主机。如果主机包含虚拟机，则这些虚拟机将与主机一起添加到清单中。

3.2.2　清单的组织

管理员应当根据情况组织和规划合适的清单，以支持虚拟化业务的正常运行。大型 vSphere 部署可能包含若干具有复杂主机、集群、资源池和网络的数据中心，较小的 vSphere 实现也可能需要具有复杂拓扑的单个虚拟数据中心。除了主机之外的所有清单对象都可以按用途命名，但是清单对象的名称在其父对象中必须是唯一的。

无论虚拟环境如何，要部署和应用 vCenter Server，首先要创建和组织虚拟对象的清单。组织清单的主要工作如下。

- 创建数据中心。
- 向数据中心中添加主机。
- 在文件夹中组织清单对象。
- 使用 vSphere 标准或分布式交换机设置网络。
- 配置存储系统并创建数据存储清单对象。
- 创建集群，整合多台主机和虚拟机的资源。
- 创建资源池，提供对 vSphere 中资源的逻辑抽象和灵活管理。

3.2.3　进一步了解 vSphere Client

前面在讲解 vCenter Server 时涉及 vSphere Client，这里进一步介绍 vSphere Client。

vSphere Client 是一个基于 HTML5 的跨平台应用程序，只能连接到 vCenter Server。它具备全面的管理功能和基于插件的可扩展架构。用户可以从任何浏览器运行 vSphere Client 来管理整个 vSphere 虚拟化基础架构。所有管理功能都可通过它进行访问。

vSphere Client 界面是一个系统仪表板，可以在单个、统一的视图中将不同来源的数据聚合到环境中。默认显示的是主机和集群管理界面。从顶部菜单窗格中打开"菜单"下拉菜单，可以选择不同的管理界面入口，如图 3-33 所示。例如，选择"主页"，将显示 vCenter Server 主页，如图 3-34 所示。左侧导航区顶部 4 个按钮可用于切换到主机和集群、虚拟机和模板、存储、网络等管理界面。

图 3-33　顶部菜单　　　　　　　　　　　　　　　　图 3-34　主页

切换到不同的管理界面中，左侧是导航区，可以从中展开当前对象的层次结构，右键单击其中的对象，则弹出该对象的快捷菜单；单击其中的对象，则在右侧窗格中显示该对象的详细信息，并提供该对象的"操作"下拉菜单，此下拉菜单等同于该对象的快捷菜单。

任务实现

任务 3.2.1　创建数据中心并将 ESXi 主机加入数据中心

要管理 vSphere 清单对象，就要创建数据中心，安装 vCenter Server 时默认没有创建任何数据中心。创建数据中心之后，可以将 ESXi 主机添加到数据中心，以纳入 vCenter Server 环境中统一管理。

创建数据中心并将 ESXi 主机加入数据中心

1. 创建数据中心

（1）使用 vSphere Client 登录 vCenter Server，进入"主机和集群"管理界面。

（2）右键单击左侧导航区的 vCenter Server 服务器，然后选择"新建数据中心"命令。

（3）弹出图 3-35 所示的对话框，为数据中心命名（这里命名为 TestDatacenter），单击"确定"按钮。

新创建的数据中心会出现在左侧导航区的 vCenter Server 服务器下面，同时也会出现在右侧窗格的"数据中心"选项卡的列表中。单击该数据中心，可以进一步查看或修改其设置，如图 3-36 所示。

图3-35 "新建数据中心"对话框

图3-36 查看或修改数据中心设置

2. 将ESXi主机加入数据中心

（1）在vSphere Client界面的左侧导航区中导航到要加入主机的数据中心。

（2）右键单击该数据中心，然后选择"添加主机"命令，启动相应的向导。

（3）如图3-37所示，输入要加入的主机的名称或IP地址，然后单击"NEXT"（下一步）按钮。

（4）如图3-38所示，输入要加入的主机的管理员root账户及其密码，然后单击"NEXT"按钮。如果弹出安全警示"vCenter Server的证书存储无法验证该证书"，则单击"NEXT"按钮。

图3-37 输入主机的名称或IP地址

图3-38 输入主机的管理员root账户信息

（5）出现"主机摘要"界面，可查看该主机的信息，然后单击"NEXT"按钮。

（6）出现"分配许可证"界面，可从"许可证"下拉列表中选择已有的许可证。如果没有许可证，则创建新的许可证。然后单击"NEXT"按钮。

（7）如图3-39所示，选择锁定模式选项以禁用管理员账户的远程访问。一般保持默认的"禁用"选项，然后单击"NEXT"按钮。

（8）出现"虚拟机位置"界面，选择驻留在主机上的虚拟机的位置。这里保持默认设置，让虚拟机位于数据中心，然后单击"NEXT"按钮。

（9）如图3-40所示，显示要添加的主机的设置摘要信息，确认后单击"FINISH"（完成）按钮。

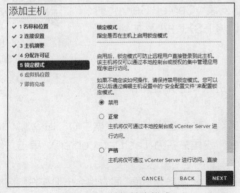

图3-39 选择锁定模式

图3-40 查看主机的设置摘要信息

至此，主机 ESXi-A（192.168.10.11）已经添加到数据中心，其中的虚拟机也一起加入，如图 3-41 所示。用户可以根据需要查看和操作该主机。

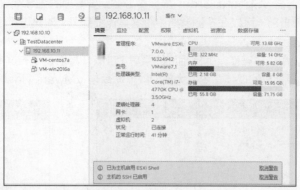

图 4-41　添加到数据中心的 ESXi 主机

任务 3.2.2　创建和使用文件夹

创建和使用文件夹

使用文件夹可以对相同类型的对象进行分组以便管理。用户可以在数据中心或其他文件夹（作为文件夹的父对象）下创建文件夹。如果父对象是数据中心，则可以创建 4 种类型的文件夹，分别是主机和集群文件夹、网络文件夹、存储文件夹以及虚拟机和模板文件夹。如果父对象是文件夹，则新文件夹的类型与父文件夹的类型相同，它只能包含父文件夹所包含的相同类型的对象。

在 vSphere Client 界面的左侧导航区中，右键单击文件夹的父对象（本例是数据中心），选择"新建文件夹"命令，如图 3-42 所示，根据需要选择要创建的文件夹的类型。这里选择"新建主机和集群文件夹"，在弹出的对话框中为文件夹命名，然后单击"确定"按钮。

创建文件夹之后，可以将其他清单对象移动到该文件夹中。这里右键单击前面加入的主机对象"192.168.10.11"，从快捷菜单中选择"移至"命令，弹出图 3-43 所示的对话框，单击目标文件夹，再单击"确定"按钮，即可将该主机移动到该文件夹中。

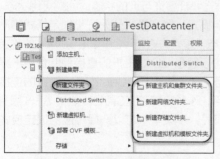

图 3-42　选择新建文件夹的类型

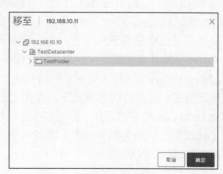

图 3-43　将主机移动到文件夹中

也可以通过将对象拖动到目标文件夹来移动对象。采用这种方法将主机对象"192.168.10.11"从 TestFolder 文件夹中移回 TestDatacenter 数据中心。

任务 3.2.3　管理 vCenter Server 环境中的 ESXi 主机

VMware Host Client 只能用于单台 ESXi 主机的管理，而 vSphere Client 可以管理 vCenter

Server 中的所有 ESXi 主机。要查看所管理的主机的完整功能，前提是将主机连接到 vCenter Server，也就是将 ESXi 主机添加到数据中心或集群中。

如图 3-44 所示，在 vSphere Client 界面中导航到要管理的 ESXi 主机，这里为 ESXi-A（192.168.10.11），单击它，可以在右侧窗格中查看其详细信息，对其进行配置管理操作；切换到"配置"选项卡，可以查看和修改该主机的配置。

如图 3-45 所示，单击"操作"弹出相应的菜单（或者在导航区中右键单击该主机弹出快捷菜单），根据任务需要选择相应的操作命令。大部分操作命令与 VMware Host Client 的相同。

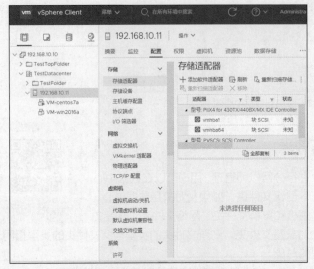

图 3-44　查看和修改主机的配置

图 3-45　主机"操作"菜单

通过"连接"命令及其子命令可以断开并重新连接由 vCenter Server 管理的主机。断开托管主机只是临时挂起 vCenter Server 执行的所有监视活动，托管主机及其关联的虚拟机保留在 vCenter Server 清单中。

在 vCenter Server 中执行删除托管主机操作（执行"从清单中删除"命令），将停止对该主机的所有 vCenter Server 监视和管理，并从 vCenter Server 环境中删除该托管主机及其关联的虚拟机。完成之后，vCenter Server 将所有关联的处理器和迁移许可证的状态返回到可用状态。

要提高 ESXi 主机的安全性，可以将其置于锁定模式。锁定模式分为正常锁定模式和严格锁定模式。在正常锁定模式下，DCUI 服务保持活动状态，如果失去与 vCenter Server 的连接，并且 vSphere Client 访问不可用，则特权账户 root 可以登录 ESXi 主机的直接控制台用户界面并退出锁定模式。在严格锁定模式下，停止 DCUI 服务，如果失去与 vCenter Server 的连接，并且 vSphere Client 不再可用，则 ESXi 主机将不可用，除非启用了 ESXi Shell 和 SSH 服务，并指定了异常用户。从主机"操作"菜单中的"维护模式"子菜单中可以选择相应的锁定模式，或者退出锁定模式。

任务 3.3　在 vCenter Server 环境中部署与管理虚拟机

任务说明

与 VMware Host Client 工具相比，vSphere Client 的虚拟机部署和管理功能更为强大，能支持虚拟机的大规模高效部署和管理。用户可以选择多种方法配置 vSphere 虚拟机，具体取决于虚拟化基础架构的规模和类型，以及要实现的目标等因素。用户可以创建单个虚拟机并在其上安装操作系统，然后将该虚拟机用作克隆其他虚拟机的模板。部署和导出虚拟机、虚拟设备和 vApp，可以使用预配置的虚拟机。模板是虚拟机的主要副本，用于创建和部署多个虚拟机，这样能够大大提高效率。如果要部署许多类似的虚拟机，则克隆虚拟机可以节省时间。用户还可以将虚拟机克隆为模板，保留虚拟机的主副本，以便创建其他模板。本任务基于 vCenter Server 环境部署与管理虚拟机（通常称为 vSphere 虚拟机）。本任务的具体要求如下。

（1）了解模板、vApp 和内容库。

（2）掌握使用 vSphere Client 部署虚拟机的方法。

（3）掌握基于 OVF 模板部署虚拟机的方法。

（4）学会使用 vApp 管理多层应用程序。

（5）掌握使用 vSphere Client 配置管理虚拟机的方法。

（6）学会在 vSphere Client 中使用虚拟机控制台。

知识引入

3.3.1　OVF 和 OVA 格式

OVF 是一种开源的文件规范，它描述了一个开源、安全、有效、可拓展的便携式虚拟打包及软件分布格式。它是一个文件包，一般由.ovf 文件、.mf 文件、.cert 文件、.vmdk 文件和.iso 文件共同组成。这种文件包可作为不同虚拟机之间的一个标准、可靠的虚拟文件格式，实现不同虚拟机之间的通用性。

而 OVA 则是单一的 OVF 文件打包格式，包含 OVF 文件包中的所有文件类型。这种单一的文件格式使得它非常便携。

OVF 和 OVA 格式具有以下优点。

- 文件被压缩，便于快速下载。

- 在 vSphere Client 中要验证导入前的 OVF 或 OVA 文件，确保它与预期的目标服务器兼容。如果设备与所选主机不兼容，则无法导入，并显示错误消息。

- 可以封装多层应用程序和多个虚拟机。

3.3.2　vApp 与资源池

作为一种对应用程序进行打包和管理的特殊格式，vSphere 的 vApp 适合管理多层应用程序。vApp 是用于存储一个或多个虚拟机的容器，可以设置 CPU、内存资源分配、IP 分配策略，用于同时执行资源管理和某些其他管理活动。在 vApp 上执行的任何操作（如克隆或关闭），都会影响 vApp 中的所有虚拟机，这样可以用于特定范围的虚拟机集中配置管理。vApp 元数据驻留在 vCenter Server 数据库中，因而 vApp 可以分布在多台 ESXi 主机上。

vApp 可以看作多层应用服务器的集合。例如，由 Web 服务器、中间件服务器和后台数据库服务器组成一个 Web 应用系统，作为一个 vApp，可以集中在一起进行资源分配和管理，比如，同时开关机。这样可以方便地部署多套相同的三层架构的 Web 应用系统。

资源池（Resource Pool）则是一个集中分配资源的"池"，主要对"池"里的服务器进行资源的集中管理和分配，特别是在保留一定的资源及限制过量使用资源方面有用，但对资源池中的虚拟机并没有特别限制和规定。可以为 vApp 创建资源池。

使用内容库

3.3.3　内容库

vSphere 的内容库（Content Library）是虚拟机模板、vApp 模板和其他类型的文件的容器对象。vSphere 管理员可以使用内容库中的模板在 vSphere 中部署虚拟机和 vApp。可以在多个 vCenter Server 服务器之间共享模板和文件，从而减轻大规模部署的工作负载，实现一致性、合规性、高效率和自动化。

内容库中的每个虚拟机模板、vApp 模板或其他类型的文件都是库项目。一个库项目可以包含单个文件或多个文件。例如，OVF 模板是一组文件，将 OVF 模板上传到内容库时，实际上会上传与模板关联的所有文件（.ovf 文件、.vmdk 文件和.mf 文件），但是在 vSphere Client 界面中，内容库中只会列出.ovf 文件。

可以创建以下 3 种类型的内容库。

- 本地内容库：只能在创建它的 vCenter Server 服务器中访问本地内容库。
- 发布内容库：库的内容可用于其他 vCenter Server 服务器。
- 订阅内容库：用于订阅已发布的库。可以在已发布库所在的 vCenter Server 服务器或不同的 vCenter Server 中创建订阅内容库。订阅的库将自动同步到定期发送的源库，以确保订阅内容库的内容是最新的。使用订阅内容库，只能使用其内容，只有已发布库的管理员才可以管理模板和文件。

任务实现

任务 3.3.1　使用 vSphere Client 部署虚拟机

使用 vSphere
Client 部署虚拟机

用户可以在数据中心、文件夹、集群、资源池或主机等清单对象中部署虚拟机。

1. 创建新虚拟机

如果虚拟机需要具有特定操作系统和硬件配置，则可以创建单一的虚拟机，这种情况没有模板可依赖，也不能采用克隆方法，需要自行配置虚拟硬件（包括处理器、硬盘和内存）。

在 vSphere Client 界面中导航到要创建虚拟机的对象，右键单击它，选择"新建虚拟机"命令启动新建虚拟机向导，如图 3-46 所示，选择"创建新虚拟机"选项，然后根据提示完成虚拟机的创建。完整的操作过程请参见项目 2 中使用 VMware Host Client 创建虚拟机。

创建虚拟机之后，还需要安装客户机操作系统和 VMware Tools，这样才能完成虚拟机部署。在虚拟机中安装客户机操作系统与在物理计算机中安装操作系统的操作基本相同。

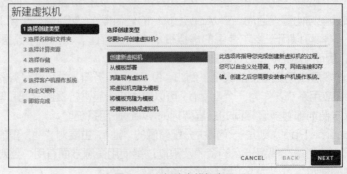

图 3-46　新建虚拟机向导

2. 将虚拟机克隆为模板

创建虚拟机后，可将其克隆为模板，还可以更改模板。例如，在客户机操作系统中安装其他软件，同时保留原始虚拟机。可以选择虚拟机的有效父对象（如数据中心、主机），启动新建虚拟机向导将虚拟机克隆为模板；也可以直接选择一个虚拟机，选择"克隆">"克隆为模板"命令将它克隆为模板。这里以前一种方法为例进行示范。考虑到虚拟机会额外占用磁盘空间，编者在实验环境中为 ESXi-A 主机增加一块 100GB 的虚拟磁盘，并基于该磁盘为数据中心增加一个名为 datastore2 的本地数据存储，具体方法请参见项目 4。如果虚拟机正在运行，在将其克隆为模板之前，最好将其关闭。

（1）右键单击清单中虚拟机的有效父对象（这里是数据中心），选择"新建虚拟机"命令打开新建虚拟机向导，选择"将虚拟机克隆为模板"选项，单击"NEXT"按钮。

（2）如图 3-47 所示，选择要克隆的虚拟机，单击"NEXT"按钮。

（3）如图 3-48 所示，为模板指定名称，并选择模板的位置（数据中心或虚拟机文件夹），单击"NEXT"按钮。

图 3-47　选择虚拟机

图 3-48　为模板命名并选择位置

（4）如图 3-49 所示，为该模板选择主机或集群等计算资源，单击"NEXT"按钮。该模板必须向 ESXi 主机注册。主机处理模板的所有请求，必须从创建虚拟机模板时运行。

图 3-49　为虚拟机模板选择计算资源

（5）如图 3-50 所示，为该模板选择数据存储（该模板的虚拟磁盘的数据存储位置），这里选择 datastore2 数据存储，并将虚拟磁盘格式设置为"精简置备"，单击"NEXT"按钮。

（6）在"即将完成"界面中显示模板设置摘要信息，确认后单击"FINISH"按钮。

完成将虚拟机克隆为模板之后，单击 ⚏ 按钮切换到虚拟机和模板管理界面，可以在清单中看到该虚拟机模板，并能查看该虚拟机模板的详细信息，如图 3-51 所示。

图3-50 为虚拟机模板选择数据存储

图3-51 查看虚拟机模板

3. 将模板克隆为模板

创建模板后，要保留模板的原始状态，可将其克隆为模板，也就是将模板复制到模板中。启动该任务有两种方法：一种是通过清单中的任何对象打开新建虚拟机向导，选择"将模板克隆为模板"选项；另一种是浏览导航到指定的模板，右键单击该模板并选择"克隆为模板"命令。详细操作步骤不赘述。

4. 将模板转换为虚拟机

创建模板后，无法修改该模板。要修改现有模板，必须将其转换为虚拟机，从中进行所需的修改，再将虚拟机转换回模板。另外，如果不再需要将某模板用于部署虚拟机，则可以将它转换为虚拟机。

将模板转换为虚拟机有两种方法：一种是通过清单中的任何对象打开新建虚拟机向导，选择"将模板转换成虚拟机"选项；另一种是浏览导航到指定的模板，右键单击该模板并选择"转换为虚拟机"命令。

5. 从模板部署虚拟机

有了模板，则可以考虑从模板部署虚拟机。采用这种方式创建的虚拟机是该模板的副本，具有配置好的虚拟硬件、软件和其他属性。

启动这项任务有两种方法：一种是通过清单中的任何有效对象打开新建虚拟机向导，选择"从模板部署"选项；另一种是浏览导航到指定的模板，右键单击该模板并选择"从此模板新建虚拟机"命令。下面以前一种方法为例进行示范。

（1）右键单击清单中虚拟机的数据中心，选择"新建虚拟机"命令打开新建虚拟机向导，选择"从模板部署"选项，单击"NEXT"按钮。

（2）如图3-52所示，选择要使用的模板，这里从数据中心选择模板，单击"NEXT"按钮。

（3）出现"选择名称和文件夹"界面，为该虚拟机指定名称，选择虚拟机的位置，这里为TestDatacenter数据中心，单击"NEXT"按钮。

（4）出现"选择计算资源"界面，选择要运行的虚拟机的主机、集群、vApp 或资源池，这里选择 192.168.10.10 主机，单击"NEXT"按钮。

（5）出现"选择存储"界面，为该虚拟机选择数据存储，这里选择 datastore2 数据存储，并将虚拟磁盘格式设置为"与源格式相同"，单击"NEXT"按钮。

（6）出现图 3-53 所示的界面，选择克隆选项，单击"NEXT"按钮。

图 3-52　选择模板

图 3-53　选择克隆选项

此界面还提供了 3 个选项，分别表示自定义虚拟机的客户机操作系统、在部署之前配置虚拟机的硬件、创建完成之后启动虚拟机。为简化实验，这里保持默认设置，没有勾选其中任何复选框。

（7）在"即将完成"界面中显示虚拟机设置摘要信息，确认后单击"FINISH"按钮。

完成从模板部署虚拟机之后，可以在清单中看到基于模板创建的虚拟机，并能查看该虚拟机的详细信息。

6. 克隆虚拟机

克隆虚拟机将创建一个新的虚拟机，它是源虚拟机的一个副本。新虚拟机具有与源虚拟机配置相同的虚拟硬件、软件和其他属性。启动这项任务有两种方法：一种是通过清单中的任何对象打开新建虚拟机向导，选择"克隆现有虚拟机"选项；另一种是浏览导航到指定的虚拟机，右键单击该虚拟机并选择"克隆到虚拟机"命令。

任务 3.3.2　部署 OVF 模板

OVF 模板会将虚拟机或 vApp 的状态捕获到一个自包含的软件包中。导出 OVF 模板就是基于现有虚拟机或 vApp 生成该格式的模板。导出 OVF 模板之后，可以基于此模板跨平台创建虚拟机或 vApp。

部署 OVF 模板

1. 导出 OVF 模板

这里以基于虚拟机导出 OVF 模板为例。

（1）在 vSphere Client 界面中导航到某虚拟机（或 vApp），确认该虚拟机电源已关闭。

（2）右键单击该虚拟机，选择"模板">"导出 OVF 模板"命令，弹出相应的对话框。

（3）如图 3-54 所示，在"名称"文本框中输入模板的名称，根据需要在"注释"文本框中输入描述信息，如果勾选"启用高级选项"复选框，将提供有关 BIOS UUID、MAC 地址、额外配置等高级选项，只是这些选项会限制可移植性。

（4）完成设置后，单击"确定"按钮。

由于要将导出的模板下载到本地，浏览器可能会拦截此任务，此时应取消拦截。

（5）系统将提示保存与模板（.ovf 文件、.vmdk 文件、.mf 文件等）关联的每个文件。

导出过程所花费的时间较长，具体取决于源虚拟机的大小和系统资源。"近期任务"栏中会显示相应的进度，同时有导出 OVF 模板和导出 OVF 软件包两个任务；浏览器底部状态栏中还会显示所产生的文件及其状态，等到导出完成时，单击右下角的"全部显示"按钮，可查看所导出的文件。

如图 3-55 所示，共有 5 个不同类型的文件，这些文件默认位于当前浏览器的下载文件夹中。

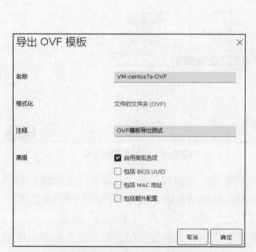

图 3-54 导出 OVF 模板

图 3-55 导出的文件

2. 部署 OVF 模板

部署 OVF 模板就是基于此模板创建虚拟机或 vApp，类似于从模板部署虚拟机。使用 vSphere Client 可以基于可访问的本地文件系统中或者远程 Web 服务器（URL）上的 OVF 模板部署虚拟机。

（1）右键单击要在其中部署虚拟机的清单对象（这里是数据中心），选择"部署 OVF 模板"命令，启动相应的向导，出现"选择 OVF 模板"界面，如图 3-56 所示。首先要指定源 OVF 模板所在的位置（路径），这里选中"本地文件"单选按钮，单击"上传文件"按钮，从本地选择与要部署的 OVF 模板关联的所有文件（如.ovf 文件、.vmdk 文件等）。这里选择前面导出 OVF 模板时所创建的 5 个文件，单击"NEXT"按钮。

对于位于远程服务器上的源模板，支持的 URL 源是 HTTP 和 HTTPS。

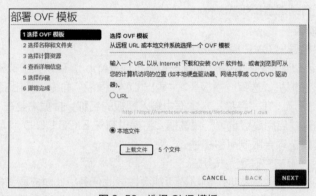

图 3-56 选择 OVF 模板

（2）根据提示完成其余步骤，可参考从模板部署虚拟机的步骤。由于该 OVF 模板导出时启用高级选项，这里增加了选择网络，所以会自动增加一个步骤。

（3）最后出现图 3-57 所示的界面，显示部署 OVF 模板的摘要信息，确认后单击"FINISH"按钮。

完成 OVF 模板部署之后，可在清单中看到基于该模板创建的虚拟机，并能查看该虚拟机的详细信息。

图 3-57　确认 OVF 模板部署

任务 3.3.3　使用 vApp 管理多层应用程序

vApp 用于对应用程序进行打包和管理，适合管理多层应用程序。下面讲解 vApp 的基本操作方法。

使用 vApp 管理多层
应用程序

1. 创建 vApp

可以在主机、集群或文件夹中创建 vApp。

（1）在 vSphere Client 界面中浏览到支持 vApp 创建的对象（这里选择一台 ESXi 主机），右键单击它，选择"新建 vApp" > "新建 vApp"命令，启动相应的向导。

（2）选择创建类型，这里选择"创建新 vApp"选项，然后单击"下一步"按钮。

（3）如图 3-58 所示，在"vApp 名称"文本框中输入 vApp 的名称，为 vApp 选择位置（这里选择一个数据中心），然后单击"下一步"按钮。

图 3-58　为 vApp 选择名称和位置

（4）如图3-59所示，设置资源分配选项，这里保持默认值，然后单击"下一步"按钮。

"CPU"区域的选项决定如何将CPU资源分配给此vApp。"份额"指定此vApp所拥有的CPU份额相对于父级的总CPU份额的数；"预留"指定为此vApp预留的CPU资源；"预留类型"设置是否可扩展；"限制"设置此vApp的CPU分配的上限。

"内存"区域的选项决定如何将内存资源分配给此vApp。

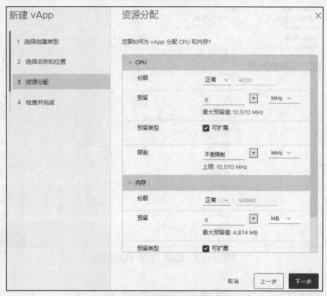

图3-59　为vApp设置资源分配选项

（5）在"检查并完成"界面中显示vApp设置摘要信息，确认后单击"完成"按钮。

2. 在vApp中创建虚拟机或子vApp

用户可以在vApp中创建虚拟机或子vApp，右键单击该vApp，选择"新建虚拟机">"新建虚拟机"命令，或者选择"新建vApp">"新建子vApp"命令，根据向导提示操作即可。

用户也可以将现有的虚拟机或子vApp添加到vApp中，方法是将虚拟机或子vApp拖动到目标vApp，然后释放鼠标左键。

3. 在vApp中创建资源池

资源池用于集中分配资源，可按层次结构对独立主机、集群或vApp的可用CPU和内存资源进行分配。

要在vApp中创建资源池，右键单击该vApp，选择"新建资源池"命令，弹出图3-60所示的对话框，设置相应选项（基本同vApp资源分配选项）即可。

4. 编辑vApp设置

用户可以编辑vApp设置，包括启动顺序、资源和自定义属性。右键单击要编辑的vApp，选择"编辑设置"命令，弹出图3-61所示的对话框，除了配置CPU和内存资源外，还可以配置vApp IP分配策略、vApp启动和关闭选项、vApp产品属性等。

任务3.3.4　使用vSphere Client配置管理虚拟机

使用vSphere Client可以在vCenter Server环境中对属于主机或集群的单个虚拟机或一组虚拟机进行配置管理，在左侧导航区导航到要管理的虚拟机，可以从快捷菜单或从右侧区域的"操作"菜单选择相应的操作命令，如启动或关闭虚拟机、生成和管理快照、重命名、从清单中删除、从磁盘删除（彻底删除）等，大部分操作与使用 VMware Host Client 的操作类似。下面介绍部分操作。

图 3-60　新建资源池

图 3-61　编辑 vApp 设置

1. 硬件配置和虚拟机选项配置

虚拟机的配置主要涉及硬件配置和虚拟机选项配置。在 vSphere Client 界面中导航到要设置的虚拟机，右键单击它，选择"编辑设置"命令，弹出图 3-62 所示的对话框，从中即可进行相应的设置。

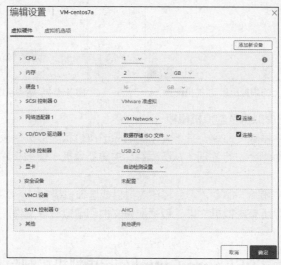

图 3-62　编辑虚拟机设置

2. 虚拟机启动和关机设置

可以将 ESXi 主机上部署的虚拟机配置为随该主机启动和关机或延迟启动和关机，还可以为虚拟机设置默认定时和启动顺序。这样虚拟机就可以在主机进入维护模式或由于其他原因导致关闭电源时保存数据。

（1）在 vSphere Client 界面中导航到虚拟机所在的主机并选择该主机。

（2）切换到"配置"选项卡。

虚拟机启动和关机设置

（3）在"虚拟机"节点下面选择"虚拟机启动/关机"，然后单击"编辑"按钮打开相应的对话框。

（4）如图 3-63 所示，勾选"与系统一起自动启动和停止虚拟机"复选框，在"默认虚拟机设置"区域为主机上的所有虚拟机配置默认启动和关机选项。这些选项作用于该主机上的所有虚拟机。

其中"启动延迟"选项设置主机打开第 1 个虚拟机的电源后，该主机会等待指定的延迟时间，之后才打开下一个虚拟机的电源，所有虚拟机将按照指定的启动顺序打开电源。"关机延迟"选项设置主机在关闭第 1 个虚拟机后等待指定的延迟时间之后才关闭下一个虚拟机，如果虚拟机未在指定的延迟时间内关闭，则主机将运行关闭电源命令，然后开始关闭下一个虚拟机，在所有虚拟机都关闭后主机才会关闭。

（5）为该主机上的各个虚拟机配置启动顺序和行为。使用"上移"和"下移"按钮更改已自动排序和手动启动类别中虚拟机的启动顺序。在关机过程中，虚拟机按相反的顺序关机。

（6）选中某个虚拟机，单击"编辑"按钮弹出图 3-64 所示的对话框，可以对该虚拟机配置个性化的启动设置和关机设置，单击"确定"按钮关闭该对话框。

（7）回到"编辑虚拟机启动/关机配置"对话框，单击"确定"按钮。

图 3-63 编辑主机上的虚拟机启动/关机配置

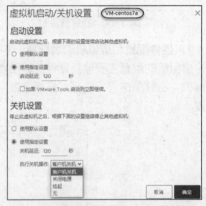

图 3-64 编辑某虚拟机的启动/关机设置

3. 删除和重新注册虚拟机及虚拟机模板

如果执行"从清单中移除"命令，并不会彻底删除虚拟机和虚拟机模板，而是一种临时移除。可以通过向 vCenter Server 进行注册（从数据存储中重新添加）使被移除的虚拟机或虚拟机模板重新添加到清单中。

如果执行"从磁盘中删除"命令，则会将该虚拟机或虚拟机模板从 vCenter Server 清单中删除，并从数据存储中删除所有虚拟机文件，包括配置文件和虚拟磁盘文件。这是一种永久性删除操作，不可恢复。

任务 3.3.5 通过 vSphere Client 使用虚拟机控制台

通过 vSphere Client
使用虚拟机控制台

虚拟机控制台用于远程访问虚拟机桌面，与在本地操作计算机一样。通过虚拟机控制台，我们可以在虚拟机中执行各种任务，例如安装操作系统、配置操作系统设置、运行应用程序、监控性能等。通过 vSphere Client 可以启动 Web 控制台（使用浏览器访问虚拟机控制台），也可以启动远程控制台（使用 VMRC 访问虚拟机控制台）。

下面示范 Web 控制台的启动操作。

（1）在 vSphere Client 界面中，导航到清单中要访问的虚拟机。

（2）切换到"摘要"选项卡，如图 3-65 所示，确认该虚拟机处于运行状态，单击"启动 Web 控制台"链接。注意，已关闭电源的虚拟机无法使用 Web 控制台。

（3）Web 控制台将在新的浏览器选项卡中打开，如图 3-66 所示，单击控制台窗口内的任意位置可在控制台中开始使用鼠标、键盘和其他输入设备。

图 3-65　虚拟机"摘要"选项卡

图 3-66　虚拟机的 Web 控制台

远程控制台 VMRC 的启动操作与项目 2 中 VMware Host Client 的相应操作基本相同。

项目小结

与单主机环境相比，vCenter Server 环境支持集中管控多主机及其虚拟机，部署方法更多，管理功能更强，支持虚拟机模板，还可以使用 vApp 管理多层应用程序。通过本项目的实施，我们安装了 vCenter Server，进一步完善了 vSphere 虚拟化平台，并在 vCenter Server 环境中对主机和虚拟机进行了配置管理操作。项目 4 将在 vCenter Server 环境中配置管理虚拟网络和存储，以完善虚拟化平台的基础设施，为实现 vSphere 高级功能做好准备。

课后练习

简答题

1. 简述 vCenter Server 的主要功能。
2. vCenter SSO 有何优势？
3. vCenter Server 有哪几种配置方法？
4. 什么是 vCenter Server 清单？
5. 简述 OVF 和 OVA 模板。
6. vApp 与资源池有何不同？

操作题

1. 增加一台 ESXi 主机（建议使用 VMware Workstation 虚拟机）并安装 ESXi 7.0，使用 VMware Host Client 登录之后，直接使用 OVA 模板部署 vCenter Server Appliance。

2. 使用 vSphere Client 登录 vCenter Server，创建一个数据中心，并将 ESXi 主机加入数据中心。

3. 尝试将一个虚拟机克隆为模板，再从该模板创建一个新的虚拟机。

4. 尝试将一个虚拟机导出为 OVF 模板，再通过该模板部署虚拟机。

项目4
配置vSphere网络与存储

04

学习目标

- 了解vSphere交换机
- 掌握vSphere交换机的配置方法
- 了解vSphere存储技术和存储体系
- 学会创建和配置本地存储及iSCSI网络存储

项目描述

在vSphere虚拟化环境中，网络和存储都是重要的基础设施。与VMware Workstation相比，vSphere具有更强大的网络和存储功能，配置和管理也要复杂得多。ESXi主机与vSphere虚拟机之间、vSphere虚拟机与物理网络之间的通信都需要虚拟网络支持。vSphere网络的主要功能有两个：一是将虚拟机连接到物理网络；二是提供特殊的VMkernel端口，为ESXi主机提供通信服务，支持ESXi主机管理、虚拟机迁移、虚拟机容错、vSAN等高级功能。vSphere网络的核心组件是虚拟交换机，创建虚拟交换机就可以建立虚拟网络。虚拟交换机分为标准交换机和分布式交换机（Distributed Switch）两种类型。虚拟机都要安装和部署在存储上，只有正确使用存储，vSphere高级功能才能正常运行。存储虚拟化通常是指从虚拟机及其应用程序中对物理存储资源和容量进行逻辑虚拟化，vSphere提供ESXi主机级别的存储虚拟化，还支持软件定义的存储。本项目将通过4个典型任务，介绍vSphere网络和存储的基础知识，示范标准交换机和分布式交换机的基本配置管理，讲解本地存储和iSCSI网络存储的创建和配置管理方法。

任务 4.1　配置和管理 vSphere 标准交换机

任务说明

vSphere 标准交换机适用于 ESXi 主机数量较少的中小规模虚拟化应用。vSphere 标准交换机是基于 ESXi 主机创建的，在 vSphere 中可以使用 VMware Host Client 工具直接登录 ESXi 主机，在其中创建和管理标准交换机，不过这种方式只能在单台主机上操作。最好使用 vSphere Client 登录 vCenter Server 对数据中心的所有主机进行操作，集中创建和管理各 ESXi 主机上的标准交换机。接下来的标准交换机的创建、配置和管理操作都是以使用 vSphere Client 操作为例的。本任务的具体要求如下。

（1）了解 vSphere 标准交换机架构和运行机制。

（2）考察默认的标准交换机。

（3）创建用于虚拟机流量的标准交换机。

（4）掌握虚拟机端口组的管理方法。

（5）创建用于 VMkernel 流量的标准交换机。

（6）掌握 VMkernel 网络的设置方法。

本任务的实验环境中会为 ESXi 主机添加多个虚拟网卡以组建更多的虚拟网络，拓扑设计如图 4-1 所示。如果条件允许，使用物理服务器或 PC 作为 ESXi 主机，则应为其添加多个物理网卡。

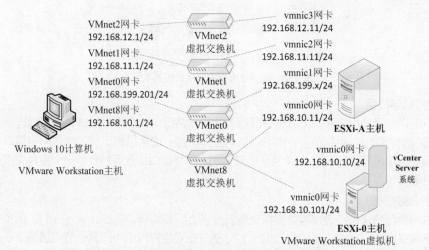

图 4-1　配置和管理 vSphere 标准交换机实验拓扑

知识引入

4.1.1　vSphere 网络类型

vSphere 网络涉及以下 3 种类型。

• 物理网络（Physical Network）：指为使物理机之间能够相互收发数据，在物理机之间建立的网络。ESXi 主机之间通过物理网络连接。

• 虚拟网络（Virtual Network）：指在单台物理机上运行的虚拟机为相互通信而建立逻辑连接所形成的网络。在添加网络时可将虚拟机连接到创建的虚拟网络。

• 不透明网络（Opaque Network）：指由 vSphere 之外的独立实体创建和管理的网络。例如，由软件定义网络产品 VMware NSX 创建和管理的逻辑网络。管理这类网络要使用与不透明网络关联的管理工具，例如 VMware NSX Manager 或 VMware NSX API 管理工具。

4.1.2　vSphere 虚拟交换机及其组成

与物理交换机用于连接各种网络设备或计算机一样，vSphere 虚拟交换机用于实现 ESXi 主机、虚拟机与外部网络的通信，其功能类似于二层交换机。它在网络第二层工作，能够保存 MAC 地址表，能基于 MAC 地址转发数据帧。

vSphere 虚拟交换机还支持 VLAN 配置，支持 IEEE 802.1Q 中继。但是，它没有物理交换机所提供的高级功能，例如，不提供命令行接口、不支持生成树协议（Spanning Tree Protocol，

STP）等。

　　vSphere 虚拟交换机的基本组成如图 4-2 所示。端口和端口组（Port Group）是虚拟交换机上的逻辑对象。一个虚拟交换机中可以创建一个或多个端口组，每个端口组都有自己特定的配置，如 VLAN、流量控制等。

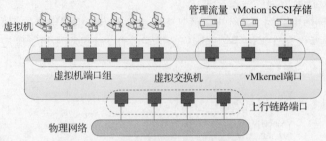

图 4-2　vSphere 虚拟交换机的基本组成

1. 虚拟机端口组

　　虚拟机端口组是虚拟交换机上具有相同配置的一组端口。一个虚拟机端口组可以连接若干虚拟机，这些虚拟机之间可以相互访问，也可以访问外部网络。虚拟机端口组工作在网络第二层，无须分配 IP 地址，可以配置 VLAN、安全性、流量控制、网络接口绑定等特性。一个虚拟交换机可创建多个虚拟机端口组。

2. 上行链路端口

　　虚拟机与外部物理网络通信需要虚拟交换机提供上行链路端口（Uplink Port）。虚拟交换机通过上行链路端口绑定 ESXi 主机的物理网卡，以便与外部物理网络中的其他节点通信。一个虚拟交换机可以绑定一个或多个物理网卡，绑定多个物理网卡时形成网卡组合（NIC Team），以实现冗余和负载平衡。

　　当然，虚拟交换机也可以没有上行链路端口，这样就不连接到 ESXi 主机的物理网卡，也就不能与外部物理网络通信。

3. VMkernel 端口

　　VMkernel 端口即 VMkernel 适配器，又称核心端口，是一种特定的端口类型，用于为 ESXi 主机提供通信服务，支持 ESXi 管理访问、vMotion 虚拟机迁移、网络存储访问、虚拟机容错等高级功能。该端口工作在网络第三层，需要分配 IP 地址，通常称为 vmknic。一个虚拟交换机可创建多个 VMkernel 端口。

4.1.3　vSphere 标准交换机

　　vSphere 标准交换机是由 ESXi 主机虚拟出来的交换机。虽然标准交换机的工作原理与物理交换机的非常相似，但是它没有物理交换机的某些高级功能。标准交换机为主机和虚拟机提供网络连接，可以在同一 VLAN 内的虚拟机之间桥接流量并连接到外部网络。

1. vSphere 标准交换机架构

　　vSphere 标准交换机架构如图 4-3 所示。它与物理以太网交换机非常相似，主机上的虚拟网卡和物理网卡使用标准交换机上的逻辑端口，因为每个网络接口使用一个端口。标准交换机上的每个逻辑端口都是单个端口组的成员。要向主机和虚拟机提供网络连接，就要将主机的物理网卡连接到标准交换机上的上行链路端口。虚拟机具有连接到标准交换机端口组的虚拟网卡（简称 vNIC）。每个端口组可以使用一个或多个物理网卡来处理其网络流量。如果端口组没有连接物理网卡，则同一端口组上的虚拟机只能相互通信，不能与外部网络通信。

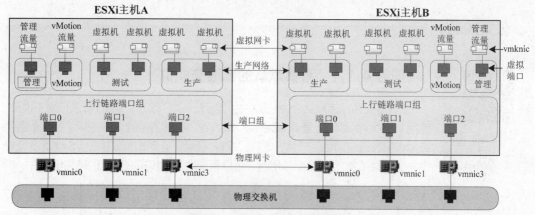

图 4-3　vSphere 标准交换机架构

2. 标准端口组

标准交换机上的每个标准端口组由网络标签标识，网络标签对当前主机必须是唯一的，网络标签使得虚拟机的网络配置可以在主机之间移植。连接到物理网络上的同一个广播域的物理网卡的端口组应该使用相同的网络标签。相反，如果两个端口组连接到不同广播域上的物理网卡，那么端口组应该有不同的网络标签。例如，可以在物理网络上共享同一广播域的主机上创建"生产"和"测试"两个端口组来作为虚拟机网络。

为了确保在 ESXi 主机上高效使用主机资源，标准交换机的端口数将按比例自动增加和减少。ESXi 主机上的标准交换机端口数可扩展至该主机所支持的最大端口数。

4.1.4　vSphere 交换机使用 VLAN 隔离网络流量

VLAN 是一项有效减少或隔离广播域的网络技术，在生产环境中广泛使用，这就涉及虚拟交换机接入 VLAN 的问题。在 vSphere 中可以使用 VLAN 进一步隔离单个物理局域网（Local Area Network，LAN）段，使得端口组彼此隔离，它们就像物理上不同的网段。这样可以将 ESXi 主机集成到一个预先存在的 VLAN 拓扑中，隔离并保护网络流量，并且减少网络流量拥塞。

vSphere 标准交换机和分布式交换机都提供对 VLAN 的支持，使用 VLAN 标记模式即可配置 VLAN。vSphere 支持 3 种 VLAN 标记模式，具体说明如表 4-1 所示。

表 4-1　vSphere 的 VLAN 标记模式

VLAN 标记模式	交换机端口组上的 VLAN ID	说明
外部交换机标记（External Switch Tagging，EST）	0	物理交换机可执行 VLAN 标记，虚拟交换机不会传递与 VLAN 关联的流量。主机的网络适配器（网卡）连接到物理交换机的访问端口
虚拟交换机标记（Virtual Switch Tagging，VST）	1～4094	虚拟交换机使用指定的标签标记流量。虚拟交换机在数据包离开主机之前执行 VLAN 标记。主机的网络适配器（网卡）必须连接到物理交换机的中继端口
虚拟客户端标记（Victual Guest Tagging，VGT）	标准交换机：4095。分布式交换机：VLAN ID 值表示分布式交换机的范围和各个 VLAN	虚拟机执行 VLAN 标记，虚拟交换机从任何 VLAN 传递流量。虚拟交换机在虚拟机网络堆栈和外部交换机之间转发数据包时，会保留 VLAN 标记。主机的网络适配器（网卡）必须连接到物理交换机的中继端口

任务实现

考察默认的标准交换机

任务 4.1.1 考察默认的标准交换机

ESXi安装程序默认会为ESXi主机创建一个名称为vSwitch0的标准交换机。使用 vSphere Client 登录 vCenter Server，导航到要操作的主机。在"配置"选项卡中展开"网络"节点并选择"虚拟交换机"，单击列表中的 vSwitch0 交换机，显示其拓扑，如图 4-4 所示，可以直观地查看虚拟交换机的结构和组件。

图 4-4 查看默认的标准交换机

该交换机上默认会创建一个名称为 Management Network（管理网络）的 VMkernel 端口和一个名称为 VM Network（虚拟机网络）的虚拟机端口组，还连接一个名称为 vmnic0 的物理适配器（网卡）。来自 Management Network 的管理流量和来自 VM Network 的虚拟机流量，都是通过这个标准交换机从 ESXi 主机上的物理适配器到达外部网络的。本项目的实验环境涉及虚拟机嵌套，ESXi 主机是 VMware Workstation 虚拟机，其物理网卡实际上也是一个 VMware 虚拟网卡，可通过 NAT 模式访问外网。

默认的标准交换机提供的默认虚拟网络本身的拓扑如图 4-5 所示。

单击图 4-4 中"标准交换机：vSwitch0"右侧的"编辑"按钮，打开图 4-6 所示的对话框，可以对该交换机本身进行设置，如更改标准交换机上最大传输单元（Maximum Transmission Unit，MTU）的大小、修改安全设置等。

图 4-5 默认的虚拟网络拓扑

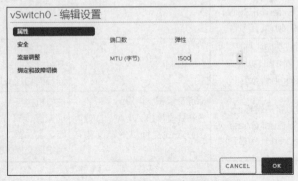

图 4-6 查看和修改交换机本身的设置

　　默认的标准交换机用于管理，不要将其删除，可以根据需要修改和添加配置。管理员还可以根据需要创建新的标准交换机，为主机、虚拟机和 VMkernel 流量提供网络连接。

任务 4.1.2　创建用于虚拟机流量的标准交换机

　　管理流量主要用来对 ESXi 主机进行管理，必须保证畅通。实际应用中需配置和运行一个专用的管理网络，通过该网络管理主机。默认标准交换机就是基于 VMkernel 端口提供的 Management Network 端口组就是管理网络。如果虚拟机流量与管理流量都通过默认的标准交换机从主机的一个物理适配器发送到外网，那么当虚拟机流量过大时，就可能会影响主机的管理，因而最好将两者隔离，各自走不同的物理网络通道。这里再创建一个标准交换机并增加一个物理网卡就可实现这种方案，如图 4-7 所示。下面介绍具体的实现步骤。

创建用于虚拟机流量的标准交换机

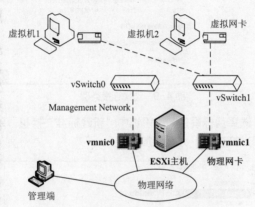

图 4-7　将管理流量与虚拟机流量分开

1. 为 ESXi 主机添加物理适配器

　　首先要为 ESXi 主机添加一个物理适配器（也就是网卡），这里在充当 ESXi 主机的 VMware Workstation 虚拟机中创建一个桥接模式的网络适配器（连接到 VMnet0 虚拟交换机）。重启该 ESXi 主机后，可以通过 vSphere Client 在主机的"配置"选项卡中展开"网络"节点，选择"物理适配器"，发现新增加的物理适配器（名称为 vmnic1），如图 4-8 所示，单击该适配器，可以进一步查看其属性。

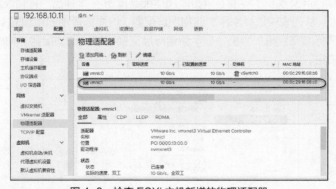

图 4-8　检查 ESXi 主机新增的物理适配器

2. 创建虚拟机流量专用的标准交换机

　　一个标准交换机对应一个虚拟网络，可使用添加网络向导来创建标准交换机。

101

（1）在 vSphere Client 界面中导航到要操作的主机，在"配置"选项卡中展开"网络"节点并选择"虚拟交换机"，单击"添加网络"按钮，启动添加网络向导。

此处有两个"添加网络"按钮（见图 4-13），一个位于虚拟交换机列表的右上角，另一个位于某交换机名称的右侧，两个都可以启动添加网络向导，只是向导提供的步骤略有差别，这里选择后者，此向导是针对当前交换机提供操作步骤。

（2）如图 4-9 所示，选择新标准交换机要使用的连接类型。这里要创建虚拟机流量专用的标准交换机，因此选中"标准交换机的虚拟机端口组"单选按钮，然后单击"NEXT"按钮。

图 4-9 选择连接类型

（3）如图 4-10 所示，选择目标设备。这里选中"新建标准交换机"单选按钮并单击"NEXT"按钮。也可以选择现有的标准交换机，为其增加连接。

图 4-10 选择目标设备

（4）进入"创建标准交换机"界面，单击添加适配器按钮 ✚，弹出"将物理适配器添加到新的标准交换机"对话框，从列表中选择刚添加的物理适配器，这里选择前面添加的 vmnic1，单击"确定"按钮回到"创建标准交换机"界面，显示新建标准交换机的活动适配器，如图 4-11 所示。然后单击"NEXT"按钮。

图 4-11 分配给标准交换机的活动适配器

（5）如图 4-12 所示，进行连接设置。这里仅设置网络标签（本例命名为 VM Network-A），暂时不考虑 VLAN 配置，也就不设置 VLAN ID。然后单击"NEXT"按钮。

图 4-12　连接设置

（6）在"即将完成"界面上显示新创建网络的设置摘要信息，确认后单击"FINISH"按钮。

新创建的网络对应的就是一个标准交换机（vSwitch1），可在虚拟交换机列表中查看，如图 4-13 所示。

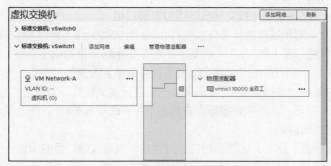

图 4-13　用于虚拟机流量的标准交换机

至此，加上默认的虚拟机网络，目前共有两个虚拟机网络。导航到要操作的主机，在"网络"选项卡中可查看当前的虚拟机网络，如图 4-14 所示。

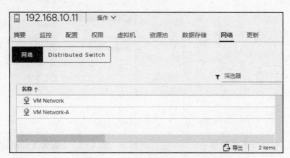

图 4-14　两个虚拟机网络

3. 将虚拟机连接到虚拟机端口组

完成标准交换机 vSwitch1 的添加，实际上就是创建了一个专门用于虚拟机流量的虚拟网络。要将虚拟机接入该虚拟网络，只需将它连接到该虚拟机端口组。具体方法是在虚拟机的编辑设置中，将其网络适配器指定为由网络标签（这里为 VM Network-A）标识的虚拟网络（虚拟机端口组），如图 4-15 所示。

图 4-15　将虚拟机连接到虚拟机端口组

任务 4.1.3　配置和管理虚拟机端口组

配置和管理虚拟机
端口组

创建标准交换机之后，可以通过添加或修改虚拟机端口组，在一组虚拟机上设置流量管理。

1. 编辑标准交换机的虚拟机端口组

对于现有的标准交换机，可以使用 vSphere Client 编辑其端口组的名称（即网络标签）和 VLAN ID 等，并在端口组级别覆盖网络策略。

（1）在 vSphere Client 界面中导航到要操作的主机，在"配置"选项卡中展开"网络"节点并选择"虚拟交换机"，选择要配置的标准交换机，出现它的拓扑图。

（2）如图 4-16 所示，单击拓扑图标题右侧的水平省略号●●●，从下拉菜单中选择"编辑设置"命令，打开相应的对话框。

如果选择"查看设置"命令，则弹出相应的对话框，查看该端口组的设置。

（3）如图 4-17 所示，在"属性"界面上可以重命名网络标签（端口组名称），配置 VLAN ID。这里的 VLAN ID 对应的是端口组中的 VLAN 标记模式，默认值为 0，不支持传输与 VLAN 关联的流量。

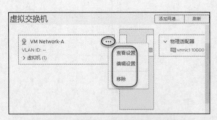

图 4-16　打开端口组操作下拉菜单

图 4-17　编辑虚拟机端口组的属性

（4）切换到"安全"界面，可进行交换机设置，以防止 MAC 地址更改，以及以混杂模式运行虚拟机。如果勾选"替代"复选框，则会覆盖从交换机继承的策略。

> 提示　在标准交换机级别设置的策略将应用于该标准交换机上的所有端口组，端口组会继承交换机的策略。在配置端口组时，可通过覆盖从标准交换机继承的策略，对单个端口组设置不同的策略。vSphere 中文操作界面上的"替代"的英文为 Override，译为"覆盖"更合适。

（5）如图 4-18 所示，切换到"流量调整"界面，设置平均带宽、峰值带宽和突发大小。

（6）如图 4-19 所示，切换到"绑定和故障切换"界面，修改故障切换设置，确定是否覆盖从交换机继承的相关设置。可以在与端口组关联的物理适配器之间进行流量分配和重新路由，还可以更改故障时主机物理适配器的使用顺序。

（7）单击"OK"按钮完成该端口组的编辑。

图 4-18　端口组流量调整设置　　　　　　图 4-19　端口组绑定和故障切换设置

2. 在标准交换机上添加虚拟机端口组

可以在 vSphere 标准交换机上创建虚拟机端口组，为虚拟机提供连接。对于已有一个虚拟机端口组的标准交换机，可再添加新的虚拟机端口组。这里以前面创建的标准交换机 vSwitch1 为例进行示范。参照前面创建标准交换机的步骤，启动添加网络向导，连接类型选择"标准交换机的虚拟机端口组"，目标设备选择"选择现有标准交换机"，如图 4-20 所示，然后根据向导提示完成其余操作步骤。这样，标准交换机 vSwitch1 就拥有两个虚拟机端口组，如图 4-21 所示。

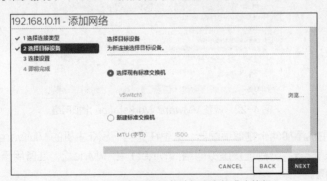

图 4-20　端口组目标设备选择现有标准交换机

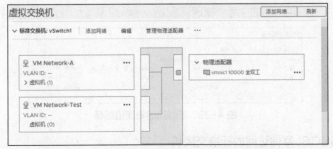

图 4-21　标准交换机 vSwitch1 拥有两个虚拟机端口组

3. 从标准交换机中删除虚拟机端口组

可以从标准交换机中删除不再需要的虚拟机端口组。确认要删除的端口组没有连接任何已打开电源的虚拟机，在 vSphere Client 界面中导航到要操作的主机，在"配置"选项卡中展开"网络"节点并选择"虚拟交换机"，选择要配置的标准交换机，单击拓扑图标题右侧的水平省略号图标，从下拉菜单中选择"移除"命令即可。

任务 4.1.4　创建用于 VMkernel 流量的标准交换机

创建用于 VMkernel
流量的标准交换机

前面提到，VMkernel 是特殊端口，可为 ESXi 主机提供通信服务，支持 vSphere 的高级功能。下面再创建两个标准交换机，分别用于 iSCSI 存储访问和 vMotion（虚拟机迁移）的专用流量。

1. 为 ESXi 主机添加网络适配器

本例实验在 VMware Workstation 环境中完成。

（1）在 VMware Workstation 中修改默认的"仅主机"模式的虚拟网络 VMnet1，将其承载的网络 IP 地址设置为 192.168.11.0；增加一个自定义的仅主机模式的虚拟网络 VMnet2，将其子网 IP 地址设置为 192.168.12.0，两者的子网掩码均为 255.255.255.0，如图 4-22 所示。

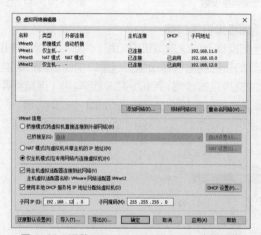

图 4-22　调整 VMware Workstation 虚拟网络

（2）为 ESXi 主机添加两个物理适配器。这里在充当 ESXi 主机的 VMware Workstation 虚拟机中添加两个网络适配器，分别连接虚拟网络 VMnet1 和 VMnet2，准备用于 iSCSI 存储访问和 vMotion 的对外通信。

（3）重启该 ESXi 主机后，通过 vSphere Client 在主机的"配置"选项卡中展开"网络"节点，选择"物理适配器"，发现新增加的两个物理适配器 vmnic2 和 vmnic3，如图 4-23 所示。

图 4-23　新添加的物理适配器

2. 创建用于 iSCSI 存储访问的标准交换机

（1）单击虚拟交换机列表右上角的"添加网络"按钮，启动添加网络向导，连接类型选择

"VMkernel 适配器"，单击"NEXT"按钮。

（2）进入"选择目标设备"界面，选择"新建标准交换机"并单击"NEXT"按钮。

（3）进入"创建标准交换机"界面，将物理适配器（这里为 vmnic2）添加到新建的标准交换机中，单击"NEXT"按钮。

（4）如图 4-24 所示，设置端口属性。设置网络标签（这里为 ISCSI Network）；暂时可以不考虑 VLAN 配置（VLAN ID 保持默认值 0）；从"IP 设置"下拉列表中选择 IPv4；从"TCP/IP 堆栈"下拉列表中选择一个 TCP/IP 堆栈（这里保持默认值）；在"可用服务"区域中不要选择启用服务。然后单击"NEXT"按钮。

（5）如图 4-25 所示，设置 IP，这里设置 IPv4，为该连接分配静态 IP 地址。然后单击"NEXT"按钮。

图 4-24　设置端口属性

图 4-25　连接设置（IP 设置）

（6）在"即将完成"界面上显示网络设置摘要信息，确认后单击"FINISH"按钮。

新创建的标准交换机如图 4-26 所示，它包含名称为 ISCSI Network 的 VMkernel 端口，这实际上是一个用于 iSCSI 存储访问的虚拟网络。

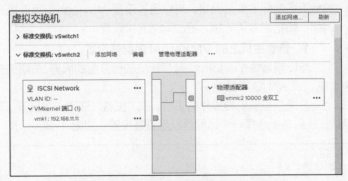

图 4-26　用于 iSCSI 存储访问的标准交换机

3. 创建用于 vMotion 的标准交换机

创建用于 vMotion 的标准交换机的基本步骤与创建用于 iSCSI 存储访问的标准交换机相同。其中分配的物理适配器为 vmnic3；端口设置如图 4-27 所示，网络标签为 vMotion Network，需要勾选多个复选框来选择启用的服务；IP 设置如图 4-28 所示。创建的交换机名为 vSwitch3。

至此，加上默认的 VMkernel 适配器，共有 3 个 VMkernel 适配器。导航到 ESXi 主机，在"配置"选项卡中展开"网络"节点，选择"VMkernel 适配器"可进行查看，如图 4-29 所示。VMkernel 适配器也就是 VMkernel 端口，为 ESXi 主机提供特定的通信服务。

图 4-27　VMkernel 适配器的端口设置

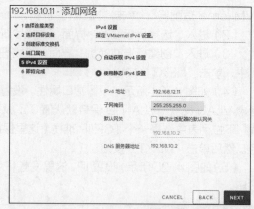

图 4-28　VMkernel 适配器的 IP 设置

图 4-29　VMkernel 适配器

任务 4.1.5　设置 VMkernel 网络

设置 VMkernel 网络

基于 VMkernel 端口的虚拟网络就是 VMkernel 网络。VMkernel 网络提供与 ESXi 主机的连接，并处理 vMotion 虚拟机迁移、IP 存储、容错、vSAN 等其他服务的标准系统流量。可以通过设置 VMkernel 适配器来设置 VMkernel 网络，如指定专用流量、更改网络连接设置。

1. 查看主机上的 VMkernel 适配器设置

可以查看每个 VMkernel 适配器的已分配的服务、关联的交换机、端口设置、IP 设置、TCP/IP 堆栈、VLAN ID 和策略。

在 vSphere Client 界面中导航到要操作的主机，在"配置"选项卡中展开"网络"节点并选择"VMkernel 适配器"，从列表中选择一个适配器以查看其设置，如图 4-30 所示。

图 4-30　查看 VMkernel 适配器设置

其中,"全部"选项卡显示选定 VMkernel 适配器的所有设置信息,包括端口属性和网卡设置、IPv4 和 IPv6 设置、流量调整、绑定和故障切换,以及安全策略(因版面限制没有显示全图);其他选项卡仅显示相关的部分设置信息。

2. 编辑 VMkernel 适配器设置

可以修改已有的 VMkernel 适配器设置,例如,更改所支持的流量类型,或者 IPv4 或 IPv6 地址设置。从"VMkernel 适配器"列表中选择要编辑的 VMkernel 适配器,然后单击"编辑"按钮弹出相应的对话框。如图 4-31 所示,在"端口属性"界面中设置 MTU,选择要启用的服务。

分别切换到"IPv4 设置""IPv6 设置"界面,选择 IP 地址的获取方法。

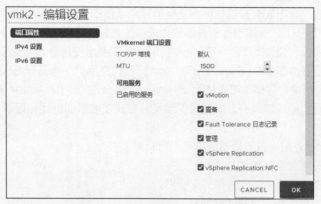

图 4-31　编辑 VMkernel 适配器设置

3. 在标准交换机上创建 VMkernel 适配器

通常将 VMkernel 适配器专用于一种流量类型。可以在一个标准交换机上创建多个 VMkernel 适配器。对于已有一个 VMkernel 适配器的标准交换机,可再添加 VMkernel 适配器。这里以前面创建的标准交换机 vSwitch2 为例进行示范。参照前面创建用于 VMkernel 流量的标准交换机的步骤,启动添加网络向导,连接类型选择"VMkernel 适配器",目标设备选择"选择现有标准交换机"(这里选择 vSwitch2),然后根据向导提示完成其余操作步骤,最终的设置如图 4-32 所示。新创建的 VMkernel 适配器出现在主机的 VMkernel 适配器列表中,如图 4-33 所示。

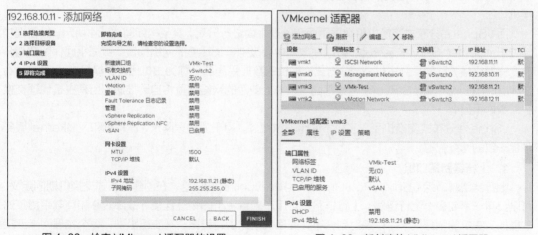

图 4-32　检查 VMkernel 适配器的设置　　　　图 4-33　新创建的 VMkernel 适配器

4. 移除 VMkernel 适配器

当不再需要 VMkernel 适配器时,可从标准交换机中移除该适配器,但是必须确保在主机上至少保留一个用于管理流量的 VMkernel 适配器，以保持网络连接不中断。从 VMkernel 适配器列表中选择要移除的 VMkernel 适配器，然后单击"移除"按钮即可。

任务 4.2　配置和管理 vSphere 分布式交换机

任务说明

分布式交换机可以简化虚拟机网络连接的部署、管理和监控，为集群级网络连接提供一个集中控制点。从功能上看，分布式交换机与标准交换机没有本质的差别，可以将它看作跨多台 ESXi 主机的超级交换机，适用于 ESXi 主机数量较多的大规模的虚拟化应用。通常 ESXi 主机少于 10 台时，只需要使用标准交换机；超过 10 台，不到 50 台时，就要考虑使用分布式交换机；当规模更大时，就要考虑使用第三方硬件级虚拟交换机。vSphere 分布式交换机不再基于 ESXi 主机创建，而是基于 vCenter Server 创建，管理员可以使用 vSphere Client 登录到 vCenter Server 创建和管理分布式交换机。考虑到实验环境限制，本任务仅涉及分布式交换机的创建和最基本的配置管理。本任务的具体要求如下。

（1）了解 vSphere 分布式交换机架构和运行机制。

（2）掌握创建分布式交换机的方法。

（3）学会将 ESXi 主机添加到分布式交换机。

（4）学会将虚拟机连接到分布式交换机。

知识引入

4.2.1　vSphere 分布式交换机架构

vSphere 中的网络交换机由数据平面（Data Plane）和管理平面（Management Plane）两个逻辑部分组成。数据平面可以实现包的交换、过滤和标记等。管理平面用于配置数据平面功能的控制结构。vSphere 标准交换机包含数据平面和管理平面，管理员可以单独配置和维护每个标准交换机。

而 vSphere 分布式交换机将数据平面和管理平面进行分离，其架构如图 4-34 所示。其管理功能位于 vCenter Server 系统上，可以在数据中心级别管理环境的网络配置。数据平面保留在与分布式交换机相关联的每台主机上。分布式交换机的数据平面部分称为主机代理交换机（Host Proxy Switch）。在 vCenter Server（管理平面）系统上创建的网络配置将自动推送到所有主机代理交换机（数据平面）。

vSphere 分布式交换机引入了以下两个抽象概念，用于为物理网卡、虚拟机和 VMkernel 服务创建一致的网络配置。

1. 上行链路端口组

上行链路端口组（Uplink Port Group）也称 dvuplink 端口组，在创建分布式交换机期间定义，可以具有一个或多个上行链路。上行链路是可用于配置主机的物理连接、故障转移和负载平衡策略的模板。主机的物理网卡可以映射到分布式交换机上的上行链路。在主机级别，每个物理网卡连接到具有特定 ID 的上行链路端口。可以通过上行链路设置故障转移和负载平衡策略，并将策略自动传播到主机代理交换机或数据平面。通过这种方式，可以为与分布式交换机关联的所有主机的物理网卡应用一致的故障转移和负载平衡配置。

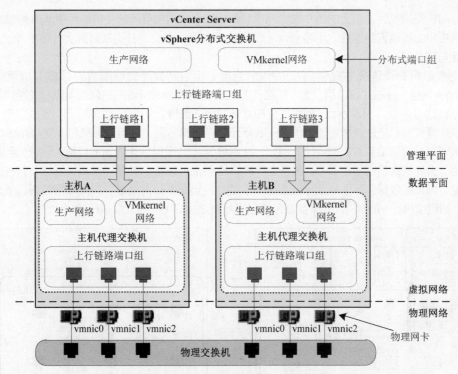

图 4-34　vSphere 分布式交换机架构

2. 分布式端口组

分布式端口组（Distributed Port Group）为虚拟机提供网络连接并提供 VMkernel 流量。可以使用网络标签来识别每个分布式端口组，该标签在当前数据中心必须是唯一的。在分布式端口组上配置网卡组合、故障转移、负载平衡、VLAN、安全性、流量调整，以及其他策略。连接到分布式端口组的虚拟端口，共享该分布式端口组所配置的属性。与上行链路端口组一样，vCenter Server（管理平面）系统上为分布式端口组设置的配置，将通过主机代理交换机（数据平面）自动传播到分布式交换机上的所有主机。这样，可以通过将虚拟机与相应的分布式端口组关联，配置一组虚拟机来共享相同的网络配置。

假设在数据中心上创建了 vSphere 分布式交换机，并将两台主机与其关联，可以为上行链路端口组配置 3 个上行链路，并将每台主机的一个物理网卡连接到一个上行链路。采用这种方式，每个上行链路可将每台主机的物理网卡映射到它。例如，上行链路 1 使用主机 A 和主机 B 的 vmnic0 进行配置。接下来，可以为虚拟机网络和 VMkernel 服务创建"生产网络"和"VMkernel 网络"两个分布式端口组。还可以分别在主机 A 和主机 B 上创建"生产网络"和"VMkernel 网络"分布式端口组的代理。为这两个端口组设置的所有策略都将传播到其在主机 A 和主机 B 上的代理。

4.2.2　vSphere 分布式交换机数据流

从虚拟机和 VMkernel 适配器到物理网络的数据流，既取决于设置到分布式端口组的网卡组合和负载平衡策略，又取决于 vSphere 分布式交换机上的端口分配。

分布式交换机上的网卡组合和端口分配如图 4-35 所示。假设创建"虚拟机网络"和"VMkernel 网络"分布式端口组，分别具有 3 个和 2 个分布式端口。分布式交换机会按照 ID 为 0～4 的顺序分配端口，该顺序与创建分布式端口组的顺序相同。接下来，将主机 A 和主机 B 与分布式交换机进行关联。分布式交换机为主机上的每个物理网卡分配端口，端口按照添加主机的顺序从 5 继续编号。要在每台主机上提供网络连接，可将 vmnic0、vmnic1 和 vmnic2 分别映射到上行链路 1、上行链路 2 和上行链路 3。

要向虚拟机提供连接并提供 VMkernel 流量，可以将故障转移配置到"虚拟机网络"和"VMkernel 网络"分布式端口组。上行链路 1 和上行链路 2 处理"虚拟机网络"分布式端口组的流量，上行链路 3 处理"VMkernel 网络"分布式端口组的流量。

主机代理交换机上的数据包流如图 4-36 所示。在主机方面，来自虚拟机和 VMkernel 服务的数据包流通过特定端口到达物理网络。例如，从主机 A 上的虚拟机 1 发送的数据包，首先到达"虚拟机网络"分布式端口组的端口 0。由于上行链路 1 和上行链路 2 处理"虚拟机网络"分布式端口组的流量，因此该数据包可以从上行链路端口 5 或上行链路端口 6 通过。如果数据包通过上行链路端口 5，则继续执行 vmnic0；如果数据包通过上行链路端口 6，则继续执行 vmnic1。

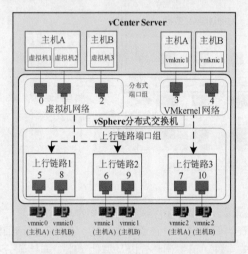

图 4-35　分布式交换机上的网卡组合和端口分配

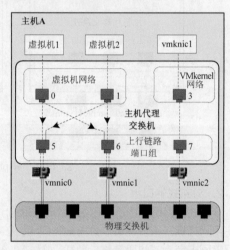

图 4-36　主机代理交换机上的数据包流

任务实现

任务 4.2.1　创建分布式交换机

创建分布式交换机

vSphere 分布式交换机为与交换机关联的所有主机的网络连接配置提供集中化管理和监控。管理员可以在 vCenter Server 系统上创建分布式交换机，其配置可以传播到与交换机关联的所有主机。默认没有创建任何分布式交换机。在数据中心创建 vSphere 分布式交换机，以便从中心位置一次处理多台主机的网络配置。具体步骤如下。

（1）在 vSphere Client 界面中导航到要操作的数据中心（本例为 Test Datacenter），右键单击该数据中心，选择"Distributed Switch">"新建 Distributed Switch"命令启动相应的向导。

（2）如图 4-37 所示，在"名称和位置"界面上为新建的分布式交换机命名（这里为 DSwitch-Test），并指定其所在位置（Test Datacenter 数据中心），然后单击"NEXT"按钮。

（3）如图 4-38 所示，在"选择版本"界面上选择分布式交换机版本，每个版本不能兼容比它低的版本。这里选择"7.0.0-EXSi 7.0 及更高版本"，然后单击"NEXT"按钮。

图 4-37　设置名称和位置

图 4-38　选择分布式交换机版本

（4）如图 4-39 所示，在"配置设置"界面上配置以下分布式交换机设置，单击"NEXT"按钮。

使用箭头按钮（图中选择数量之后箭头不再显示）选择上行链路数。上行链路数是每台主机到分布式交换机允许物理连接的最大数量。

从"Network I/O Control"下拉列表中选择启用或禁用网络 I/O 控制。通过启用网络 I/O 控制，可以根据部署的要求为某些类型的基础设施和工作负载流量优先考虑对网络资源的访问。如果勾选"创建默认端口组"复选框，将创建默认设置的新的分布式端口组，此时要在"端口组名称"文本框中设置端口组名称。

图 4-39　分布式交换机配置设置

（5）在"即将完成"界面上查看相关设置，然后单击"FINISH"按钮。

完成分布式交换机的创建之后，从顶部窗格"菜单"的下拉菜单中选择"网络"进入相应的管理界面可以导航到新的分布式交换机，并切换到"摘要"选项卡来查看它所支持的功能以及其他详细信息，如图 4-40 所示。

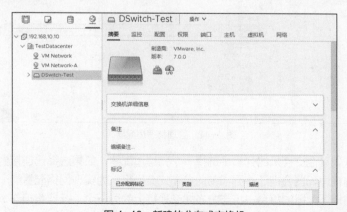

图 4-40　新建的分布式交换机

切换到"网络"选项卡，可以查看该分布式交换机的分布式端口组和上行链路端口组，如图 4-41
所示。

图 4-41　查看分布式交换机的分布式端口组和上行链路端口组

任务 4.2.2　将 ESXi 主机添加到 vSphere 分布式交换机

将 ESXi 主机添加到
vSphere 分布式
交换机

完成分布式交换机的创建之后，应将主机添加到分布式交换机，即将主机的
物理网络适配器、VMkernel 适配器和虚拟机网络适配器连接到分布式交换机。
为便于实验，首先在充当 ESXi 主机的 VMware Workstation 虚拟机中添加一
个 NAT 模式的网络适配器，这样就为 ESXi 主机添加了一块空闲的物理适配器
vmnic4，然后执行下面的操作步骤。

（1）在 vSphere Client 界面中导航到要操作的分布式交换机（这里为
DSwitch-Test），从"操作"菜单中选择"添加和管理主机"命令启动相应的向导。

（2）在"选择任务"界面上选中"添加主机"单选按钮，然后单击"NEXT"按钮。

（3）在"选择主机"界面上单击"新主机"按钮，弹出"选择新主机"对话框，从数据中心选
择一个要加入的 ESXi 主机（这里为 192.168.10.11），单击"确定"按钮关闭该对话框。然后单击
"NEXT"按钮。

（4）在"管理物理适配器"界面上配置分布式交换机的物理适配器。从"其他交换机上/空闲"
列表中选择一个物理网卡（这里为空闲的 vmnic4），单击"分配上行链路"按钮，弹出"选择上行
链路"对话框，这里选择自动分配，然后单击"确定"按钮回到"管理物理适配器"界面，显示已
分配的物理适配器，如图 4-42 所示。然后单击"NEXT"按钮。

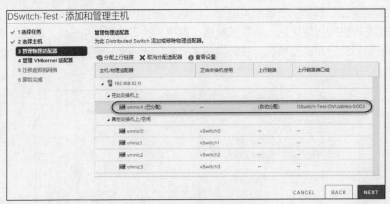

图 4-42　管理物理适配器

通常从未关联到其他交换机的列表中选择一个物理适配器。如果选择已连接到其他交换机的物
理适配器，则该物理适配器会被迁移到当前的分布式交换机。为实现网络配置的一致性，可以将连
接到相同名称的物理适配器的每台主机与分布式交换机上的同一个上行链路相连。例如，如果要添
加两台主机，那么可以将每台主机上的 vmnic1 连接到分布式交换机上的 Uplink1 上行链路。

（5）在"管理 VMkernel 适配器"界面上配置 VMkernel 适配器。从"其他交换机上/空闲"列表中选择一个 VMkernel 适配器（这里为 vmk2），然后单击"分配端口组"按钮，弹出"选择网络"对话框，从中选择要分配的目标分布式端口组，这里选择默认的 DPortGroup-Test，然后单击"确定"按钮回到"管理 VMkernel 适配器"界面，显示已重新分配的 VMkernel 适配器，如图 4-43所示。然后单击"NEXT"按钮。

> **提 示** 与前面空闲的物理网络适配器不同，这里是对 **VMkernel** 适配器重新分配，因为所选用的 **vmk2** 之前由 **vSwitch3** 交换机占用。

图 4-43　管理 VMkernel 适配器

（6）如图 4-44 所示，在"迁移虚拟机网络"界面上，选择要迁移到分布式交换机的虚拟机或网络适配器。这里保持默认设置，取消勾选"迁移虚拟机网络"复选框，然后单击"NEXT"按钮。

要将某个虚拟机的所有网络适配器连接到分布式端口组，则应勾选"迁移虚拟机网络"复选框，从列表中选择该虚拟机或选择单个网络适配器以仅连接该适配器，再单击"分配端口组"按钮，并选择一个分布式端口组。

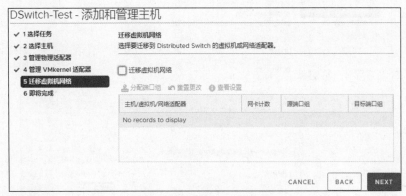

图 4-44　迁移虚拟机网络设置

（7）在"即将完成"界面上查看相关设置，然后单击"FINISH"按钮。

至此，已将 ESXi 主机添加到分布式交换机。可以在 vSphere Client 界面中导航到要操作的主机，切换到"配置"选项卡，展开"网络"节点并选择"虚拟交换机"，从列表中查看该分布式交换机及其拓扑，如图 4-45 所示。

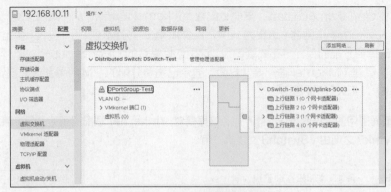

图 4-45　分布式交换机及其拓扑

任务 4.2.3　将虚拟机连接到分布式交换机

将虚拟机连接到
分布式交换机

可以通过配置单个虚拟机的网络适配器将虚拟机连接到 vSphere 分布式交换机，只需将它连接到分布式端口组。这与接入标准交换机相同，具体方法是在虚拟机的编辑设置中，将其网络适配器指定为由网络标签标识的虚拟网络（分布式端口组），可以打开"选择网络"对话框来选择。

效率更高的操作是在 vSphere 分布式交换机网络和 vSphere 标准交换机网络之间成组迁移虚拟机，具体操作步骤如下。

（1）在 vSphere Client 界面中导航到要操作的数据中心。

（2）右键单击该数据中心，然后选择"将虚拟机迁移到其他网络"命令启动相应的向导。

（3）如图 4-46 所示，选择源网络和目标网络。这里的源网络选择"特定网络"，通过单击"浏览"按钮选择特定的源网络（已有标准交换机网络）；目标网络选择一个分布式交换机网络，然后单击"NEXT"按钮。

如果源网络选择"无网络"，将会迁移那些未连接到任何其他网络的所有虚拟机网络适配器。

图 4-46　选择源网络和目标网络

（4）如图 4-47 所示，从列表中选择要从源网络迁移到目标网络的虚拟机，单击"NEXT"按钮。

（5）在"即将完成"界面上查看相关设置，然后单击"FINISH"按钮。

图 4-47　选择要迁移到目标网络的虚拟机

> **提示** 为简化实验环境，在学习后续内容之前，建议撤销上述分布式交换机的配置，仅保留标准交换机的配置，因为后续的操作涉及虚拟网络时，使用的都是标准交换机。针对上述实验操作，除了将虚拟机迁回标准交换机对应的网络外，还要将分布式交换机占用的名为 vmk2 的 VMkernel 适配器迁回 vSwitch3 交换机，具体操作是在 ESXi-A 主机的"虚拟交换机"列表中定位到 vSwitch3 交换机，单击其右侧的水平省略号图标，选择"迁移 VMkernel 适配器"命令，根据向导提示操作即可。

任务 4.3　配置和管理 vSphere 本地存储

任务说明

vSphere 支持传统的和软件定义的存储环境中的各种存储选项和功能。vSphere 存储配置具有相当的灵活性，从简单的本地存储到复杂的 vSAN，它都可以轻松实现。传统存储基于 ESXi 主机级别，可以使用 VMware Host Client 工具直接登录 ESXi 主机进行配置，不过这种方式只能在单台主机上操作，而使用 vSphere Client 登录 vCenter Server，则便于集中配置管理各 ESXi 主机所连接的存储，本项目的存储操作都是以使用 vSphere Client 操作为例的。本任务侧重对 vSphere 存储概念和术语的解析，并以简单的本地存储为例示范数据存储创建和管理的基本操作，以增强读者对 vSphere 存储的感性认识。本任务的具体要求如下。

（1）了解 vSphere 存储基础知识。

（2）掌握本地存储的方法。

（3）掌握数据存储的基本管理方法。

知识引入

4.3.1　传统存储虚拟化技术

vSphere 传统的存储虚拟化是基于 ESXi 主机级别的，在传统环境中设置 ESXi 存储，包括配置存储系统和设备、启用存储适配器和创建数据存储。下面围绕传统 vSphere 存储架构，简单介绍传统存储虚拟化技术及有关概念和术语。

1. 传统 vSphere 存储架构

传统的 vSphere 存储管理采用以数据存储为中心的方法，整体架构如图 4-48 所示。

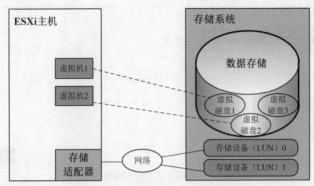

图 4-48　传统 vSphere 存储架构

整个存储架构采用如下的工作机制。

- 存储系统以存储设备或逻辑单元号（Logical Unit Number，LUN）的形式提供物理存储资源。
- ESXi 主机通过存储适配器经网络或其他通信线路与这些物理存储资源建立连接。
- vSphere 管理员基于存储设备或 LUN 创建数据存储。
- vSphere 管理员基于数据存储提供虚拟磁盘作为虚拟机存储。
- 用户基于虚拟磁盘运行虚拟机，并存取虚拟磁盘上的数据。

就 vSphere 存储层次来说，物理存储设备位于最底层，向上一层是数据存储，再向上一层则是虚拟机存储（虚拟磁盘）。ESXi 主机连接物理存储，ESXi 主机上的虚拟机访问虚拟磁盘。

2. 目标与存储设备的表示形式

在 ESXi 环境中，术语"目标"（Target）表示可以由主机访问的单个存储单元，术语"存储设备"和"LUN"表示目标上具体存储空间的逻辑卷。术语"存储设备"和"LUN"在 ESXi 环境中可互换使用。通常，这两个术语都表示由块存储系统提供给主机且可以格式化的存储卷。

> **提示**　SCSI 总线上可挂接的存储设备数量是有限的，一般为 8 个或者 16 个，可以用目标 ID（SCSI ID）来描述这些存储设备。存储设备只要加入系统，就有一个代号，这样就可以方便地区别存储设备。LUN ID 就是扩展的目标 ID。每个目标下都可以有多个 LUN 存储设备，通常直接简称为 LUN。

不同存储供应商通过不同的方式向 ESXi 主机呈现自己的存储系统。某些供应商在单个目标上呈现多个存储设备或 LUN，而有些供应商则向单个目标呈现一个 LUN。目标和 LUN 示意如图 4-49 所示，其中每种配置都有 3 个 LUN 可用，每个 LUN 表示单个存储卷。图 4-49 左边的示例中，主机可以访问一个目标，但该目标具有 3 个可供使用的 LUN；而在右边的示例中，主机可以访问 3 个不同的目标，每个目标都拥有一个 LUN。

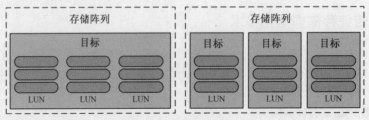

图 4-49　目标和 LUN 示意

通过网络访问的目标都有唯一的名称，该名称由存储系统提供。例如，iSCSI 目标使用 iSCSI

名称，光纤通道目标使用全球名称（World Wide Name，WWN）。

存储设备（LUN）由其 UUID 名称标识。如果某个 LUN 由多台主机共享，则必须将该 LUN 以同一 UUID 提供给所有的主机。ESXi 主机使用不同的算法和约定为每个存储设备生成标识符，具体取决于存储类型。ESXi 不支持通过不同传输协议（如 iSCSI 和光纤通道）访问同一 LUN。

只有在 ESXi 主机连接到基于块的存储系统时，主机才能访问支持 ESXi 的存储设备。所有数据在没有文件系统格式化的情况下，都是以块的形式存储于磁盘上的。

3. 存储适配器

存储适配器为 ESXi 主机提供到指定存储单元或网络的连接。主机使用存储适配器访问不同的存储设备。

ESXi 支持不同的存储适配器类别，包括 SCSI、iSCSI、独立冗余磁盘阵列（Redundant Arrays of Independent Disks，RAID）、光纤通道（Fiber Channel，FC）、以太网光纤通道（Fiber Channel over Ethernet，FCoE）和以太网。ESXi 通过 VMkernel 中的设备驱动程序直接访问存储适配器。

主机总线适配器（Host Bus Adapter，HBA）就是一种典型的存储适配器。HBA 是一种在服务器和存储装置之间提供 I/O 处理和物理连接的电路板或集成电路适配器。HBA 减轻主处理器数据存储和检索任务的负担，能够提高服务器的性能。

根据所使用的存储器类型，需要在 ESXi 主机上启用和配置存储适配器。

4. 数据存储

数据存储是逻辑容器，类似于文件系统，它将各个存储设备的特性隐藏起来，并提供一个统一的模型来存储虚拟机文件。除了存储虚拟机文件外，数据存储还用于存储虚拟模板和 ISO 映像等。

作为一个逻辑存储单元，数据存储可以使用一个或多个存储设备。将 ESXi 主机添加到 vCenter Server 时，主机上的所有数据存储都将添加到 vCenter Server。

5. 虚拟磁盘

ESXi 主机上的虚拟机使用虚拟磁盘存储其操作系统、应用程序文件，以及其他数据。虚拟磁盘是较大的物理文件或文件集，可以像处理任何其他文件那样复制、移动、存档和备份。ESXi 主机上可以配置具有多个虚拟磁盘的虚拟机。每个虚拟磁盘都位于物理存储部署的一个数据存储上。

要访问虚拟磁盘，虚拟机需使用虚拟 SCSI 控制器。从虚拟机的角度而言，每个虚拟磁盘都像与 SCSI 控制器连接的 SCSI 驱动器。无论实际的物理存储是通过主机的存储适配器还是网络适配器访问，对于虚拟机客户机操作系统和应用程序而言，虚拟磁盘都是透明的。

6. 虚拟机访问存储

当虚拟机与存储在数据存储上的虚拟磁盘进行通信时，它会发出 SCSI 命令。由于数据存储可以存在于各种类型的物理存储上，因此根据 ESXi 主机用来连接存储设备的协议，这些命令会封装成其他形式。ESXi 支持光纤通道、iSCSI、FCoE 和 NFS 协议。无论主机使用何种类型的存储设备，虚拟磁盘始终会以挂载的 SCSI 设备形式呈现给虚拟机。虚拟磁盘会向虚拟机操作系统隐藏物理存储层，这样可以在虚拟机内部运行未针对特定存储设备（如 SAN）而认证的操作系统。

7. 本地存储

ESXi 支持本地存储和网络存储。本地存储可以是位于 ESXi 主机内部的内部硬盘，也可以是位于主机之外并通过 SAS 或 SATA 等协议直接连接主机的外部存储系统，即 DAS。

本地存储不需要存储网络即可与主机进行通信，只需一根连接到存储单元的电缆，有时还需要一个兼容的 HBA。ESXi 支持各种本地存储设备，包括 SCSI、IDE、SATA、USB、SAS、闪存和 NVMe 设备。无论使用哪种存储类型，主机都会向虚拟机隐藏物理存储层。值得注意的是，不能使用 IDE/SATA 或 USB 驱动器来存储虚拟机。

本地存储架构如图 4-50 所示。主机访问本地存储，使用的是到存储设备的单一连接。可以在该设备上创建 VMFS 数据存储，以用于存储虚拟机磁盘文件，供虚拟机使用存储。

如果在存储设备和主机之间使用单一连接，则无法避免单点故障。由于大多数本地存储设备不支持多个连接，因此无法使用多个路径访问本地存储。而且本地存储不支持在多台主机之间共享，无法使用需要共享存储的 vSphere 高级功能。鉴于上述原因，本地存储实际上很少使用。不过，vSAN 可将本地存储资源转变为软件定义的共享存储。

8. 网络存储

网络存储由 ESXi 主机用于远程存储虚拟机文件的外部存储系统组成。通常，主机通过高速存储网络访问这些系统，网络存储设备将被共享。网络存储设备上的数据存储可同时由多台主机访问，因而可支持需要共享存储的 vSphere 高级功能，如虚拟机迁移、高可用性。ESXi 支持多种网络存储技术。表 4-2 对 ESXi 支持的各种网络存储技术进行了比较。

表 4-2　ESXi 支持的网络存储技术

存储技术	协议	传输	接口
FC	FC/SCSI	数据/LUN 的块访问	FC HBA
FCoE	FCoE/SCSI	数据/LUN 的块访问	融合网络适配器（硬件 FCoE）
iSCSI	IP/SCSI	数据/LUN 的块访问	iSCSI HBA 或启用 iSCSI 的网卡（硬件 iSCSI） 网络适配器（软件 iSCSI）
NAS	IP/NFS	文件（无直接 LUN 访问）	网络适配器

这里简单介绍一下 FC 存储。这种技术是在 FC SAN 上远程存储虚拟机文件。FC SAN 是一种将主机连接到高性能存储设备的专用高速网络。该网络使用 FC 协议将 SCSI 流量从虚拟机传输到 FC SAN 设备。要连接到 FC SAN，ESXi 主机应该配有 FC HBA。除非使用 FC 直接连接存储，否则需要 FC 交换机提供路由存储流量。如果主机包含 FCoE 适配器，则可以使用以太网网络连接到共享 FC 设备。FC 存储架构如图 4-51 所示。主机通过 FC HBA 连接 SAN 架构（包括 FC 交换机及存储阵列）。主机可以访问存储阵列的 LUN，管理员可以访问 LUN 并创建用于满足存储需求的数据存储。数据存储采用 VMFS 格式。

图 4-50　本地存储架构

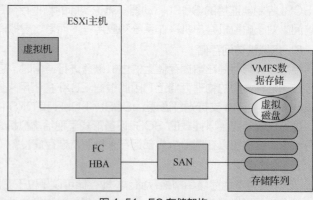

图 4-51　FC 存储架构

> **提示**　SAN 是一种将计算机系统连接到高性能存储系统的专用高速网络。ESXi 可使用 FC 或 iSCSI 协议连接到存储系统。

4.3.2 软件定义的存储模型

除了像传统存储模型一样对虚拟机中的底层存储容量进行抽象之外，软件定义的存储模型还会对存储功能进行抽象。通过软件定义的存储模型，虚拟机成为存储置备（Storage Provision）的一个单元，可以通过灵活的基于策略的机制进行管理。软件定义的存储模型涉及的技术比较复杂，这里仅介绍两个基本的概念。

1. vSAN

vSAN 是软件定义的数据中心的核心构造模块。vSAN 使用软件定义的方法为虚拟机创建共享存储。vSAN 可以虚拟化 ESXi 主机的本地物理存储资源，并将这些资源转化为存储池，再将存储池分配给虚拟机和应用程序。vSAN 直接在 ESXi 管理程序中实现。虽然 vSAN 支持高可用性、虚拟机迁移等需要共享存储的 vSphere 高级功能，但它不需要外部共享存储，并且简化了存储配置和虚拟机置备活动。vSAN 架构如图 4-52 所示。

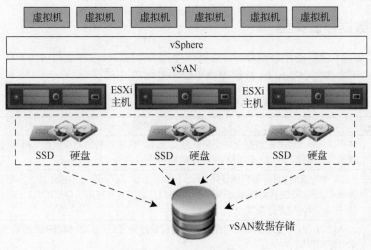

图 4-52　vSAN 架构

可以在现有 ESXi 主机集群上启用 vSAN，也可以在创建新的集群时启用 vSAN。vSAN 会将所有本地或直接连接的容量设备（数据磁盘）聚合到 vSAN 集群中所有 ESXi 主机可共享的单个数据存储中。

可以通过向集群添加容量设备或具有容量设备的 ESXi 主机来扩展数据存储。集群中的所有 ESXi 主机在所有集群成员之间共享类似或相同的配置（包括类似或相同的存储配置）时，vSAN 的性能最佳。不具有任何本地设备的 ESXi 主机也可以加入 vSAN 数据存储，并在 vSAN 数据存储中运行其虚拟机。

在集群上启用 vSAN 后，将创建一个 vSAN 数据存储。它以另一种数据存储类型在可用的数据存储列表上显示，包括虚拟卷、VMFS 和 NFS。单个 vSAN 数据存储可以为每个虚拟机或每个虚拟磁盘提供不同的服务级别。在 vCenter Server 中，vSAN 数据存储的存储功能显示为一组功能。为虚拟机定义存储策略时，可以引用这些功能。以后部署虚拟机时，vSAN 使用该策略，并根据每个虚拟机的要求以最优方式放置虚拟机。

虽然 vSAN 与传统存储阵列有很多相同特性，但是 vSAN 的整体行为和功能仍然与传统存储阵列的有所不同。例如，vSAN 可以管理 ESXi 主机，且只能与 ESXi 主机配合使用；一个 vSAN 实例仅支持一个集群；vSAN 没有基于 LUN 或 NFS 共享的传统存储卷概念。

2. 虚拟卷

使用虚拟卷（Virtual Volume）可以将单个虚拟机而不是数据存储作为存储管理单元，从而让存储硬件完全控制虚拟磁盘内容、布局和管理。vSphere 传统存储管理采用以数据存储为中心的方法。从存储角度而言，数据存储通常是发生数据管理的最低粒度级别。然而，单个数据存储可能包含具有不同要求的多个虚拟机，而传统方法很难满足单个虚拟机的要求。虚拟卷有助于改善数据管理的粒度，提供一种新的存储管理方法，可以帮助管理员在每个应用程序级别对虚拟机服务进行不同的处理。虚拟卷根据单个虚拟机的要求安排存储，而不是根据存储系统的功能安排存储，从而使存储变成以虚拟机为中心。

使用虚拟卷时，抽象的存储容器将替换基于 LUN 或 NFS 共享的传统存储卷。在 vCenter Server 中，存储容器以虚拟卷数据存储表示。虚拟卷数据存储可以存储虚拟卷，即封装虚拟机文件的对象。

将虚拟磁盘及其衍生内容、快照和副本直接映射到存储系统上的对象（即虚拟卷）上，vSphere 可以将快照和副本等密集型存储操作转移到存储系统，从而减轻负担。

4.3.3 数据存储类型

要存储虚拟磁盘，就要使用数据存储。根据所使用的存储，数据存储可分为不同类型，vCenter Server 和 ESXi 所支持的 vSphere 数据存储类型如表 4-3 所示。

表 4-3　vSphere 数据存储类型

类型	说明
VMFS	块存储设备上部署的数据存储使用该格式。VMFS 是一种针对存储虚拟机而优化的特殊高性能文件系统格式。ESXi 支持 VMFS 5 和 VMFS 6 两个 VMFS 版本
NFS	ESXi 中内置的 NFS 客户端使用 NFS 协议，通过 TCP/IP 访问指定 NFS 卷。卷位于 NAS 服务器中。ESXi 主机将卷作为 NFS 数据存储挂载，并将其用于存储需求。ESXi 支持 NFS 3 和 NFS 4.1 两个 NFS 版本
vSAN	vSAN 将 ESXi 主机上所有可用的本地容量设备聚合到 vSAN 集群中的所有 ESXi 主机共享的单个数据存储中
vVol	表示 vCenter Server 和 vSphere Client 中的存储容器，也就是虚拟卷

这里重点介绍一下广泛使用的 VMFS。VMFS 数据存储可扩展为包括 SAN LUN 和本地存储的多个物理存储设备，这样就可以将存储放在存储池中，并灵活地创建虚拟机所需的数据存储。当虚拟机在 VMFS 数据存储上运行时，可以增加数据存储的容量。VMFS 专用于从多台物理机进行的并发访问，并在虚拟机文件上执行相应的访问控制。ESXi 可以将基于 SCSI 的存储设备格式化为 VMFS 数据存储。VMFS 数据存储主要充当虚拟机的存储库。注意，每个 LUN 始终只有一个 VMFS 数据存储。

可以在 512n 和 512e 存储设备上部署 VMFS 数据存储。传统的 512n 存储设备一直使用本地 512B 扇区大小。512e 是一种高级格式，采用这种格式时，物理扇区的大小是 4096B，但是逻辑扇区大小模拟 512B 扇区大小。使用 512e 格式的存储设备可以支持旧版应用程序和客户机操作系统。在 512e 存储设备上设置数据存储时，默认情况下选择 VMFS 6。设置新 VMFS 数据存储时，使用 GPT 分区格式对设备进行格式化。在特定情况下，VMFS 可以支持 MBR 分区格式。

作为一个集群文件系统，VMFS 允许多台 ESXi 主机同时访问同一个 VMFS 数据存储，如图 4-53 所示。为确保多台主机不会同时访问同一个虚拟机，VMFS 提供了磁盘锁定机制。在多台主机之间共享 VMFS 卷可实现 vSphere 高级功能。要创建共享数据存储，可将数据存储挂载到要求数据存储访问的 ESXi 主机上。

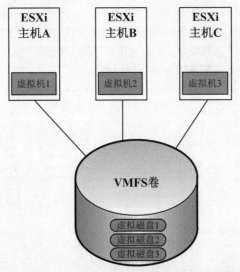

图 4-53　多台 ESXi 主机同时访问同一个 VMFS 数据存储

任务实现

任务 4.3.1　创建本地存储

VMFS 数据存储可以在主机发现的任何基于 SCSI 的存储设备上设置，包括光纤通道、iSCSI 和本地存储设备。本地存储是基于 ESXi 主机创建的。

1．添加本地硬盘并检查存储设备

（1）在充当 ESXi 主机的 VMware Workstaion 虚拟机上添加一个 SCSI 硬盘，这里将磁盘容量设置为 80GB，没有立即分配所有磁盘空间。

（2）检查并确认已安装所需的存储适配器。

创建本地存储

ESXi 默认已安装支持本地存储设备的存储适配器。在 vSphere Client 界面中导航到要操作的主机，切换到"配置"选项卡，选择"存储"节点下的"存储适配器"，该主机上安装的所有存储适配器都会出现在存储适配器列表中，如图 4-54 所示。其中，vmhba0 就是用于本地 SCSI 设备的存储适配器，可查看其属性。另外两个存储适配器 vmhba1 和 vmhba64 用于本地块 SCSI 设备，支持光驱。

图 4-54　存储适配器列表

（3）扫描新的存储设备。

单击"重新扫描存储"按钮，重新扫描所有存储适配器以发现新的存储设备。如果发现新的存储设备，它们将显示在存储设备列表中，可以选择"存储"节点下的"存储设备"查看，如图4-55所示，列表中的第4个存储设备即新添加的存储设备。

图4-55　存储设备列表

（4）检查拟用于数据存储的存储设备是否可用。

如图4-56所示，查看主机上的特定存储适配器的存储设备列表，已连接的设备就是可用的。从存储设备列表中选中一个设备，可以使用设备操作按钮执行基本的存储设备管理任务，这些按钮的可用性取决于设备类型和配置。

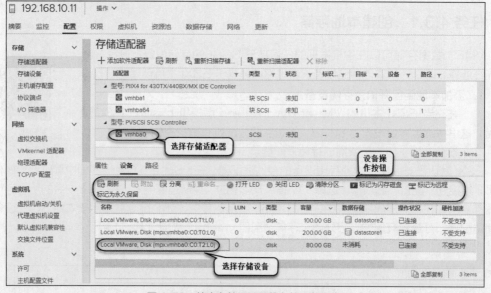

图4-56　特定存储适配器的存储设备列表

2. 使用新建数据存储向导创建本地存储

可以使用新建数据存储向导在主机、集群或数据中心中创建数据存储，选择不同的位置来启动该向导，向导提供的操作步骤略有不同。这里以在ESXi主机中启动该向导为例进行示范。

（1）在vSphere Client界面中导航到要操作的主机，右键单击该主机，从快捷菜单中选择"存储">"新建数据存储"命令启动相应的向导。

（2）如图4-57所示，选择数据存储类型，这里选择"VMFS"，然后单击"NEXT"按钮。

（3）如图4-58所示，为数据存储指定名称（注意不要超过42个字符），并选择用于数据存储的设备，这里采用前面创建的本地磁盘，然后单击"NEXT"按钮。

图 4-57 选择数据存储类型

图 4-58 为数据存储命名并选择设备

（4）在"VMFS 版本"界面上指定数据存储版本，这里保持默认设置，即 VMFS 6（这个版本启用 512e 高级格式，支持空间自动回收），然后单击"NEXT"按钮。

（5）如图 4-59 所示，定义数据存储的配置详细信息，然后单击"NEXT"按钮。

首先要指定分区配置，这里保持默认选择的"使用所有可用分区"，将整个磁盘专用于单个 VMFS 数据存储，则此设备上当前存储的所有文件系统和数据都将被销毁。如果选择"使用可用空间"，则将在磁盘的剩余可用空间中部署 VMFS 数据存储。

如果要指定分配给数据存储的空间，可通过调整"数据存储大小"选项的值来实现。默认情况下，分配存储设备上的整个可用空间。前面选择的是 VMFS 6，还可以指定块大小并定义空间回收参数。

（6）在"即将完成"界面上查看数据存储配置信息，确认后单击"FINISH"按钮。

至此，基于 SCSI 的存储设备创建了一个数据存储，从顶部窗格的"菜单"下拉菜单中选择"存储"进入相应的管理界面，可以查看数据存储，如图 4-60 所示。需要注意的是，对于本地存储，只有连接该设备的主机可用。也可以在主机的"数据存储"选项卡中查看数据存储列表，并进行相关操作。

图 4-59 定义数据存储的配置详细信息

图 4-60 新添加的数据存储

任务 4.3.2 数据存储的管理操作

创建数据存储后，可以对数据存储执行多种管理操作。一些操作适用于所有类型的数据存储，另一些操作仅适用于特定类型的数据存储。

数据存储的管理操作

1. 更改数据存储名称

一个虚拟数据中心往往需要配置多台 ESXi 主机，每台主机可能有多个数据存储，生产环境中最好对每台主机的数据存储统一命名。这可能需要更改现有数据存储的名称，具体操作是右键单击要重命名的数据存储，然后选择"重命名"命令，输入新的数据存储名称。对于数据存储名称，vSphere Client 强制执行 42 个字符的限制。

2. 卸载数据存储

卸载数据存储时，数据存储并没有丢失，只是在指定的主机上不能访问该数据存储。如果数据存储在其他主机上保持挂载状态，则会继续显示在其他主机上。

在卸载数据存储之前，确保数据存储上不存在任何虚拟机，Storage DRS 不会管理数据存储，并且已为该数据存储禁用 Storage I/O Control。

右键单击要卸载的数据存储，然后选择"卸载数据存储"命令，弹出图 4-61 所示的对话框，选择要从中卸载数据存储的主机名，单击"确定"按钮即可。

数据存储从所有主机上卸载之后，该数据存储仍在清单中，但会被标记为不可访问，如图 4-62 所示。可以挂载已卸载的数据存储来进行恢复。

从部分主机卸载同时又挂载在其他主机上的任何类型的数据存储在清单中显示为处于活动状态。

图 4-61　卸载数据存储

图 4-62　数据存储不可访问

3. 挂载数据存储

可以挂载之前已卸载的数据存储，还可以将数据存储挂载在其他主机上，使其成为共享存储。挂载数据存储是卸载数据存储的逆操作。

右键单击要挂载的数据存储，选择"挂载数据存储"命令，弹出"挂载数据存储"对话框，选择要挂载数据存储的主机名，单击"确定"按钮即可。

4. 删除数据存储

可以删除任何类型的数据存储。删除数据存储时，会对其造成损坏，会永久删除与数据存储上的虚拟机关联的所有文件，而且它将从具有数据存储访问权限的所有主机中消失。

右键单击要删除的数据存储，选择"删除数据存储"命令，弹出"确认删除数据存储"对话框，单击"是"按钮即可永久删除数据存储。

5. 使用数据存储文件浏览器管理数据存储的内容

使用数据存储文件浏览器可管理数据存储的内容，浏览存储在数据存储中的文件夹和文件，还可以使用该文件浏览器上传文件，并对文件夹和文件执行管理任务。

右键单击要管理内容的数据存储，选择"文件浏览"命令，打开图 4-63 所示的文件浏览器，可以导航到现有文件夹和文件，了解其中的内容，还可以利用提供的图标和选项执行管理任务。

图 4-63　数据存储文件浏览器

任务 4.4 配置和管理 iSCSI 存储

任务说明

本地存储仅限于 ESXi 主机自身访问，而实际应用中需要多台 ESXi 主机共享存储，这就要使用网络存储。考虑到专业存储设备对实验条件的要求很高，这里以基于软件实现的 iSCSI 存储为例来示范网络存储的创建和配置。当将虚拟机添加到数据存储，或者在数据存储上运行的虚拟机需要更多空间时，可能需要更多容量，而 vSphere 支持动态增加 VMFS 数据存储的容量。iSCSI 存储或其他数据存储，只要选用的是 VMFS 格式，就可以动态扩展存储容量。本任务的具体要求如下。

（1）进一步了解 iSCSI 存储。
（2）掌握创建 iSCSI 目标和设备的方法。
（3）学会配置 iSCSI 适配器。
（4）掌握添加 iSCSI 存储的方法。
（5）学会增加 iSCSI 存储容量。

本任务在 VMware Workstation 主机上安装 StarWind iSCSI SAN & NAS 软件（简称 StarWind 软件），使其作为 iSCSI 目标服务器，来为 ESXi 主机提供 iSCSI 存储服务，拓扑设计如图 4-64 所示。如果条件允许，也可以使用专门的 iSCSI 目标服务器。

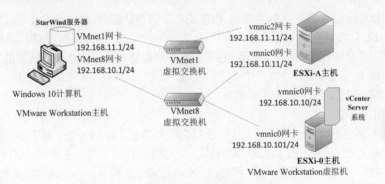

图 4-64　配置和管理 iSCSI 存储实验拓扑

知识引入

4.4.1　什么是 iSCSI

为更加有效地共享、整合和管理存储资源，产生了 SAN。早期的 SAN 采用的是 FC 技术，可称为 FC SAN；随着 iSCSI 的出现，SAN 有了一个新的分支——iSCSI SAN。

所有数据在没有文件系统格式化的情况下，都是以块的形式存储于磁盘上的，可以通过并行 SCSI 协议将数据以块的形式传送至存储。由于线缆长度限制（最长 25m）和设备连接数限制（最多 16 个），SCSI 对网络存储的意义不大。

iSCSI 是一种使用 TCP/IP 的、在现有 IP 网络上传输 SCSI 块命令的工业标准。iSCSI 将 SCSI 命令和数据块封装为 iSCSI 包，再封装至 TCP 报文，然后封装到 IP 报文中。iSCSI 通过面向连接的协议 TCP 来保护数据块的可靠交付。

iSCSI 具有低廉、开放、大容量、传输速度快、兼容、安全等诸多优点，适合需要在网络上存储、传输数据流和大量数据的用户。

4.4.2 iSCSI 系统组成

iSCSI 依然遵循典型的 SCSI 模式，只是传统的 SCSI 线缆已被网线和 TCP/IP 网络所替代。iSCSI 结构基于客户/服务器模式，如图 4-65 所示。一个基本的 iSCSI 系统包括以下 3 个组成部分。

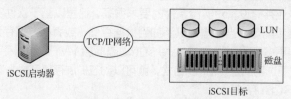

图 4-65　iSCSI 系统组成

1. iSCSI 启动器

iSCSI 启动器是 iSCSI 系统的客户端部分，连接 TCP/IP 网络，对 iSCSI 目标发起请求并接收响应。iSCSI 启动器（Initiator）可以由软件来实现，通常在服务器上运行，使用以太网卡；也可以由硬件来实现，使用硬件 HBA 卡。Windows 操作系统中就有 iSCSI 启动器软件，可以连接到目标服务器并访问所能看到且有权访问的 iSCSI 虚拟磁盘。

2. iSCSI 目标

iSCSI 目标是接收 iSCSI 命令的设备，也是 iSCSI 系统的服务器端。此设备可以由软件来实现，如 iSCSI 目标服务器软件；也可以由硬件来实现，如提供 iSCSI 功能的磁盘阵列。从网络拓扑来看，iSCSI 目标可以是终端节点，如存储设备；也可以是中间设备，如 IP 网络和光纤设备之间的连接桥。

一个 iSCSI 目标可以有一个或多个 LUN（设备）。LUN 是在一个 iSCSI 目标上运行的设备，对于客户端来说，就是一块可以使用的磁盘。

3. TCP/IP 网络

此网络用来支持 iSCSI 启动器与 iSCSI 目标之间的通信。由于 iSCSI 基于 IP 栈，因此可以在标准以太网设备上通过路由或交换机来传输数据。iSCSI 包括以下两个主要网络组件。

* 网络实体：代表一个可以从 IP 网络访问到的设备或者网关。一个网络实体有一个或多个网络入口（Network Portal）。

* 网络入口：网络入口是一个网络实体的组件，一个 TCP/IP 的网络地址可以供一个 iSCSI 节点使用，在一个 iSCSI 会话中提供连接。一个网络入口在启动设备中被识别为一个 IP 地址，在目标设备上被识别为一个 IP 地址加上监听端口。

4.4.3 iSCSI 寻址

iSCSI 启动器与 iSCSI 目标分别有一个 IP 地址和一个 iSCSI 限定名称（iSCSI Qualified Name，IQN）。IQN 是 iSCSI 启动器与 iSCSI 目标或 LUN 的唯一标识符，格式如下：

iqn.年月.倒序域名:节点具体名称

例如，一个 iSCSI 目标名称为 iqn.2008-08.com.startwindsoftware:zxp-pc-fortest，一个 iSCSI 启动器名称为 iqn.1998-01.com.vmware:esxi-a-3147cde8。

iSCSI 支持两种目标发现方法：一种是静态发现，手动指定目标和 LUN；另一种是动态发现，iSCSI 启动器向目标发送一个 SendTargets（发送目标）命令，由目标将可用的目标和 LUN 反馈给 iSCSI 启动器。

任务实现

任务 4.4.1　部署 iSCSI 目标服务器

部署 iSCSI 目标
服务器

可以通过软件来建立 iSCSI 目标服务器，如 Windows Server 系列操作系统本身就集成了 iSCSI 目标服务器。StarWind iSCSI SAN & NAS 是一款可以在 Windows 操作系统中运行的 iSCSI 目标服务器软件，支持多种虚拟化环境，不需要额外的硬件，就可以通过现有 IP 网络有效利用现有的存储硬件。为简化实验环境，下面在运行 Windows 10 的 VMware Workstation 主机（ESXi 主机作为虚拟机在其上运行）上安装 StarWind 软件的 6.0 版本，使该计算机变成一台 iSCSI 目标服务器，为 ESXi 主机提供 iSCSI SAN 存储服务。

1．安装 StarWind 软件

从 StarWind 官网下载 StarWind iSCSI SAN & NAS 6.0 安装程序，然后双击运行，如图 4-66 所示，选择"Full installation"安装方式，安装所有组件。单击"Next"按钮，根据提示完成其余安装步骤。可以从其官方网站申请一个免费的授权密钥试用。

安装完成之后会自动打开 StarWind 管理控制台，该控制台已经自动连接到本机的 StarWind 服务器。当然还可根据需要连接到其他 StartWind 服务器以便管理。

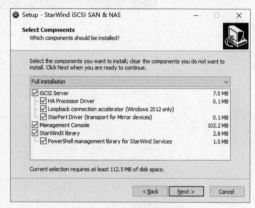

图 4-66　选择安装组件

从"StarWind Servers"列表中选中本地计算机（本地地址为 127.0.0.1），切换到"Configuration"选项卡，单击"Server Settings"区域的"Network"，可以查看该 StarWind 服务器所绑定的 IP 地址和端口，如图 4-67 所示，通过这些 IP 地址和端口可以访问该 StarWind 服务器。

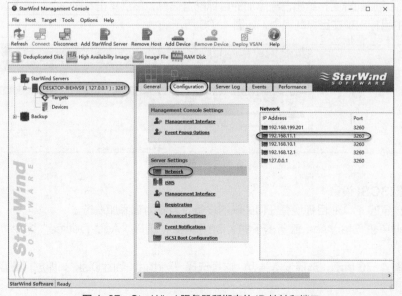

图 4-67　StarWind 服务器所绑定的 IP 地址和端口

接下来开始配置 StarWind iSCSI 目标服务器。

2. 创建 iSCSI 目标

（1）右键单击 StarWind 服务器下的"Targets"，选择"Add Target"命令，启动相应的向导。

（2）如图 4-68 所示，在"Target Alias"文本框中为目标命名，默认自动生成目标名，并勾选"Allow multiple concurrent iSCSI connections (clustering)"复选框以允许同时有多个并发的iSCSI 连接，然后单击"Next"按钮。

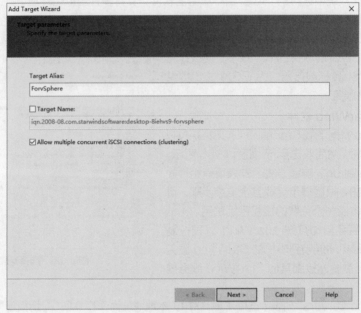

图 4-68　为目标命名

（3）出现相应的界面，给出将要添加的目标配置信息，确认后单击"Next"按钮。

（4）出现相应的界面，给出已经添加的目标配置信息，然后单击"Finish"按钮。

新创建的目标出现在目标列表中，如图 4-69 所示。

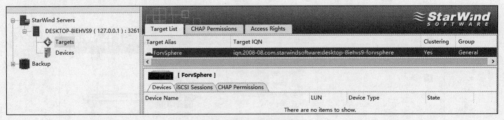

图 4-69　目标列表

3. 创建 iSCSI 设备

前面新创建的 iSCSI 目标没有任何关联的设备，需要为它添加设备。

（1）右键单击 StarWind 服务器下的"Devices"，选择"Add Device"命令，启动相应的向导。

（2）如图 4-70 所示，选择设备类型，这里选择"Virtual Hard Disk"，即虚拟磁盘，然后单击"Next"按钮。

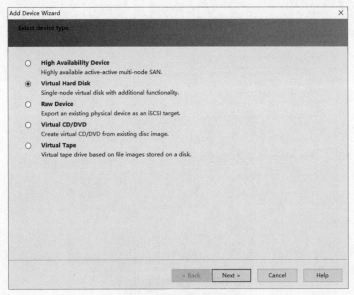

图 4-70　选择设备类型

（3）如图 4-71 所示，由于上一步选择虚拟磁盘，因此这一步选择虚拟磁盘的设备类型，这里选择"Image File device"，即使用一个磁盘文件（映像文件）作为虚拟磁盘，然后单击"Next"按钮。

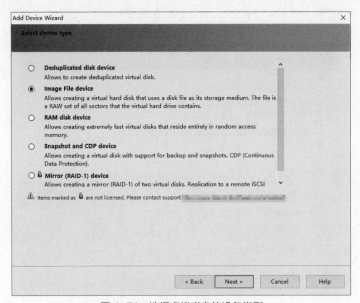

图 4-71　选择虚拟磁盘的设备类型

（4）出现"Select device creation method"界面，选择设备创建方法，这里选择"Create new virtual disk"，即创建一个新的虚拟磁盘，然后单击"Next"按钮。

（5）如图 4-72 所示，设置虚拟磁盘参数，这里指定虚拟磁盘文件的位置和名称，设置磁盘空间大小。还可以根据需要选择是否压缩磁盘、是否加密磁盘，以及是否补零。然后单击"Next"按钮。

（6）出现"Specify Image File device parameters"界面，设置映像文件设备参数，这里保持默认设置，即勾选"Asynchronous mode"复选框，使用异步模式，然后单击"Next"按钮。

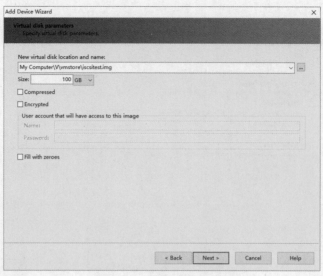

图 4-72　设置虚拟磁盘参数

（7）出现"Specify Image File device cache parameters"界面，设置映像文件设备缓存参数，这里保持默认设置，即勾选"Write-back caching"复选框，使用回写缓存模式，然后单击"Next"按钮。

（8）如图 4-73 所示，为设备设置目标参数，这里选择"Attach to the existing target"，从下面的列表中选择要连接当前设备的 iSCSI 目标，然后单击"Next"按钮。

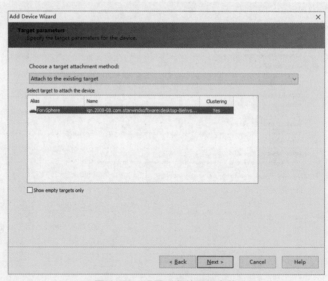

图 4-73　设置设备的目标参数

（9）出现设置摘要界面，确认设备参数设置后，单击"Next"按钮。

（10）出现的界面提示设备已创建，并给出已经添加的设备名称和关联的目标，单击"Finish"按钮结束向导。创建好的设备出现在设备列表中，如图 4-74 所示。

4．设置 iSCSI 目标服务器访问权限

用户可根据需要设置访问权限。StarWind 服务器默认所有源访问所有网络接口的所有目标，即允许任何的 iSCSI 连接，如图 4-75 所示。

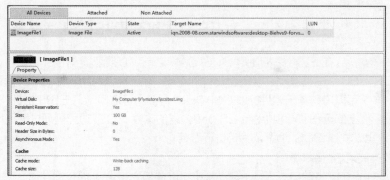

图 4-74　设备列表

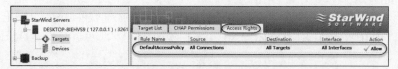

图 4-75　访问权限列表

如果要限制 iSCSI 连接，可以创建访问规则。单击 StarWind 服务器下的"Targets"，切换到 "Access Rights"选项卡，右键单击该选项卡区域，选择"Add Rule"命令启动新建访问规则向导，可以基于源（Source）、目标（Destination）和接口（Interface）来自定义访问规则，多条访问规则按从上到下的顺序应用。

任务 4.4.2　配置用于 iSCSI 存储访问的专用虚拟网络

借助基于软件的 iSCSI 实现，可使用标准以太网适配器将主机连接到 IP 网络上的远程 iSCSI 目标。

内置到 ESXi 中的软件 iSCSI 适配器通过网络堆栈与物理网络适配器进行通信来实现连接。在使用软件 iSCSI 适配器之前，必须设置相应的网络。

配置用于 iSCSI 存储访问的专用虚拟网络

实际应用中使用 iSCSI 存储时，应使用专用的网络连接来保证数据传输不受影响。vSphere 支持创建专用 VMkernel 流量的交换机，可指定将 iSCSI 存储流量通过独立的物理网络适配器传输。任务 4.1 中已经为 ESXi-A 主机创建了一个用于 iSCSI 存储访问的标准交换机 vSwitch2，如图 4-76 所示，该交换机上行链路端口为物理适配器 vmnic2，关联的 VMkernel 端口为 vmk1（分配的 IP 地址为 192.168.11.11），没有配置虚拟机端口组，这就保证了 iSCSI 存储流量的专用，隔离了其他虚拟网络。本例中，ESXi-A 主机通过该标准交换机连接到远程 iSCSI 存储。单击"vmk1：192.168.11.11"右侧的水平省略号图标，可以进一步查看该 vmk1（VMkernel 适配器），如图 4-77 所示，显示其详细的 IP 设置。

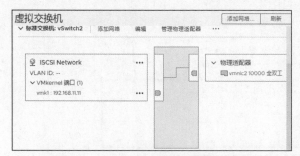

图 4-76　用于 iSCSI 存储访问的标准交换机

图 4-77　VMkernel 适配器

为 ESXi 主机配置
iSCSI 适配器

任务 4.4.3　为 ESXi 主机配置 iSCSI 适配器

在 ESXi 主机使用 iSCSI SAN 之前，必须配置 iSCSI 适配器，这样才能让 ESXi 主机发现并连接到 iSCSI 存储。除了可以利用硬件 iSCSI 适配器之外，还可以借助基于软件的 iSCSI 实现，可使用标准网卡将 ESXi 主机连接到 IP 网络上的远程 iSCSI 目标，ESXi 中内置的软件 iSCSI 适配器通过网络堆栈与物理网卡进行通信。这里以软件 iSCSI 适配器为例进行示范。

1. 启用软件 iSCSI 适配器

必须启用软件 iSCSI 适配器，以便 ESXi 主机可以使用它来访问 iSCSI 存储。

（1）在 vSphere Client 界面中导航到要配置的 ESXi 主机，切换到"配置"选项卡。

（2）展开"存储"节点，选择"存储适配器"，然后单击"添加软件适配器"按钮。

（3）弹出相应的对话框，如图 4-78 所示，选中"添加软件 iSCSI 适配器"单选按钮，单击"确定"按钮。

图 4-78　添加软件 iSCSI 适配器

新添加的软件 iSCSI 适配器（这里为 vmhba65）已启用，并显示在存储适配器列表中，如图 4-79 所示。启用适配器后，主机会为其分配默认的 iSCSI 名称（在存储适配器列表的"标识符"列显示）。

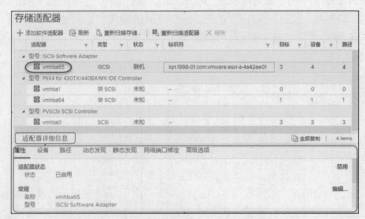

图 4-79　新添加的软件 iSCSI 适配器

在存储适配器列表下面的适配器详细信息窗格的"属性"选项卡中可以查看或修改该适配器的属性设置。注意，iSCSI 名称是根据 iSCSI 标准形成的唯一名称，用于标识 iSCSI 适配器，一般不要更改，如果要更改，则应确保输入的名称是全球唯一的且格式正确。iSCSI 别名是一种友好名称，而不是 iSCSI 名称。

2. 将 iSCSI 适配器绑定到 VMkernel 适配器

使用软件 iSCSI 适配器必须为 iSCSI 组件和物理网络适配器之间的流量配置连接。配置网络连接涉及为每个物理网络适配器创建虚拟 VMkernel 适配器，然后将 VMkernel 适配器与适当的 iSCSI 适配器相关联，这个过程称为端口绑定。前面已经为主机上的物理网络适配器创建了 VMkernel 适配器，这里主要是将 iSCSI 适配器与 VMkernel 适配器绑定。

（1）打开存储适配器列表。

（2）选择要配置的适配器（这里为 vmhba65），在下面的适配器详细信息窗格中切换到"网络端口绑定"选项卡，默认没有任何 VMkernel 适配器绑定。

（3）单击"添加"按钮弹出图 4-80 所示的对话框，从列表中选择要与 iSCSI 适配器绑定的 VMkernel 适配器，这里是 vmk1，单击"确定"按钮。

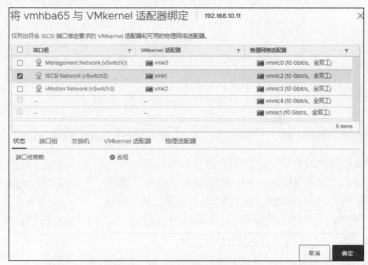

图 4-80　选择要与 iSCSI 适配器绑定的 VMkernel 适配器

确保 VMkernel 适配器的网络策略符合绑定要求。可以将软件 iSCSI 适配器绑定到一个或多个 VMkernel 适配器。

iSCSI 适配器的网络端口绑定列表中将显示此网络连接，如图 4-81 所示。

图 4-81　iSCSI 适配器的网络端口绑定列表

3. 配置 iSCSI 的动态和静态发现

通过动态发现，每次 iSCSI 启动器联系指定的 iSCSI 存储系统时，它都会将 SendTargets 命令发送到系统。iSCSI 系统通过向 iSCSI 启动器提供可用目标列表来响应。除了动态发现，还可以使用静态发现，并手动输入目标信息。

（1）打开存储适配器列表。

（2）选择要配置的适配器（这里为 vmhba65），在位于底部的"适配器详细信息"窗格中切换到"动态发现"选项卡。

（3）单击"添加"按钮，弹出图 4-82 所示的对话框，输入 iSCSI 存储系统的 IP 地址或 DNS 名称（这里为 StarWind 服务器的 IP 地址），然后单击"确定"按钮。

此时出现提示"由于最近更改了配置，建议重新扫描该存储适配器。"

（4）单击"重新扫描适配器"按钮，重新扫描 iSCSI 适配器。在与 iSCSI 存储系统建立"发送目标"会话后，主机将使用所有新发现的目标填充到静态发现列表中，如图 4-83 所示。

图 4-82　添加发送目标服务器

图 4-83　自动填充静态发现列表

（5）根据需要设置静态发现。切换到"静态发现"选项卡，单击"添加"按钮弹出"添加静态目标服务器"对话框，输入目标的信息，然后单击"确定"按钮。与动态发现设置不同的是，这里要明确设置 iSCSI 目标名称。完成之后，重新扫描 iSCSI 适配器。

（6）切换到"设备"选项卡，查看该 iSCSI 适配器关联的 iSCSI 存储设备信息，如图 4-84 所示。

图 4-84　iSCSI 存储设备信息

> **提示**　设置静态或动态发现时，只能添加新的 iSCSI 目标，不能更改现有目标的任何参数。要进行更改，则要删除现有目标并重新添加新目标。

任务 4.4.4　为 ESXi 主机添加 iSCSI 存储

与添加本地存储类似，这里在主机上创建 iSCSI 存储。

1. 创建第一个 iSCSI 存储

（1）在 vSphere Client 界面中导航到要操作的数据中心。

（2）右键单击该数据中心，选择"存储">"新建数据存储"命令，启动相应的向导。

为 ESXi 主机添加 iSCSI 存储

（3）选择数据存储类型，这里选择"VMFS"，然后单击"NEXT"按钮。

（4）如图 4-85 所示，为数据存储指定名称，并选择要用于数据存储的设备。由于从数据中心创建存储，还需选择能够查看可访问磁盘的主机。这里将数据存储命名为 Datastore-ISCSI-Test，选择 ESXi-A 主机以及之前发现的 iSCSI 目标和 LUN，然后单击"NEXT"按钮。

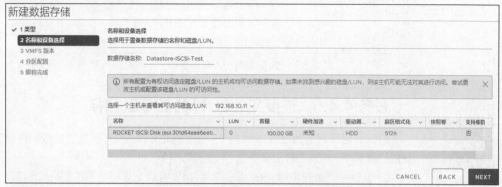

图 4-85　为数据存储命名并选择设备

（5）出现"VMFS 版本"界面，指定数据存储版本。这里保持默认设置，然后单击"NEXT"按钮。

（6）出现"分区配置"界面，定义数据存储的详细配置信息。这里保持默认选择的"使用所有可用分区"，将整个磁盘专用于单个 VMFS 数据存储，然后单击"NEXT"按钮。

（7）在"即将完成"界面中查看数据存储配置信息，确认后单击"FINISH"按钮。这样就创建了一个基于 iSCSI 存储设备的数据存储，该数据存储可用于有权访问此设备的所有主机。

2. 创建第二个 iSCSI 存储

参考上述步骤，再创建一个名为 Datastore-ISCSI-Test1 的 iSCSI 存储，供后续项目的实验用。

（1）在 iSCSI 目标服务器上创建所需的目标和设备。本例是在 StarWind 服务器中创建一个容量为 50GB 的虚拟磁盘设备，并将其连接到名为 ForvSphere1 的目标。

（2）在 vSphere Client 界面中重新扫描 iSCSI 适配器，可发现新的设备，如图 4-86 所示。

图 4-86　iSCSI 目标服务器上的目标和设备

由于配置有 iSCSI 的动态发现，新添加的目标会自动填充到静态发现列表中，如图 4-87 所示。

图 4-87　自动发现 iSCSI 目标服务器上的目标名称

（3）运行新建数据存储向导，创建一个关联上述设备的 iSCSI 存储。

至此，数据中心拥有两个可访问的 iSCSI 存储，如图 4-88 所示。

图 4-88　已创建的两个 iSCSI 存储

任务 4.4.5　连接多个 LUN 的 iSCSI 目标

连接多个 LUN 的
iSCSI 目标

iSCSI 目标服务器往往提供多个 LUN 的 iSCSI 目标，但是创建数据存储时，只能选择其中一个 LUN（设备）。下面进行介绍。

（1）参考前面的步骤，在 iSCSI 目标服务器上创建所需的目标和设备，如图 4-89 所示，这里将两个设备连接到一个名为 MultiLUN-Test 的目标上，这两个设备的 LUN 编号依次为 0 和 1。

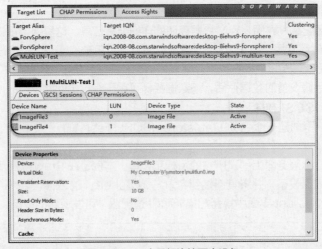

图 4-89　一个目标连接两个设备

（2）重新扫描 iSCSI 适配器，可发现该目标的两个设备，如图 4-90 所示。

图 4-90　iSCSI 适配器中的两个设备

（3）启动新建数据存储向导，可以发现选择设备时，只能从该目标的两个设备中选择一个，如图 4-91 所示。本例中创建的 iSCSI 存储命名为 Datastore-MultiLUN-Test。

为了进行对比，这里在"分区配置"界面中没有将整个磁盘专用于单个数据存储，而是选择部分存储空间（磁盘空间为 20GB，本例中仅选择 15GB），如图 4-92 所示。

图 4-91　从两个设备中选择一个

图 4-92　选择部分存储空间

任务 4.4.6　将未使用的 iSCSI 设备添加到现有 iSCSI 存储

iSCSI 存储或者其他数据存储，只要选用的是 VMFS 格式，就可以动态扩展。让一个数据存储使用多个设备，就可增加存储容量。这是一种动态添加数据区的扩容方式，VMFS 数据存储最多可以跨 32 个数据区，一个设备就是一个数据区。下面示范这种方式的操作步骤。

将未使用的 iSCSI 设备添加到现有 iSCSI 存储

（1）准备一个未使用的 iSCSI 设备（LUN）。前面的操作过程中，iSCSI 目标服务器上名为 MultiLUN-Test 的目标还有一个编号为 0 的 LUN 未使用，这里使用它来扩展存储。

当然，也可根据需要创建一个新的 iSCSI 目标和设备。

（2）从数据存储列表中单击要扩展的数据存储（这里是名为 Datastore-MultiLUN-Test 的 iSCSI 存储），切换到"摘要"或"配置"选项卡，都可以查看当前的容量。

（3）右键单击该数据存储，选择"增加数据存储容量"命令，启动相应的向导。

（4）如图 4-93 所示，从存储设备列表中选择一个设备，单击"NEXT"按钮。本例中选择 LUN 编号为 0 的设备（"可扩展"列为"否"的设备）以添加一个新的数据区。

图 4-93　选择一个用于扩充容量的设备

注意，LUN 编号为 1 的设备在任务 4.4.5 中操作时分配了部分存储空间，因而其"可扩展"列为"是"，也可以选择该设备（实际上用的是其未分配的部分空间）来增加存储容量。

（5）在"指定配置"界面设置分区。由于该设备没有扩展，从"分区配置"下拉列表中选择"使用所有可用分区"，并将"大小增加量"设置为设备上的全部可用空间，然后单击"NEXT"按钮。

（6）如图 4-94 所示，在"即将完成"界面中查看数据存储配置信息，这里显示数据存储增加量的大小和扩展后的存储空间大小，确认后单击"FINISH"按钮。

图 4-94　查看数据存储配置信息

回到数据存储的"摘要"或"配置"选项卡，单击"刷新"按钮，可发现容量已经增加。

接下来演示将设备未分配空间添加到现有 iSCSI 存储。右键单击 Datastore-MultiLUN-Test 数据存储，选择"增加数据存储容量"命令启动相应的向导，选择 LUN 编号为 1 的设备，在"指定配置"界面上的配置如图 4-95 所示，将未分配的空间增加到存储中。根据向导完成操作后，该数据存储的容量进一步增加，如图 4-96 所示。

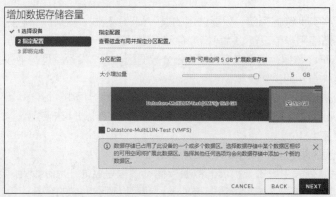

图 4-95　将未分配的空间增加到存储中

图 4-96　进一步扩展之后的数据存储配置信息

任务 4.4.7　扩充 iSCSI 设备容量以增加现有 iSCSI 存储容量

除了前面的动态添加数据区方式之外，数据存储扩容还可以采用动态增大任何可扩展的数据存储数据区的方法，以便填充可用的相邻容量。如果底层存储设备在紧邻数据区之后具有可用空间，则该数据区会被视为可扩展的数据区。下面示范这种方式的操作步骤。

扩充 iSCSI 设备容量以增加现有 iSCSI 存储容量

（1）在 iSCSI 目标服务器上扩充设备容量。在 StarWind 服务器上选中要扩充的设备（这里为第 3 个设备 ImageFile3），选择"Extend image size"命令，打开图 4-97 所示的对话框，设置增加的容量，这里为 5GB，单击"Finish"按钮。

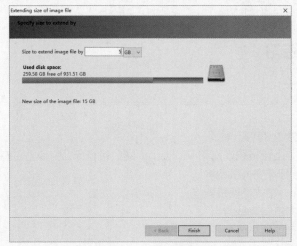

图 4-97　扩充设备容量

（2）重新扫描 iSCSI 适配器，可发现该设备容量已改变，如图 4-98 所示。

图 4-98　设备容量已改变

（3）启动增加数据存储容量向导。这里需要确认设备的"可扩展"列为"是"，将扩展现有数据区。单击"NEXT"按钮，设置分区。由于该设备有扩展部分，这里选中使用可用空间，并将"大小增加量"设置为设备上扩充的全部可用空间 5GB，如图 4-99 所示。

图 4-99　设置分区（扩展数据区）

接着单击"NEXT"按钮，再单击"FINISH"按钮，完成容量增加的操作。再查看容量，会发现已经比之前增加了 5GB。

在进入项目 5 之前，建议将新增的 Datastore-MultiLUN-Test 数据存储彻底删除。

项目小结

通过本项目的实施，读者应当了解了 vSphere 网络和存储的架构和工作机制，熟悉了标准交换机的创建和配置管理操作，掌握了 iSCSI 网络存储的创建和配置管理操作。受实验环境限制，本项目仅示范了分布式交换机最基本的操作，对 FC SAN、vSAN、虚拟卷等高级存储技术只讲解了基本概念。至于共享存储和数据存储集群的操作，将在后续项目中讲解。项目 5 将在目前 vSphere 网络和存储的基础上实现虚拟机迁移。

课后练习

简答题

1. vSphere 网络类型有哪几种？
2. 虚拟机端口组、上行链路端口和 VMkernel 端口各有什么特点？各有什么用途？
3. 简述 vSphere 标准交换机架构。
4. 简述 vSphere 分布式交换机架构。
5. 默认的标准交换机有哪些特点？
6. 为什么要将管理流量与虚拟机流量分开？
7. 简单描述传统存储虚拟化架构。
8. 简述存储适配器与存储设备之间的关系。
9. 虚拟机是如何访问存储的？
10. 网络存储主要有哪些类型？
11. vSAN 是否需要外部共享存储？
12. 数据存储有哪几种类型？

操作题

1. 为 ESXi 主机增加一个物理适配器，创建一个用于虚拟机流量的标准交换机，并查看其中的虚拟机端口组。
2. 为 ESXi 主机增加一个物理适配器，分别创建一个用于 iSCSI 存储和一个用于 vMotion 流量的标准交换机，并查看其 VMkernel 适配器配置。
3. 创建一个本地存储，并尝试该数据存储的基本管理操作。
4. 使用 StarWind 软件部署一台 iSCSI 目标服务器，为 ESXi 主机添加两个 iSCSI 存储。

项目5
迁移vSphere虚拟机

05

学习目标

- 掌握vSphere虚拟机冷迁移的方法
- 掌握vSphere虚拟机实时迁移的方法

项目描述

　　虚拟机迁移是指将虚拟机从一台主机或一个存储位置移动到另一台主机或另一个存储位置，主要用于系统维护和平衡负载等场合。根据迁移时虚拟机的状态，可将虚拟机迁移分为冷迁移（Cold Migration）和热迁移（Hot Migration）两种类型。在vSphere中热迁移技术称为vMotion，用于实时迁移在线虚拟机，因而热迁移又称实时迁移。另外，将用于实时迁移虚拟机存储的技术称为Storage vMotion。本项目将通过3个典型任务，讲解vSphere虚拟机迁移技术，示范虚拟机冷迁移和实时迁移的实施方法。

任务 5.1　搭建 vSphere 高级功能实验环境

任务说明

　　考虑到 vSphere 高级功能都要用到多 ESXi 主机环境，本例中需要再增加一台 ESXi 主机，并配置好相应的虚拟网络和网络存储，组成双主机实验环境。本任务的具体要求如下。

　　（1）添加一台 ESXi 主机并将其加入数据中心。

　　（2）为新增的 ESXi 主机配置虚拟网络。

　　（3）配置 iSCSI 共享存储。

　　前面的项目中一直在单 ESXi 主机环境中进行实验操作，本任务的实验环境中增加一台 VMware Workstation 虚拟机作为 ESXi 主机，拓扑设计如图 5-1 所示。

知识引入

　　在 vSphere 虚拟化体系中，vMotion 可以说是 vSphere 所有高级功能的基础，具有相当重要的地位。使用 vMotion 无须停机，即可使正在运行的虚拟机在 ESXi 主机之间迁移；虚拟机将保留其网络标识和连接，从而确保无缝迁移。vSphere DRS 等高级功能必须依赖 vMotion 才能实现。需要注意的是，vMotion 从某种程度上可以看作高可用性应用的一部分，但不属于高可用性功能。vMotion 可以减少计划内运行中断产生的停机，增加虚拟机正常运行的时间。但是计划外的物理主机发生故障时，vMotion 对此无能为力，不会提供任何保护措施。对于这种计划外停机的处置，只能使用 vSphere 高可用性和 vSphere 容错功能。

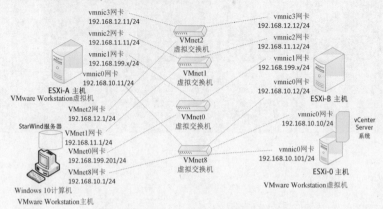

图 5-1　vSphere 高级功能实验环境拓扑

任务实现

任务 5.1.1　添加一台 ESXi 主机并将其加入数据中心

添加一台 ESXi 主机并
将其加入数据中心

参照项目 2 中安装 ESXi 的操作，添加一台类似配置的 ESXi 主机，将其称为 ESXi-B，IP 地址设为 192.168.10.12/24，并将其加入数据中心。

（1）准备一台 ESXi 主机。创建一个 VMware Workstation 虚拟机，配置 4 个 CPU、4GB 内存（这里采用满足最低要求的内存以节省资源）、200GB 硬盘，网络类型选择"使用网络地址转换(NAT)"。

（2）在该主机上安装 ESXi 7.0 软件。

（3）配置管理网络。进入系统定制界面，将 IPv4 地址更改为 192.168.10.12，将主机名更改为 esxi-b。

（4）使用 vSphere Client 登录 vCenter Server，将 ESXi-B 主机加入 ESXi-A 主机所在的数据中心 TestDatacenter，如图 5-2 所示。

（5）将 ESXi-B 主机的时间与 NTP 服务器同步。在 vSphere Client 界面中导航到 ESXi-B 主机（192.168.10.12），切换到"配置"选项卡，选择"系统"节点下的"时间配置"，单击"网络时间协议"区域的"编辑"按钮，弹出图 5-3 所示的对话框，勾选"启用"复选框，在"NTP 服务器"文本框中输入 NTP 服务器 IP 地址（这里为内部 NTP 服务器 IP 地址 192.168.10.1），再勾选"启动 NTP 服务"复选框，从"NTP 服务启动策略"下拉列表中选择"随主机启动和停止"，最后单击"确定"按钮。

图 5-2　加入数据中心的主机

图 5-3　编辑网络时间协议

任务 5.1.2 为新增的 ESXi 主机配置虚拟网络

为新增的 ESXi 主机
配置虚拟网络

参照项目 4 中创建标准交换机的操作，为新增的 ESXi-B 主机配置 3 个与
ESXi-A 主机相同的标准交换机。

（1）为 ESXi-B 主机增加 3 个物理网络适配器，网络类型分别选择桥接模式、自定义 VMnet1 和自定义 VMnet2，重新启动该主机。

（2）在 vSphere Client 界面查看新增的物理适配器（vmnic1、vmnic2、vmnic3），如图 5-4 所示。

图 5-4　ESXi-B 主机新增的物理适配器

（3）为 ESXi-B 主机创建一个用于虚拟机流量的标准交换机，如图 5-5 所示，物理适配器为 vmnic1，网络标签为 VM Network-Test。建议这里的设置与 ESXi-A 主机的一致（当然也可以设置不同的网络标签），将 ESXi-A 主机的 vSwitch1 交换机的网络标签改为 VM Network-Test。

（4）为 ESXi-B 主机创建一个用于 iSCSI 存储流量的标准交换机，如图 5-6 所示，物理适配器为 vmnic2，网络标签为 ISCSI Network，IP 地址为 192.168.11.12。网络标签的设置要与 ESXi-A 的一致，而 IP 地址则设置为 ESXi-B 主机自己的。

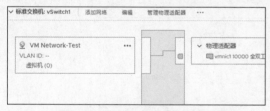

图 5-5　用于虚拟机流量的标准交换机

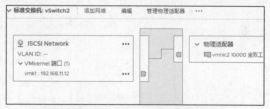

图 5-6　用于 iSCSI 存储流量的标准交换机

（5）为 ESXi-B 主机创建一个用于 vMotion 流量的标准交换机，如图 5-7 所示，物理适配器为 vmnic3，网络标签为 VMkernel，IP 地址为 192.168.12.12。

图 5-7　用于 vMotion 流量的标准交换机

任务 5.1.3 配置 iSCSI 共享存储

实现虚拟机实时迁移往往要用到共享的存储设备。在生产环境中，共享存储通常采用 FC SAN。

配置 iSCSI 共享存储

本例是实验环境，使用 iSCSI 网络存储作为共享存储，这需要为 ESXi 主机添加软件 iSCSI 适配器，并使 ESXi 主机连接 iSCSI 网络存储。

项目4中已经部署了 iSCSI 网络存储，并为 ESXi-A 主机创建了基于 iSCSI 的数据存储，如图 5-8 所示。

参照项目 4 中 iSCSI 存储的相关操作，为新增的 ESXi-B 主机添加软件 iSCSI 适配器，然后设置软件 iSCSI 适配器的网络端口绑定（绑定前面设置的、用于 iSCSI 的 VMkernel 适配器）、动态发现（连接之前部署的 iSCSI 网络存储），重新扫描存储适配器，发现可连接的 iSCSI 存储设备，如图 5-9 所示。

图 5-8　ESXi-A 主机上基于 iSCSI 的数据存储

图 5-9　可连接的 iSCSI 存储设备

切换到 ESXi-B 主机的"配置"选项卡，选择"存储"节点下的"数据存储"，刷新数据存储，可以发现之前由 ESXi-A 主机基于 iSCSI 网络存储创建的数据存储已自动添加到 ESXi-B 主机的数据存储列表中。由于这两台 ESXi 主机位于同一数据中心中，可实现同一网络存储的自动共享。基于 iSCSI 网络存储的共享存储如图 5-10 所示。至此，两台 ESXi 主机之间的共享存储设置完毕。

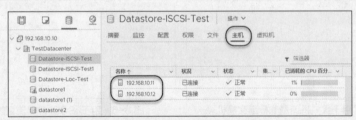

图 5-10　基于 iSCSI 网络存储的共享存储

任务 5.2　冷迁移虚拟机

任务说明

冷迁移与实时迁移的最大区别是，在开始迁移过程之前，必须关闭或挂起（暂停）要迁移的虚拟机。已挂起的虚拟机虽然已启动，但它并未处于运行状态，因此也属于冷迁移。由于冷迁移比实时迁移的要求低，虚拟机不需要存储在共享存储上，使用它迁移虚拟机非常方便。一些包含复杂应用程序设置的虚拟机使用实时迁移时往往会受阻，而使用冷迁移则可以成功。本任务的具体要求如下。

（1）了解 vSphere 虚拟机冷迁移技术。

（2）掌握虚拟机冷迁移的操作方法。

知识引入

5.2.1 冷迁移的执行过程

冷迁移是通过集群、数据中心和 vCenter Server 实例在主机之间迁移已关闭或挂起的虚拟机。可以使用冷迁移将虚拟机及其关联磁盘从一个数据存储移至另一个数据存储。注意，复制、克隆虚拟机不能算作一种迁移形式，因为克隆或复制虚拟机是用其磁盘和配置文件将创建一个新的虚拟机。

冷迁移的执行过程如下。

（1）如果选择移动到其他数据存储的选项，则将配置文件、日志文件和挂起文件从源主机移动到目标主机的关联存储区域。也可以选择移动虚拟机的磁盘。

（2）虚拟机在新主机上注册。

（3）迁移完成后，如果选择了移动到其他数据存储的选项，则会从源主机和数据存储中删除旧版本的虚拟机。

5.2.2 冷迁移类型

vSphere 虚拟机冷迁移涉及以下 3 种类型。

- 仅更改计算资源：将虚拟机从一台 ESXi 主机移动到另一台 ESXi 主机。由于没有更改数据存储，存储在本地存储上的虚拟机不能迁移到其他 ESXi 主机上。
- 仅更改存储：仅移动虚拟机的配置文件和虚拟磁盘。
- 更改计算资源和存储：将虚拟机移动到另一台 ESXi 主机上，并移动其配置文件和虚拟磁盘。

5.2.3 冷迁移的网络流量

默认情况下，虚拟机冷迁移、克隆和快照的数据通过管理网络传输。此流量称为置备流量（Provisioning Traffic）。在 ESXi 主机上，可以将 VMkernel 适配器专用于此置备流量，例如，在另一个 VLAN 上隔离此流量。在一台主机上最多为置备流量分配一个 VMkernel 适配器。

要将冷迁移、克隆及快照的流量放在置备 TCP/IP 堆栈上，可以添加 VMkernel 适配器，或者修改已有的 VMkernel 适配器配置。在"端口属性"界面上，从"可用服务"列表中仅勾选"置备"复选框，将置备流量配置为唯一启用的服务，这样该 VMkernel 适配器将专用于此类置备流量。

任务实现

在迁移虚拟机向导中，每一步操作都要执行兼容性检查，只有在"兼容性"面板中显示检查成功才能进行后续操作。迁移期间，迁移虚拟机向导将使用各种条件检查目标主机与迁移虚拟机的兼容性。如果虚拟机与主机或集群的配置网络或数据存储不兼容，则"兼容性"面板中可能会同时显示警告和错误。警告不会禁用迁移，通常情况下可以忽略，继续执行迁移。错误可能导致禁用迁移，如果继续，向导将再次显示兼容性错误，则无法继续下一步骤。如果迁移期间出错，虚拟机将恢复其原始状态和位置。

冷迁移虚拟机

下面示范将已关闭的虚拟机从一台主机冷迁移到另一台主机。

（1）在 vSphere Client 界面中导航到要迁移的虚拟机，确认它已经关闭或挂起。这里要迁移的虚拟机如图 5-11 所示，它位于 ESXi-A 主机（192.168.10.11）上，连接默认的虚拟机网络 VM

Network，使用 ESXi-A 主机上的 datastore1 数据存储。

图 5-11　要执行冷迁移的虚拟机

（2）右键单击该虚拟机，然后选择"迁移"命令启动相应的向导。

（3）如图 5-12 所示，选择迁移类型，这里选择"更改计算资源和存储"单选按钮，然后单击"NEXT"按钮。

（4）如图 5-13 所示，由于要更改虚拟机的计算资源，因此应选择该虚拟机迁移的目标计算资源，这里选择 ESXi-B 主机（IP 地址为 192.168.10.12），然后单击"NEXT"按钮。

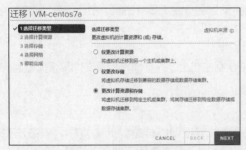

图 5-12　选择迁移类型

图 5-13　选择目标计算资源

（5）如图 5-14 所示，由于要更改虚拟机的存储，因此应选择该虚拟机迁移的目标存储，设置目标存储时可以选择虚拟机磁盘的格式。这里数据存储位置选择 ESXi-B 主机的本地存储 datastore1(1)（安装 ESXi 自动创建的存储，由于与 ESXi-A 主机上的本地存储同名，这里在括号中附加一个数字 1），其他保留默认设置，然后单击"NEXT"按钮。

根据需要从"虚拟机存储策略"下拉列表中选择虚拟机存储策略。存储策略指定在虚拟机上运行的应用程序的存储要求。可以选择 vSAN 或虚拟卷数据存储的默认策略。

（6）如图 5-15 所示，选择该虚拟机迁移的目标网络。这里选择默认的虚拟机网络 VM Network，源网络和目标网络相同，迁移时不用改变虚拟网络，单击"NEXT"按钮。

图 5-14　选择目标存储

图 5-15　选择目标网络

　　所有虚拟机网络适配器的目标网络应当连接到一个有效的源网络，也就是说，源网络和目标网络之间能够通信。除了标准交换机外，还可以将虚拟机网络迁移到同一个或另一个数据中心，或 vCenter Server 中的另一个分布式交换机。可以单击"高级"按钮进行设置，为连接到有效源网络的每个虚拟机网络适配器选择一个新的目标网络。

　　（7）在"即将完成"界面上检查设置信息，然后单击"FINISH"按钮开始迁移过程。此时，"近期任务"视图中会实时显示迁移进度，如图 5-16 所示。

图 5-16　显示迁移进度

迁移完成之后，虚拟机已经移动到另一台 ESXi 主机中。当然也可尝试启动该虚拟机。

任务 5.3　实时迁移虚拟机

任务说明

　　实时迁移（vMotion）最重要的特点是可实现虚拟机在开机状态下迁移，维持基于虚拟机的业务系统不中断。将虚拟机迁移到备用主机后，虚拟机将在新主机上运行。使用 vMotion 对运行的虚拟机而言是透明的。一台 ESXi 物理主机遇到了非致命性的故障，需要及时修复，此时将该主机上正在运行的虚拟机迁移到另一台正常运行的物理主机上，然后对有故障的主机进行修复，完成修复后再将虚拟机迁回原来的物理主机上，整个过程可以确保虚拟机的不间断运行。当一台 ESXi 主机负载过高时，可以将其中的部分虚拟机在线迁移至另一台 ESXi 主机，平衡 ESXi 主机之间的资源占用；或者数据中心扩容，增加了新的物理主机后，在线迁移调配现有的虚拟机。本任务的具体要求如下。

　　（1）理解 vMotion 的基本原理。

　　（2）了解不同类型的 vMotion 的技术特点和实现要求。

　　（3）学会使用 vMotion 迁移基于共享存储的虚拟机。

　　（4）学会使用 Storage vMotion 迁移虚拟机存储。

　　（5）掌握使用 vMotion 同时迁移虚拟机及其存储的方法。

知识引入

5.3.1　vMotion 的基本原理

　　vMotion 迁移的是正在运行的虚拟机。vMotion 工作机制如图 5-17 所示。系统先将源主机上的虚拟机内存状态复制到目标主机上，再接管虚拟机磁盘文件，当所有操作完成后，在目标主机上激活虚拟机。

　　具体的运行过程如下。

　　（1）管理员启动 vMotion，请求使用 vMotion 对正在运行的某虚拟机进行迁移。

　　（2）vCenter Server 会验证现有虚拟机与其当前主机是否处于稳定状态，如果验证通过，继续下面的步骤。

（3）源主机开始通过启用 vMotion 服务的 VMkernel 端口将要迁移的虚拟机的内存页面复制到目标主机，期间虚拟机仍然为网络中的用户正常提供服务。内存复制过程中，虚拟机内存中的页面可能会发生变化，ESXi 主机会在内存页面复制到目标主机之后，针对源主机内存中发生的变化生成一个日志，称为内存位图（Memory Bitmap）。

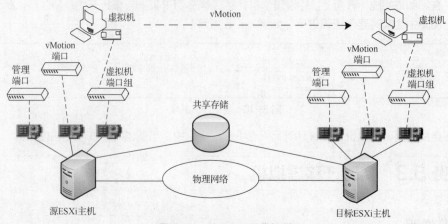

图 5-17   vMotion 工作机制

（4）当要迁移的虚拟机的全部内存复制到目标主机后，vMotion 使虚拟机保持静默（仍在内存中，但不再对用户提供服务），并将内存位图文件传送到目标主机上。

（5）目标主机读取内存位图文件中的地址，并向源主机请求这些地址的内容，即要迁移的虚拟机在复制内存期间发生变化的内存。

（6）当要迁移的虚拟机发生变化的内存全部复制到目标主机后，目标主机上开始运行该虚拟机。

（7）与此同时，目标主机发送一条 RARP（反向地址解析协议）消息，连接到物理交换机上并注册它的 MAC 地址（取代源主机的 MAC 地址），目的是将对虚拟机的访问重新定位到目标主机上的虚拟机。

（8）目标主机成功运行该虚拟机后，源主机上的虚拟机会被删除，其内存会被释放，至此完成整个迁移工作。

如果在迁移期间发生任何错误，则虚拟机将恢复到其原始状态和位置。

5.3.2 共享存储环境的 vMotion

共享存储环境的 vMotion 是最常用的。这种情形只是实时更改计算资源，将虚拟机迁移到新的计算资源，虚拟机的整个状态将被移动到新主机，所关联的虚拟磁盘必须保留在两台主机之间的共享存储上。由于没有更改数据存储，存储在本地存储上的虚拟机不能迁移到其他 ESXi 主机上。采用这种迁移方式，每台主机必须正确许可 vMotion，并满足 vMotion 的共享存储要求和组网要求，同时对所迁移的虚拟机也有限制。

1. vMotion 的共享存储要求

将要进行 vMotion 的主机配置为使用共享存储，以确保迁移期间源主机和目标主机均可访问虚拟机。共享存储可以在 FC SAN 上实现，也可以使用 iSCSI 和 NAS 实现。

2. vMotion 的组网要求

使用 vMotion 需要在源主机和目标主机上配置正确的网络接口，为每台主机配置至少一个 vMotion 流量的网络接口。为了确保安全的数据传输，vMotion 网络必须是一个安全的网络。

额外的带宽可以显著提高 vMotion 的性能。必须确保 vMotion 网络的每个并发 vMotion 会话具有至少 250Mbit/s 的专用带宽,更高的带宽可使迁移更快速。vMotion 支持的最大网络往返时间为 150ms。

可以通过将多个网卡添加到标准交换机或分布式交换机,为 vMotion 配置多个网卡。

在启用 vMotion 的主机上配置虚拟网络。在每台主机上为 vMotion 配置 VMkernel 端口。如果使用标准交换机进行网络连接,应确保虚拟机端口组所使用的网络标签在主机之间是一致的。在使用 vMotion 迁移的过程中,vCenter Server 会根据匹配的网络标签将虚拟机分配给端口组。

3. vMotion 的虚拟机条件和限制

要使用 vMotion 迁移虚拟机,虚拟机必须满足特定的网络、磁盘、CPU、USB 和其他设备的要求。

- 源和目标管理网络 IP 地址的版本必须匹配。不能将虚拟机从使用 IPv4 地址注册到 vCenter Server 的主机迁移到使用 IPv6 地址注册到 vCenter Server 的主机。

- 如果迁移具有大型 vGPU 配置文件的虚拟机,则要求 vMotion 网络使用 10GBE(千兆以太网)网络适配器。

- 如果已启用虚拟 CPU 性能计数器,则只能将虚拟机迁移到具有兼容 CPU 性能计数器的主机。

- 可以迁移启用 3D 图形的虚拟机。vSphere 7.0 已支持具有 vGPU 的虚拟机迁移。

- 可以使用连接到主机上物理 USB 设备的 USB 设备迁移虚拟机,但必须使设备能够支持 vMotion。

- 如果虚拟机使用目标主机上无法访问的设备所支持的虚拟设备,则不能使用 vMotion。例如,无法使用源主机上的物理 CD 驱动器支持的 CD 驱动器迁移虚拟机。在迁移虚拟机之前要断开这些设备。

- 如果虚拟机使用客户端计算机上的设备所支持的虚拟设备,则不能使用 vMotion。在迁移虚拟机之前,应断开这些设备。

5.3.3 Storage vMotion

Storage vMotion 可以译为存储实时迁移,可以在虚拟机运行时将虚拟机及其磁盘文件从一个数据存储迁移到另一个数据存储,也就是使用 vMotion 专门将虚拟机迁移到另一个数据存储上,只是实时更改虚拟机的存储。

1. Storage vMotion 的特点

- 可以选择将虚拟机及其所有磁盘置于同一位置,也可以为虚拟机配置文件和为每个虚拟磁盘分别选择单独的位置。

- 使用 Storage vMotion 期间,虚拟机不会更改运行它的主机,但可以更改磁盘置备类型。

- 使用 Storage vMotion 将更改目标数据存储上的虚拟机文件,以匹配虚拟机的清单名称。迁移将重命名所有虚拟磁盘、配置、快照和 .nvram 文件。如果新名称超过最大文件名长度,则迁移不成功。

2. Storage vMotion 的应用场景

- 存储维护和重新配置。可以使用 Storage vMotion 将虚拟机从存储设备中移除,以允许维护或重新配置存储设备,而无须虚拟机停机。

- 重新分配存储负载。可以使用 Storage vMotion 将虚拟机或虚拟磁盘重新分配到不同的存储卷,以平衡容量或提高性能。

3. Storage vMotion 的要求和限制

虚拟机及其主机必须满足使用 Storage vMotion 的虚拟机磁盘的资源和配置要求。

- 虚拟机磁盘必须处于持久模式，或者是 RDM。对于虚拟兼容模式 RDM，如果目标不是 NFS 数据存储，则可以在迁移期间迁移映射文件或转换为厚置备及精简置备磁盘。如果转换映射文件，则会创建一个新的虚拟磁盘，并将映射的 LUN 的内容复制到该磁盘。对于物理兼容性模式 RDM，只能迁移映射文件。
- 不支持在 VMware Tools 安装期间迁移虚拟机。
- 由于 VMFS 3 数据存储不支持大容量虚拟磁盘，因此不能将 VMFS 5 数据存储中的大于 2TB 的虚拟磁盘移动到 VMFS 3 数据存储中。
- 运行虚拟机的主机必须具有包含 Storage vMotion 的许可证。
- ESXi 4.0 及更高版本的主机不需要 vMotion 配置即可使用 Storage vMotion 执行迁移。
- 运行虚拟机的主机必须能够访问源数据存储和目标数据存储。

5.3.4　无共享存储环境的 vMotion

基于共享存储的 vMotion 只能迁移虚拟机本身的计算资源，Storage vMotion 只能迁移虚拟机存储；而在无共享存储的环境中，vMotion 也可以将虚拟机同时迁移到不同的计算资源和存储。可以将这种迁移方式看作 vMotion 和 Storage vMotion 的组合，这需要实时更改虚拟机的计算资源和存储。

1. 无共享存储 vMotion 的特点

与要求单台主机访问源数据存储和目标数据存储的 Storage vMotion 不同，这种迁移可以跨越存储可访问性边界来迁移虚拟机。

- 当目标集群的计算机可能无法访问源集群的存储时，这种迁移可实现跨集群迁移。迁移期间正在虚拟机上运行的进程会继续运行。
- 可以在 vCenter Server 实例之间迁移虚拟机。
- 可以将虚拟机及其所有磁盘置于同一位置，也可以为虚拟机配置文件和每个虚拟磁盘选择单独的位置。此外，可以将虚拟磁盘从厚置备更改为精简置备，也可以从精简置备更改为厚置备。

2. 无共享存储 vMotion 的应用场景

- 主机维护。可以将虚拟机从主机中移出，以便维护主机。
- 存储维护和重新配置。可以在虚拟机不停机的情况下将其从存储设备中移出，以便维护或重新配置存储设备。
- 重新分配存储负载。可以手动将虚拟机或虚拟磁盘重新分配到其他存储卷，以平衡容量或提高性能。

3. 无共享存储 vMotion 的要求和限制

虚拟机及其主机必须满足资源和配置要求，才能在无共享存储的情况下通过 vMotion 迁移虚拟机文件和磁盘。

- 主机必须获得 vMotion 许可。
- 主机必须运行于 ESXi 5.1 或更高版本上。
- 主机必须满足 vMotion 的组网需求。由于不使用共享存储，当使用 vMotion 迁移虚拟机时，虚拟磁盘的内容也通过网络传输。
- 虚拟机必须满足 vMotion 的虚拟机条件和限制。
- 虚拟机磁盘必须处于持久模式，或者是 RDM。
- 目标主机必须具有访问目标存储空间的权限。
- 当使用 RDM 移动虚拟机并且不将这些 RDM 转换为 VMDK（VMare Virtual Machine Disk Formart）时，目标主机必须具有对 RDM LUN 的访问权限。

任务实现

任务 5.3.1　使用 vMotion 迁移基于共享存储的虚拟机

执行前面的冷迁移任务之后，VM-centos7a 虚拟机已迁移到 ESXi-B 主机上。本例要将正在运行的 VM-centos7a 虚拟机从 ESXi-B 主机迁回 ESXi-A 主机。首先要对照 vMotion 的主机配置要求和虚拟机要求做好前期准备，然后开始迁移操作。

使用 vMotion 迁移基于共享存储的虚拟机

1．为两台主机配置虚拟网络

在每台主机上为 vMotion 配置 VMkernel 端口，确认启用 vMotion 服务，将 vMotion 流量放在 ESXi 主机的 vMotion TCP/IP 堆栈上。这里要迁移的虚拟机端口组所用网络标签为默认的 VM Network。

2．将要迁移的虚拟机存储在共享存储上

前面已经配置基于 iSCSI 的共享存储，确认两台 ESXi 主机都能连接到共享存储。

如果虚拟机在本地存储上，则需要先将其迁移到共享存储上。这里要迁移 VM-centos7a 虚拟机，它位于本地存储上，执行冷迁移操作（对于正在执行的虚拟机也可以执行实时迁移操作），迁移类型选择"仅更改存储"，目标数据存储指向共享存储（这里为 Datastore-ISCSI-Test），如图 5-18 所示。

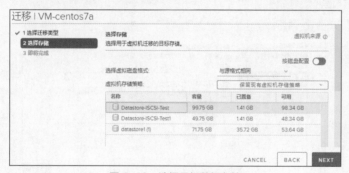

图 5-18　选择目标数据存储

3．确认要迁移的虚拟机正在运行并做好实时测试准备

通常用 ping 命令测试虚拟机的连通性来测试执行 vMotion 的虚拟机的可访问性是否中断。确认要迁移的虚拟机（VM-centos7a）正在运行，如果未运行则应启动它，登录该虚拟机控制台，查看该虚拟机的 IP 地址（本例为 192.168.10.131）。如果虚拟机启用防火墙，应直接关闭防火墙或修改防火墙规则以允许 ICMP（Internet Control Message Protocol，互联网控制报文协议）回显。

从管理端计算机上的命令行中 ping 虚拟机，执行以下命令：

```
ping 192.168.10.131 -t
```

加上 -t 选项，是为了持续测试虚拟机的连通性。

4．检查 vMotion 的虚拟机限制

本例中要迁移的虚拟机连接有 CD/DVD 驱动器，应断开其连接。

5．实时迁移虚拟机

接下来具体执行 vMotion 操作，步骤与前述冷迁移的操作类似。

（1）在 vSphere Client 界面中导航到要迁移的虚拟机，右键单击该虚拟机，然后选择"迁移"命令启动相应的向导。

（2）选择迁移类型，这里选择"仅更改计算资源"，然后单击"NEXT"按钮。

（3）如图 5-19 所示，选择该虚拟机迁移的目标计算资源，这里选择 ESXi-A 主机（IP 地址为192.168.10.11），然后单击"NEXT"按钮。

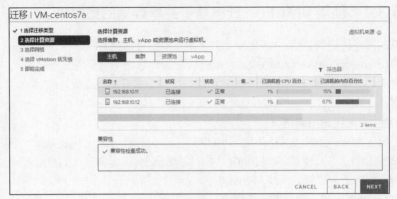

图 5-19　选择目标计算资源

（4）这里不涉及更改虚拟机的存储，直接进入"选择网络"界面，选择该虚拟机迁移的目标网络。这里选择默认的网络 VM Network，然后单击"NEXT"按钮。

（5）如图 5-20 所示，选择 vMotion 优先级，这里选择默认的"安排优先级高的 vMotion（建议）"，然后单击"NEXT"按钮。

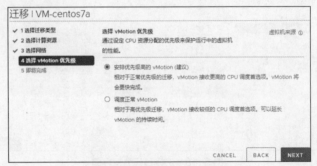

图 5-20　选择 vMotion 优先级

选择这种优先级，vCenter Server 将尝试在源主机和目标主机之间预留资源，尽可能优先满足vMotion 所需的资源。如果选择"调度正常 vMotion"，则 vCenter Server 会降低 vMotion 的优先级，延长 vMotion 的持续时间。

（6）在"即将完成"界面上检查设置信息，然后单击"FINISH"按钮开始迁移过程。此时，"近期任务"视图中会实时显示迁移进度。

查看 ping 测试结果，发现只有有限的几次网络延时较大，其他延时都不超过 1ms，这说明整个迁移期间网络连接比较稳定，没有中断虚拟机运行。下面给出本例部分关键的测试结果。其中最长的一次延时为 30ms，非常平顺，这是因为只迁移虚拟机本身的计算资源，不用迁移存储，文件操作负载很小。

来自 192.168.10.131 的回复: 字节=32 时间<1ms TTL=64

来自 192.168.10.131 的回复: 字节=32 时间=15ms TTL=64

来自 192.168.10.131 的回复: 字节=32 时间=1ms TTL=64

来自 192.168.10.131 的回复: 字节=32 时间=1ms TTL=64

来自 192.168.10.131 的回复: 字节=32 时间=2ms TTL=64

来自 192.168.10.131 的回复: 字节=32 时间=30ms TTL=64

来自 192.168.10.131 的回复: 字节=32 时间=3ms TTL=64

来自 192.168.10.131 的回复: 字节=32 时间=1ms TTL=64

来自 192.168.10.131 的回复: 字节=32 时间=1ms TTL=64

如果打开了虚拟机控制台，在迁移过程中基本可以正常操作，直到迁移完成时提示"控制台已断开连接。请关闭此窗口并重新启动控制台，以便重新连接"，根据提示操作即可恢复虚拟机控制台访问。

任务 5.3.2　使用 Storage vMotion 迁移虚拟机存储

使用 Storage vMotion 迁移虚拟机存储

执行以上迁移任务之后，VM-centos7a 虚拟机已迁移到 ESXi-A 主机上运行，且位于 Datastore-ISCSI-Test 共享存储上。这里使用 Storage vMotion 将该虚拟机迁移到 ESXi-A 主机的本地存储上。

（1）确认要迁移存储的虚拟机（VM-centos7a）正在运行。

（2）使用 ping 命令实时监测虚拟机的连通性。打开该虚拟机的控制台，获取 IP 地址，再从管理端计算机上的命令行中 ping 虚拟机，执行以下命令：

```
ping 192.167.1.131 –t
```

（3）在 vSphere Client 界面中导航到要迁移存储的虚拟机，右键单击该虚拟机，然后选择"迁移"命令启动相应的向导。

（4）迁移类型选择"仅更改存储"，然后单击"NEXT"按钮。

（5）如图 5-21 所示，选择该虚拟机迁移的目标存储，这里选择当前主机的本地存储 datastore1，然后单击"NEXT"按钮。

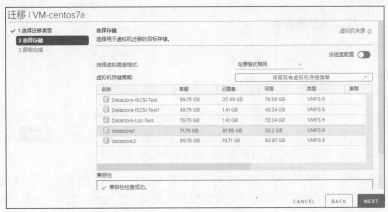

图 5-21　选择目标存储

（6）在"即将完成"界面上检查设置信息，然后单击"FINISH"按钮开始迁移过程。此时"近期任务"视图中会实时显示迁移进度。

任务 5.3.3　使用 vMotion 同时迁移虚拟机及其存储

使用 vMotion 同时迁移虚拟机及其存储

在无共享存储环境中使用 vMotion 进行迁移需要同时迁移虚拟机及其存储。执行以上 Storage vMotion 任务之后，VM-centos7a 虚拟机在 ESXi-A 主机上运行，且位于该主机的本地存储 datastore1 上。这里使用 vMotion 将该虚拟机迁移到 ESXi-B 主机及其本地存储上。

（1）确认要迁移的虚拟机（VM-centos7a）正在运行。

（2）使用 ping 命令实时监测虚拟机的连通性。打开该虚拟机的控制台，获取 IP 地址，再从管理端计算机上的命令行中 ping 虚拟机，执行以下命令：

```
ping 192.167.1.131 –t
```

（3）在 vSphere Client 界面中导航到要迁移的虚拟机，右键单击该虚拟机，然后选择"迁移"命令启动相应的向导。

（4）迁移类型选择"更改计算资源和存储"，然后单击"NEXT"按钮。

（5）由于要更改虚拟机的计算资源，选择该虚拟机迁移的目标计算资源，这里选择 ESXi-B 主机（IP 地址为 192.168.10.12），然后单击"NEXT"按钮。

（6）由于要更改虚拟机的存储，选择该虚拟机迁移的目标数据存储，这里的数据存储位置选择 ESXi-B 主机的本地存储 datastore1(1)（由于与 ESXi-A 主机上的本地存储同名，系统在括号中附加一个数字 1 加以区分），其他保持默认设置，然后单击"NEXT"按钮。

（7）选择该虚拟机迁移的目标网络，这里保持默认的虚拟机专用网络 VM Network，然后单击"NEXT"按钮。

（8）选择 vMotion 优先级，这里选择默认的"安排优先级高的 vMotion（建议）"，然后单击"NEXT"按钮。

（9）如图 5-22 所示，在"即将完成"界面上检查设置信息，然后单击"FINISH"按钮开始迁移过程。此时，"近期任务"视图中会实时显示迁移进度。

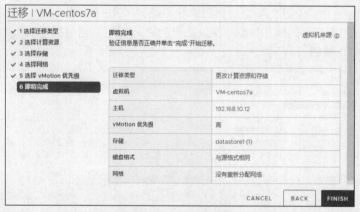

图 5-22　检查迁移设置

切换到该虚拟机的"监控"选项卡，单击"任务和事件"节点下的"任务"，查看其任务列表，单击最新的任务，会显示虚拟机迁移完成（重新放置虚拟机）的信息，如图 5-23 所示，这表明迁移成功。

图 5-23　检查任务以验证虚拟机迁移完成

项目小结

通过本项目的实施，读者应掌握了 vSphere 虚拟机的冷迁移和实时迁移。冷迁移包括仅更改计算资源、仅更改存储以及更改计算资源和存储 3 种类型；实时迁移也有对应的 3 种类型，分别是共享存储环境的 vMotion、Storage vMotion 和无共享存储环境的 vMotion。实时迁移是重点，与只能迁移已关闭或挂起的虚拟机的冷迁移相比，实时迁移可以将已打开电源的虚拟机从主机上移开，将相互通信的虚拟机并置，将聚合在一起的虚拟机分离以最大限度地减少故障域，将虚拟机迁移到新的服务器硬件等。实时迁移所用的 vMotion 技术也是其他 vSphere 高级功能的基础，项目 6 所实施的分布式资源调度就需要 vMotion 的支持。除了本项目示范的虚拟机迁移类型之外，实际应用中还涉及其他迁移类型，如将虚拟机网络移动至另一类型的虚拟交换机、迁移至另一数据中心（使用冷迁移或实时迁移更改虚拟机的数据中心），以及 vCenter Server 系统之间的虚拟机迁移。

课后练习

简答题

1. 虚拟机的冷迁移与实时迁移有何不同？分别适合什么样的场合？
2. 简述虚拟机冷迁移的执行过程。
3. 简述 vMotion 的基本原理。
4. vSphere 虚拟机实时迁移有哪几种类型？
5. vMotion 的组网要求有哪些？
6. 简述 Storage vMotion 的特点和应用场景。
7. 没有共享存储，能否实现 vMotion？

操作题

1. 搭建一个 vSphere 高级功能实验环境。
2. 使用 vMotion 实时迁移基于共享存储的虚拟机（不迁移存储）。
3. 使用 Storage vMotion 迁移虚拟机存储（仅迁移存储）。
4. 使用 vMotion 同时迁移不使用共享存储的虚拟机及其存储。

项目6
实现分布式资源调度

06

学习目标

- 掌握DRS集群的创建和配置方法
- 掌握使用DRS实现负载平衡的方法
- 掌握Storage DRS平衡存储资源分配的方法

项目描述

项目5实现了虚拟机迁移，通过vMotion可以将正在运行的虚拟机从一台ESXi主机实时迁移到另一台ESXi主机。vSphere虚拟数据中心运行过程中可能会出现一些ESXi主机的CPU和内存等资源利用率很高，而另一些ESXi主机的CPU和内存等资源利用率很低的情况，管理员可以通过vMotion将一些资源占用较多的虚拟机迁移到其他主机来平衡资源占用。而生产环境中往往部署的ESXi主机很多，每台ESXi主机又运行多个虚拟机，全靠手动迁移很不现实，使用分布式资源调度（Distributed Resource Scheduler，DRS）就可解决这个问题。DRS是vSphere虚拟化体系中的一项高级功能，主要用于多台ESXi主机之间的资源负载平衡，前提是要建立DRS集群。Storage DRS（存储DRS）是一种特殊的DRS，专门用于平衡存储空间利用和存储I/O负载，前提是要建立数据存储集群。本项目将通过3个典型任务，讲解vSphere资源管理和分布式资源调度技术，示范创建和配置DRS集群、基于DRS集群管理资源，以及使用Storage DRS平衡存储资源分配。

任务 6.1 创建和配置 DRS 集群

任务说明

传统的集群通常用来支持多台服务器同时运行某个应用，目的是实现应用的负载平衡和故障切换。而 vSphere 的 DRS 集群组合多台 ESXi 主机，根据主机的负载情况，在主机之间自动迁移虚拟机，从而实现集群资源的负载平衡。要发挥 vSphere 资源管理的优势，必须创建一个集群并启用DRS。本任务的具体要求如下。

（1）了解 vSphere 资源管理。

（2）了解 DRS 基础知识。

（3）掌握 DRS 集群的创建和配置方法。

知识引入

6.1.1 什么是集群

集群是具有共享资源和共享管理接口的 ESXi 主机及其关联虚拟机的集合。集群可以整合多台主机和虚拟机的资源，提高可用性和进行更灵活的资源管理。当主机添加到集群中时，主机的资源将成为集群资源的一部分。集群管理其中所有主机的资源。vSphere 的高可用性、DRS 和 vSAN 等高级功能都依赖于集群。

6.1.2 vSphere 资源管理基础

DRS 属于 vSphere 资源管理范畴，资源管理是指从资源提供者（Resource Provider）到资源消费者（Resource Consumer）的资源分配。资源管理用于动态地重新分配资源，目的是更高效地使用可用资源。

1. 资源类型

vSphere 的资源类型包括 CPU、内存、电源、存储和网络等。ESXi 分别使用网络流量调整和按比例分配份额机制管理每台主机上的网络带宽和磁盘资源。

2. 资源提供者

主机和集群（包括数据存储集群）是物理资源的提供者。

对于主机来说，可用资源是主机的总物理资源减去由虚拟化软件使用的资源。

集群是一组主机，拥有所有主机的所有 CPU 和内存，可以针对联合负载平衡或故障切换来启用集群。

数据存储集群是一组数据存储，可以创建数据存储集群，并向集群添加多个数据存储，便于 vCenter Server 集中管理这些数据存储资源。可以启用 Storage DRS 来平衡 I/O 负载和存储空间利用。

3. 资源消费者

虚拟机是资源消费者，即资源的用户。ESXi 主机基于以下因素为每个虚拟机分配一部分基础硬件资源。

- 用户定义的资源限制。
- ESXi 主机（或集群）的可用资源总量。
- 已启动的虚拟机数量及这些虚拟机的资源使用情况。
- 管理虚拟化所需的开销。

4. 资源管理的目标

- 解决资源超量使用问题。
- 性能隔离。防止虚拟机垄断资源，并保证可预测的服务速度。
- 有效使用。挖掘未充分利用的资源，使超量使用的资源平稳降级。
- 易于管理。控制虚拟机的相对重要性，提供灵活的动态分区，符合绝对服务级别协议。

5. 资源分配设置

当可用资源容量不能满足资源消费者的需求（和虚拟化开销）时，管理员可能需要自定义分配给虚拟机或虚拟机所在的资源池的资源量。资源分配设置包括份额（Share）、预留（Reservation）和限制（Limit），可以用来指定为虚拟机提供的 CPU、内存和存储资源的数量。管理员可以采取以下措施来进行资源分配。

- 预留主机或集群的物理资源。
- 设置可分配给虚拟机的资源上限。
- 保证特定虚拟机总是比其他虚拟机分配更高百分比的物理资源。

在"编辑设置"界面中更改虚拟机的 CPU 和内存资源的分配。在 vSphere Client 界面中导航到要操作的虚拟机，右键单击该虚拟机并选择"编辑设置"命令，打开图 6-1 所示的对话框，分别编辑 CPU 资源和内存资源。

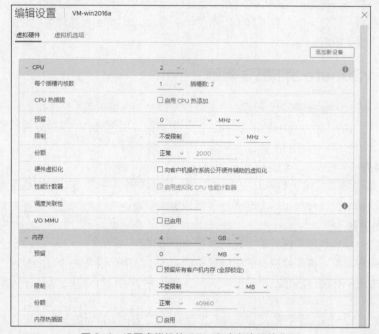

图 6-1　设置虚拟机的 CPU 和内存资源的分配

"份额"选项用于指定相对于父级总量的份额。选项值"低""正常"和"高"分别表示以 1：2：4 的比例指定份额（对于 CPU 资源来说，每个虚拟 CPU 分别具有 500 个、1000 个和 2000 个份额；对于内存来说，所配置的虚拟机内存每 MB 分别具有 5 个、10 个和 20 个份额）。选择"自定义"，则为每个虚拟机提供指定数量的份额，这表示一个比例权重。

"预留"选项用于保证资源池的资源分配。

"限制"选项用于指定资源池的资源分配的上限。选择"不受限制"，则表示不指定上限。

6.1.3　DRS 主要功能

DRS 主要实现以下功能。

1. 准入控制与初始放置

虚拟机启动时，DRS 会将虚拟机放置在最适合运行该虚拟机的 ESXi 主机上。

当尝试启动已启用 DRS 的集群中的单个虚拟机，或通过成组开机（Group Power-on）同时启动多个虚拟机时，vCenter Server 将执行准入控制（Admission Control），检查集群中是否有足够的资源支持虚拟机。如果集群中没有足够的资源启动单个虚拟机，或无法通过成组开机打开任何虚拟机的电源，则会显示一条消息。否则，对于每个虚拟机，DRS 为运行虚拟机的主机生成建议，并执行以下操作之一。

- 自动执行放置建议。

- 显示放置建议，让用户选择接受或覆盖（替换）。注意，不会为独立主机或非 DRS 集群中的虚拟机提供初始放置（Initial Placement）建议，打开电源后它们将被放置在当前所在的主机上。
- DRS 考虑网络带宽。通过计算主机网络饱和度，DRS 能够做出更好的放置决策。

2. 维持主机动态的负载平衡

当虚拟机运行时，DRS 会为虚拟机提供所需的硬件资源，同时尽可能减少虚拟机之间的资源争用。

DRS 对刚启动的虚拟机执行初始放置以平衡整个集群的负载，之后虚拟机负载和资源可用性的更改可能会导致集群变得不平衡。为纠正这种不平衡，DRS 生成虚拟机迁移建议或自动执行虚拟机迁移。这会利用 vMotion 功能，在不引起虚拟机运行停止和网络连接中断的前提下，自动将虚拟机从一台主机迁移到另一台主机。

DRS 的负载平衡过程如图 6-2 所示。默认情况下，DRS 每隔 5 分钟检查一次 DRS 集群中的工作负载是否平衡。集群中的某些操作也会调用 DRS 功能，如添加或移除 ESXi 主机，或者更改虚拟机的资源设置。

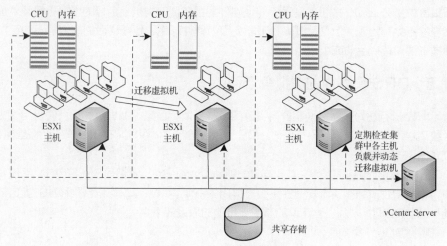

图 6-2　DRS 的负载平衡过程

3. 分布式电源管理与节能

DRS 集群支持分布式电源管理（Distributed Power Management，DPM），这是一个额外的高级功能。系统自动计算 ESXi 主机的负载，当某台主机负载很低时，可将该主机上正在运行的虚拟机自动迁移到其他 ESXi 主机，接着临时关闭该主机电源或让该主机处于待机状态。当其他主机负载过高时，可自动重启该主机，使其加入 DRS 集群继续运行，承载迁移过来的虚拟机。

分布式电源管理功能可实现节能，对于具有峰谷特征的业务运行尤其有用。在业务相对空闲时，虚拟机应用较少，工作负载较轻，虚拟机向 DRS 集群中的部分主机集中，空出来的部分主机自动休眠待机。当业务量不断增加，工作负载变重时，开启处于待机模式的主机，并将虚拟机迁回这些主机中。整个过程可以自动实现。

6.1.4　DRS 自动化级别

DRS 自动化级别决定 DRS 功能实现过程的人工干预程度和自动化程度。

1. 自动化级别

- 手动（Manual）：这表示需要人工干预，对于系统给出的建议，必须由管理员确认后才能执行操作。一般有两种建议。一种是初始放置建议，当虚拟机打开电源时，vCenter Server 自动计算

DRS 集群中所有主机的当前负载，向管理员推荐要放置虚拟机的主机，原则上，优先级越低的 ESXi 主机性能越好。另一种是迁移建议，vCenter Server 定期检查 DRS 集群中所有主机的负载情况，当发现主机间负载不均衡时，向管理员给出虚拟机迁移的建议，只有管理员确认后才能执行迁移。

- 半自动（Partially Automated）：这需要部分人工干预。与手动级别不同的是，自动实现虚拟机的初始放置，无须人工干预，当虚拟机打开电源时，vCenter Server 自动将虚拟机放置在最合适的主机上；与手动级别相同的是，当发现主机间负载不均衡时，vCenter Server 仍然会给出虚拟机迁移建议，但需要管理员确认后才能执行迁移。
- 全自动（Fully Automated）：无须人工干预，系统不会给出建议，也无须管理员确认，虚拟机的初始放置和迁移都是自动实现的，主机资源使用的调配和优化是全自动的。

2. 自动化级别的选择

生产环境中根据实际需要选择 DRS 自动化级别，同时要考虑硬件配置。

如果集群中所有 ESXi 主机的型号相同，建议选择全自动级别，管理员无须关心虚拟机在哪台主机上运行，只需做好日常监控。

如果集群中所有 ESXi 主机的型号不同，硬件配置较低的主机上运行的虚拟机向硬件配置较高的主机上迁移不会有问题，但是反过来就可能会因为硬件环境导致迁移后的虚拟机无法正常运行。遇到这种情形建议选择手动或半自动级别。

6.1.5 DRS 集群中的虚拟机迁移

尽管 DRS 执行初始放置以便集群内资源的负载平衡，但是虚拟机负载和资源可用性中的更改可能会导致集群不平衡。当集群不平衡时，DRS 将根据自动化级别，提出建议或迁移虚拟机。

1. DRS 迁移建议

如果 DRS 自动化级别选择手动或半自动，则 vCenter Server 将显示迁移建议。系统将提供足够的建议，便于管理员强制实施规则并平衡集群内的资源。每条建议均包含要移动的虚拟机、当前（源）主机和目标主机，以及提出建议的原因。可能的原因如下。

- 平衡平均 CPU 负载或预留。
- 平衡平均内存负载或预留。
- 满足资源池预留。
- 满足关联性规则。
- 主机正在进入维护模式或待机模式。

2. DRS 迁移阈值

除了自动化级别外，DRS 迁移阈值（Migration Threshold）作为衡量主机 CPU 和内存负载的集群不平衡可以接受的程度，可以用来指定生成并应用的建议或要显示的建议。迁移阈值会影响虚拟机迁移频率，甚至影响虚拟机性能，共有 5 个值，表示从保守（优先级 1）到激进（优先级 5）的程度。优先级 1 是最保守的级别，表示与 DRS 负载平衡无关，不会因负载不平衡而发起虚拟机迁移，仅应用优先级为 1 的建议，也就是为满足诸如关联性规则和主机维护等集群限制而必须采用的建议。优先级 5 是最激进的级别，集群中的负载只要被发现有微小的不均衡，就会触发虚拟机的迁移，这会导致主机间的虚拟机迁移过于频繁，甚至会影响虚拟机的性能。迁移阈值优先级高的迁移建议包括所有比它低的优先级的迁移建议。

6.1.6 EVC 模式

增强型 vMotion 兼容性（Enhanced vMotion Compatibility，EVC）用于防止因 CPU 不兼

容导致的虚拟机迁移失败。

生产环境中，服务器硬件型号尤其是 CPU 有可能不同，vSphere 虚拟化系统运行一段时间后，可能要添置新的服务器，这些服务器往往配备最新型号的 CPU。DRS 要使用 vMotion 实现虚拟机自动迁移，而 CPU 特有的指令集和特性会影响所迁移的虚拟机的正常运行。因此，vMotion 对 CPU 的要求非常严格，要求 CPU 来自同一厂商、同一系列，共享同一套 CPU 指令集和特性，否则无法执行 vMotion。为解决这个问题，实现最大程度兼容物理主机的 CPU 硬件，vSphere 提供了 EVC 模式。

EVC 在集群上启用，使用 CPU 基准配置启用 EVC 集群中的所有 CPU。CPU 基准是集群中的每台主机都能支持的一个 CPU 功能集，如图 6-3 所示。其中，CPUID 是指用于获取 CPU 详细信息的指令。

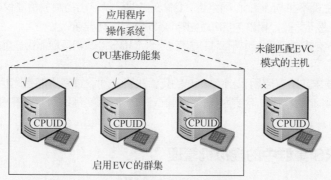

图 6-3　启用 EVC 集群的 CPU 基准

需要注意的是，要使用 EVC，集群中的所有物理主机的 CPU 必须来自同一厂商（如都来自 Intel 公司或都来自 AMD 公司）。共有以下 3 种 EVC 模式。

• 禁用 EVC（Disable）：这是兼容性最高的 vMotion 迁移模式。如果集群内所有主机的 CPU 型号完全相同，可以选择这种模式。如果 CPU 型号不同，采用此模式，则不能保证虚拟机迁移成功。

• 为 AMD 主机启用 EVC（Enable EVC for AMD Host）：适用于 AMD 公司的 CPU，只允许使用 AMD CPU 的主机加入集群。选择该模式之后，可以选择所需的 AMD CPU 基准集。

• 为 Intel 主机启用 EVC（Enable EVC for Intel Host）：适用于 Intel 公司的 CPU，只允许使用 Intel CPU 的主机加入集群。选择该模式之后，可以选择所需的 Intel CPU 基准集。

6.1.7　DRS 集群的要求

添加到 DRS 集群的主机必须满足某些要求才能成功使用集群功能。

1. 共享存储要求
DRS 集群具有一定的共享存储要求。应确保托管主机使用共享存储。共享存储通常在 SAN 上，但也可以使用 NAS 共享存储，实验环境中还可以使用 iSCSI 共享存储。

2. 共享 VMFS 卷要求
DRS 集群具有某些共享 VMFS 卷的要求，需要将所有托管主机配置为使用共享 VMFS 卷。

• 将所有虚拟机的磁盘放置到可由源和目标主机访问的 VMFS 卷上。

• 确保 VMFS 卷空间足以存储虚拟机的所有虚拟磁盘。

• 确保源和目标主机的所有 VMFS 卷都使用卷名，并且所有虚拟机都使用这些卷名标识虚拟磁盘。

3. 处理器兼容性要求
DRS 集群具有一定的处理器兼容性要求。

- 为避免限制 DRS 的兼容性，应当使集群内源和目标主机的处理器兼容性最大化。
- vMotion 在 ESXi 主机之间传输虚拟机的运行架构状态。vMotion 兼容性意味着目标主机的处理器必须能够使用挂起的源主机的处理器的等效指令来恢复执行。处理器的时钟速度和缓存大小可能会有所不同，但是必须来自同一厂商级别（如都来自 Intel 或都来自 AMD）和同一处理器系列，以兼容 vMotion。
- vCenter Server 提供了有助于确保使用 vMotion 的虚拟机满足处理器兼容性要求的功能。这些功能包括 EVC 和 CPU 兼容性掩码。

4. DRS 集群的 vMotion 要求

DRS 集群具有 vMotion 要求。要能够使用 DRS 迁移建议，集群中的主机必须是 vMotion 网络的一部分。如果主机不在 vMotion 网络中，DRS 仍然可以给出初始放置建议。

要为 vMotion 进行配置，集群内的每台主机必须满足下列要求。

- vMotion 不支持裸磁盘，也不支持对借助于 MSCS（微软集群服务）集群的应用程序进行迁移。
- vMotion 要求在所有启用了 vMotion 的托管主机之间设置专用的吉比特以太网迁移网络。在托管主机上启用 vMotion 后，需要为托管主机配置唯一的网络标识对象，并将其连接到专用迁移网络。

6.1.8　DRS 集群中的虚拟机管理

1. 将虚拟机添加到 DRS 集群

可以通过以下几种方式将虚拟机添加到集群。

- 将主机添加到集群时，该主机上的所有虚拟机都将自动添加到集群中。
- 创建虚拟机时，新建虚拟机向导会提示放置虚拟机的位置，可以选择独立主机或集群，并且可以选择主机或集群内的任何资源池。
- 使用迁移虚拟机向导将虚拟机从独立主机迁移到集群，或从一个集群迁移到另一个集群。

2. 从 DRS 集群中移除虚拟机

可以通过以下两种方式从集群中移除虚拟机。

- 当从集群中移除主机时，所有未迁移到其他主机的已关闭电源的虚拟机也将被一同移除。
- 使用迁移虚拟机向导将虚拟机从集群迁移到独立主机，也可以从一个集群迁移到另一个集群。

任务实现

任务 6.1.1　创建 DRS 集群

要使用 DRS 功能，先要创建 DRS 集群。

1. 准备 DRS 集群的实验环境

到目前为止的实验环境基本能够满足 DRS 集群的需要，已具备 vMotion 网络。为便于后面的实验，有必要再增加两个 CentOS 7 虚拟机，可采用克隆虚拟机的方法来实现，另外将这些虚拟机的数据存储都更改到 iSCSI 共享存储

创建 DRS 集群

上（见图 6-4）。新的 DRS 实验环境如图 6-5 所示，两台主机上各有两个虚拟机，且虚拟机的存储都位于 iSCSI 共享存储上。

图 6-4　克隆虚拟机

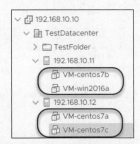

图 6-5　DRS 实验环境

2. 创建一个 DRS 集群

集群要在数据中心上创建，应确认已创建了数据中心，这里为 TestDatacenter。

（1）在 vSphere Client 界面中导航到要操作的数据中心。

（2）右键单击该数据中心，然后选择"新建集群"命令打开相应的对话框。

（3）如图 6-6 所示，为集群指定名称（这里将其命名为 DRS-HA-Cluster），打开"vSphere DRS"右侧的开关按钮，为该集群启用 DRS 功能。其他选项暂时保持默认设置。

图 6-6　新建 DRS 集群

（4）单击"确定"按钮完成集群的创建。新创建的 DRS 集群出现在 vSphere 清单中。

3. 使用快速入门向导完成 DRS 集群的快速配置

新创建的 DRS 集群的"配置"选项卡中会出现"快速入门"，共有 3 个步骤。

第 1 步启用 DRS 服务已经完成，可以根据需要编辑集群的设置。

第 2 步是添加主机。单击"添加"按钮，启动相应的向导，如图 6-7 所示。由于要加入 DRS 集群的主机已在 vCenter Server 中，这里单击"现有主机"，选择要加入 DRS 集群的所有主机，再单击"下一页"按钮，根据提示完成其余步骤，将主机添加到 DRS 集群中。

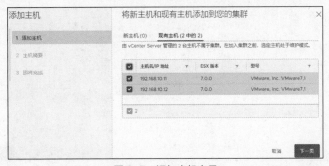

图 6-7　添加主机向导

165

完成第 2 步的结果如图 6-8 所示，此时提示主机未配置（注意此软件界面中将集群的英文名称翻译为"群集"）。

图 6-8　提示主机未配置

接下来执行第 3 步配置集群。单击"配置"按钮，启动相应的向导，如图 6-9 所示。首先为 vMotion 流量配置网络设置。向导建议配置分布式交换机，考虑到本实验环境以标准交换机为主，这里勾选"稍后配置网络设置"复选框，单击"下一步"按钮。

图 6-9　配置分布式交换机

出现图 6-10 所示的界面，通过高级选项自定义集群服务。这里保持默认设置，单击"下一步"按钮。

图 6-10　自定义集群服务

在"检查"界面查看并确认集群配置，然后单击"完成"按钮。至此，完成 DRS 集群的快速配置。

任务 6.1.2　将主机纳入 DRS 集群管理

将主机纳入 DRS 集群管理

加入集群的 ESXi 主机资源将成为集群资源的一部分。未加入集群的 ESXi 主机可以称为独立主机（Standalone Host）。注意，同一台主机不能同时加入数据中心和集群。添加主机后，部署到主机的虚拟机将成为集群的一部分，可以由 DRS 将某些虚拟机迁移到集群中的其他主机。前面通过集群的快速入门操作已经添加了主机，下面先讲解移除主机的操作。

1. 从 DRS 集群中移除主机

要从 DRS 集群中移除主机，首先将该主机置于维护模式，再从集群中移除主机。

（1）将主机置于维护模式。

在 vSphere Client 界面中导航到要操作的主机，右键单击该主机，然后选择"维护模式">"进入维护模式"命令，弹出图 6-11 所示的对话框，默认勾选"将关闭电源和挂起的虚拟机移动到集群中的其他主机上"复选框，单击"确定"按钮。结果如图 6-12 所示，主机已进入维护模式，其上的虚拟机都从该主机迁移到集群中的另一台主机上。

如果主机是半自动或手动级别的 DRS 集群的一部分，则会显示主机上运行的虚拟机的迁移建议列表。如果主机是全自动级别的 DRS 集群的一部分，则当主机进入维护模式时，虚拟机将迁移到不同的主机。

图 6-11　提示进入维护模式

图 6-12　主机已进入维护模式

（2）从集群中移除主机。

在 vSphere Client 界面中导航到要操作的主机，右键单击该主机，然后选择"移至"命令打开相应的对话框，选择一个新的位置，这里选择数据中心，然后单击"确定"按钮。移除主机时，将同时从集群中移除其资源。

2. 将主机添加到 DRS 集群

将由 vCenter Server 所管理的独立主机添加到 DRS 集群时，该主机的资源将与集群关联起来。除了通过前面示范的快速入门向导添加主机外，还可以手动添加主机到集群，下面示范这种方式。

（1）在 vSphere Client 界面中导航到要操作的主机。

（2）右键单击该主机，然后选择"移至"命令打开相应的对话框。

（3）如图 6-13 所示，展开树状结构，从中选择 DRS 集群，单击"确定"按钮。

（4）弹出图 6-14 所示的对话框，选择如何处理该主机的虚拟机和资源池。这里保持默认设置（选中第 1 个单选按钮），将该主机的所有虚拟机放置到集群的根目录资源池中。这样 vCenter Server 删除该主机的所有子资源池，并且将主机层次结构中的虚拟机都附加到根目录。

如果选择第 2 个单选按钮，可为此主机的虚拟机和资源池创建一个新资源池。vCenter Server 创建一个顶级资源池，作为集群的直接子资源池，并将主机的所有子项添加到该资源池，可以为该资源池提供一个名称。

图 6-13　将主机移至集群

图 6-14　选择如何处理主机的虚拟机和资源池

（5）单击"确定"按钮完成操作，主机将添加到集群中。

采用这种方式添加的主机处于维护模式，并且在集群"配置"选项卡的"快速入门"中会被显示为未配置，执行快速入门的第 3 步配置，弹出"是否要继续"对话框，提示"主机设置将仅用于此集群中未配置的主机"，单击"确定"按钮即可完成该主机的配置，同时该主机也会自动退出维护模式。

要将未在集群所在的 vCenter Server 系统中注册的 ESXi 主机纳入 DRS 集群，应当先将 EXSi 主机加入 vCenter Server，再将其移至集群。还可以在集群的快速入门的第 2 步启动向导时，选择"新主机"（见图 6-7），提供主机的 IP 地址或域名，以及用户名和密码等凭据信息。

任务 6.1.3　编辑 DRS 集群设置

编辑 DRS 集群设置

创建 DRS 集群之后，可以根据需要更改其设置。有关的设置选项在知识引入部分介绍过，因此接下来的 DRS 集群设置比较简单。

（1）在 vSphere Client 界面中导航到要操作的 DRS 集群。

（2）切换到"配置"选项卡，展开"服务"节点，选择"vSphere DRS"，再单击右侧的"编辑"按钮，打开该集群的设置编辑对话框，这里的设置对整个 DRS 集群有效。

（3）如图 6-15 所示，在"自动化"选项卡中设置自动化选项。

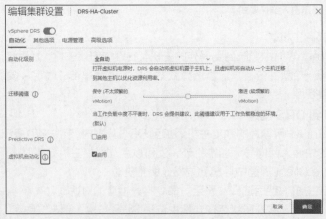

图 6-15　DRS 集群自动化设置

在"自动化级别"部分使用 DRS 功能的默认自动化级别。实验环境的两台 ESXi 主机都是 VMware Workstation 虚拟机，硬件配置高度一致，因此这里选择默认的"全自动"级别。

在"迁移阈值"部分设置 DRS 的迁移阈值，也就是优先级。这里保持默认设置（标志位于正中间，表示优先级 3），折中执行 DRS 因负载平衡所需的虚拟机迁移操作。

除了实时衡量指标之外，DRS 还会响应由 vRealize Operations 服务器提供的预测指标。在
"Predictive DRS"部分可以勾选"启用"复选框来支持此功能。不过此功能需要 vRealize
Operations 提供支持。这里保持默认设置，取消勾选该复选框。

在"虚拟机自动化"部分默认勾选"启用"复选框，这样就可以在该集群的"虚拟机替代项"
选项卡中设置个别虚拟机的替代项。要禁用任何单个虚拟机替代项，就要取消勾选该复选框，这样
集群中的所有虚拟机都使用集群的自动化级别。

（4）切换到"其他选项"选项卡，如图 6-16 所示，设置 DRS 辅助策略。此处提供了 3 个策
略，默认没有要求执行其中任一策略，可以根据需要启用策略。

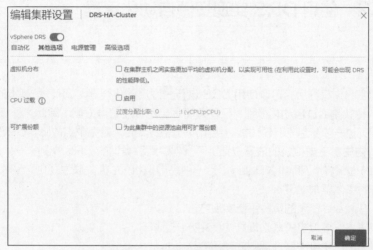

图 6-16　DRS 集群其他选项设置

"虚拟机分布"策略用于在各主机之间均匀分配虚拟机的数量，这是 DRS 负载平衡的一项辅助
功能。

"CPU 过载"策略用于控制集群中的 CPU 过载，通过设置过度分配比率（过载率）来限制
过载。

"可扩展份额"策略用于为集群上的资源池启用可扩展份额。

（5）切换到"电源管理"选项卡，如图 6-17 所示，设置电源管理的自动化级别和 DPM 阈值。

图 6-17　DRS 集群电源管理设置

在"DPM"部分默认取消勾选"启用"复选框，表示不启用 DPM，vCenter Server 不会提供电源管理建议。

只有启用 DPM，才能设置电源管理的自动化级别和 DPM 阈值。对于电源管理的自动化级别，可参照 DRS 自动化级别来理解其含义。在"自动化级别"部分如果选择"手动"，则 vCenter Server 给出电源管理建议，需要管理员确认；如果选择"自动"，则 vCenter Server 自动执行电源管理建议。

DPM 阈值的含义可参见 DRS 迁移阈值。一般保持默认设置即可。

（6）单击"确定"按钮，完成 DRS 集群设置。

任务 6.2 使用 DRS 实现资源自动化管理

任务说明

创建和配置 DRS 集群后，可以使用 DRS 进行资源自动化管理。DRS 最基本的功能是实现资源的负载平衡，也就是通过自动化级别、迁移阈值等自动优化资源分配。除此之外，vSphere 还支持使用 DRS 规则进一步定制 DRS 功能，更精确地控制负载，避免单点故障。DRS 规则最主要的作用是控制集群内主机上虚拟机的放置位置。可以创建两种类型的 DRS 规则，一种是虚拟机-虚拟机关联性规则（VM-VM Affinity Rule），另一种是虚拟机-主机关联性规则（VM-Host Affinity Rule）。本任务的具体要求如下。

（1）掌握 vSphere 资源的负载平衡实现方法。

（2）掌握虚拟机-虚拟机关联性规则的使用方法。

（3）掌握虚拟机-主机关联性规则的使用方法。

知识引入

6.2.1 虚拟机-虚拟机关联性规则

虚拟机-虚拟机关联性规则用于确立虚拟机之间的关联性（或位置关系），具体又细分为以下两种规则。

* 关联性规则（Affinity Rule）：用于规定 DRS 实施迁移虚拟机时，符合该规则的若干虚拟机始终在同一台 ESXi 主机上运行。同一台主机上的虚拟机之间的网络通信只发生在主机内部，所以速度非常快。例如，一个业务应用系统涉及一台 Web 服务器和一台数据库服务器，两台服务器之间的通信量很大，如果在虚拟化系统中部署，可以将两台服务器以虚拟机的形式部署在同一台 ESXi 主机上，并使用此种规则进行约束。

* 反关联性规则（Anti-affinity Rule）：用于规定 DRS 实施迁移虚拟机时，符合该规则的某些虚拟机始终运行在不同的 ESXi 主机上。多个虚拟机分别位于不同的 ESXi 主机上，如果一个虚拟机所在的主机发生故障，业务应用仍然可以在另一台主机上的虚拟机上正常运行。这种规则主要用于操作系统级的高可用性场合，如 Windows 服务器故障转移集群。

如果使用 vSphere HA 指定故障转移主机准入控制策略，并指定多个故障转移主机，则不支持虚拟机-虚拟机关联性规则。

可以创建并使用多条虚拟机-虚拟机关联性规则，不过这可能会导致规则相互冲突的情况发生。如果两条虚拟机-虚拟机关联性规则存在冲突，则无法同时启用这两条规则。例如，如果一条规则要求两个虚拟机始终在一起，而另一条规则要求这两个虚拟机始终分开，则无法同时启用这两条规则。

选择应用其中一条规则，并禁用或移除冲突的规则。

当两条虚拟机-虚拟机关联性规则发生冲突时，将优先使用旧规则，并禁用新规则。DRS 只尝试满足已启用的规则，而忽略已禁用的规则。与关联性规则的冲突相比，DRS 将优先阻止反关联性规则的冲突。

6.2.2 虚拟机-主机关联性规则

如果上述虚拟机-虚拟机关联性规则无法满足要求，则可以使用虚拟机-主机关联性规则明确规定虚拟机与主机的位置关系，控制某些虚拟机始终在某台 ESXi 主机上运行，或者不允许某些虚拟机在某台 ESXi 主机上运行。例如，在虚拟机中运行的软件具有许可限制，可以将此类虚拟机置于虚拟机 DRS 组中，然后创建规则，要求虚拟机在仅包含具有所需许可证的主机的 DRS 组中运行。

如果创建了多条虚拟机-主机关联性规则，这些规则也不会进行排序，将平等应用。这会对规则的交互方式产生影响。创建的规则可能会与正在使用的其他规则发生冲突。当两条虚拟机-主机关联性规则发生冲突时，将优先使用旧规则，并禁用新规则。DRS 会忽略已禁用的规则。

> **提示** vSphere DRS、vSphere HA 和 vSphere DPM 不会采取任何会导致违反必要关联性规则（虚拟机 DRS 组"必须"或"不得"运行于主机 DRS 组上）的操作。应该谨慎使用此类型的规则，因为可能会对集群运行造成负面影响。

任务实现

任务 6.2.1 测试 DRS 负载平衡功能

完成 DRS 集群的主机与虚拟机资源添加后，即可使用 DRS 来动态管理资源。为便于测试，这里将 DRS 集群的自动化级别设置为手动，将 DRS 迁移阈值设置为优先级 5（激进）。下面开始测试过程。

测试 DRS 负载平衡功能

（1）在 DRS 集群中的主机上启动虚拟机，测试初始放置功能。这里启动 VM-centos7a 虚拟机，弹出图 6-18 所示的对话框，给出打开电源建议。由于当前实验环境下没有其他虚拟机运行，这里给出两个建议，可以在任一主机上运行，选择建议 2，将该虚拟机置于 ESXi-B 主机（192.168.10.12）上，单击"确定"按钮。

图 6-18 打开电源建议（初始放置功能）

（2）继续启动 VM-win2016a 虚拟机，弹出"打开电源建议"对话框，仍然选择建议 2，将该虚拟机置于 ESXi-B 主机（192.168.10.12）上，单击"确定"按钮。

（3）导航到 DRS 集群，切换到"监控"选项卡，可以对集群实时监控，单击"vSphere DRS"节点下的"内存利用率"，可查看集群中内存的当前使用情况，如图 6-19 所示。

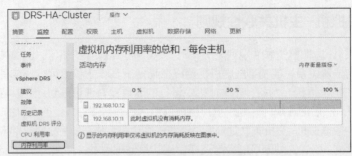

图 6-19 集群中内存的使用情况

本例实验环境中，ESXi-B 主机的内存配置比 ESXi-A 主机的低很多，这里特意将虚拟机放置在 ESXi-B 主机上，以便进行 DRS 功能测试。此时可以发现内存资源使用完全不平衡，ESXi-B 主机负载过大。

（4）在 DRS 集群的"监控"选项卡中单击"vSphere DRS"节点下的"建议"进入"DRS 建议"界面，单击"立即运行 DRS"按钮，系统会立即计算集群中主机的负载情况，并给出虚拟机迁移建议，如图 6-20 所示，这里要迁移的原因是平衡平均内存负载。

图 6-20 给出虚拟机迁移建议

（5）管理员接受该建议，单击"应用建议"按钮即可完成虚拟机的迁移，以实现负载平衡。

如果给出的建议项较多，可以选中"替代 DRS 建议"复选框，在 DRS 建议列表中筛选要应用的建议。如果选择的自动化级别为全自动，那么 DRS 给出建议后，无须管理员确认即可直接加以应用。

（6）单击"vSphere DRS"节点下的"历史记录"，显示 DRS 操作的历史记录，如图 6-21所示。

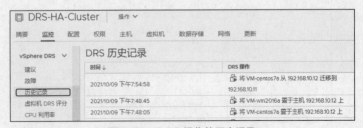

图 6-21 DRS 操作的历史记录

任务 6.2.2　配置使用 DRS 虚拟机-虚拟机关联性规则

下面介绍使用 DRS 虚拟机-虚拟机关联性规则对虚拟机进行更精细的位置控制。

配置使用 DRS 虚拟机-虚拟机关联性规则

1．让两个虚拟机在同一台主机上运行

（1）导航到 DRS 集群，切换到"配置"选项卡，展开"配置"节点，选择"虚拟机/主机规则"，右侧出现虚拟机/主机规则列表。

（2）单击"添加"按钮，打开"创建虚拟机/主机规则"对话框，为规则指定一个名称（这里为"同一主机运行"），从"类型"下拉列表中选择"集中保存虚拟机"，确认勾选"启用规则。"复选框，如图 6-22 所示。

（3）单击"添加"按钮，弹出"添加虚拟机"对话框，选择要应用规则的虚拟机（至少两个），然后单击"确定"按钮。

（4）选中的虚拟机加入成员列表中，如图 6-23 所示，单击"确定"按钮完成规则的创建。

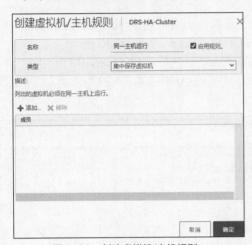

图 6-22　创建虚拟机/主机规则

图 6-23　添加的规则成员

此时该规则出现在虚拟机/主机规则列表中，如图 6-24 所示。可以根据需要对该规则执行编辑和删除操作，或者更改规则的成员。

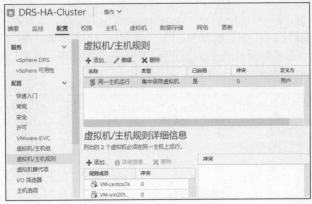

图 6-24　虚拟机/主机规则列表

（5）测试规则。让上述规则的两个虚拟机成员在不同的主机上运行，切换到 DRS 集群的"监

控"选项卡，再进入"DRS 建议"界面，单击"立即运行 DRS"按钮，如图 6-25 所示，系统建议将一个虚拟机也迁移到另一台主机（原因是应用关联性规则，图中显示的是英文"Apply affinity rule"），以确保两个虚拟机始终在同一台主机上运行。

图 6-25　测试关联性规则

2. 让两个虚拟机不在同一台主机上运行

这项规则的操作步骤基本同上，主要区别在于类型选择"分别保存虚拟机"。该规则也要至少选择两个虚拟机成员。规则添加完毕，在虚拟机/主机规则列表中显示，如图 6-26 所示。

接下来测试该规则。将其中一个虚拟机成员放置在 ESXi-A 主机（192.168.10.11）上运行，再打开一个虚拟机成员的电源时，给出的建议是将其放置在 ESXi-B 主机（192.168.10.12）上，如图 6-27 所示。

图 6-26　加入规则列表中的新规则

图 6-27　打开电源建议

进一步测试该规则。先手动迁移 ESXi-B 主机上的虚拟机成员到 ESXi-A 主机，如图 6-28 所示。再切换到 DRS 集群的"监控"选项卡，进入"DRS 建议"界面，单击"立即运行 DRS"按钮，如图 6-29 所示，系统建议将该虚拟机迁回 ESXi-B 主机（原因是应用反关联性规则），以确保两个虚拟机始终不在同一台主机上运行。

图 6-28　将虚拟机成员迁移到同一台主机上运行

图 6-29　测试反关联性规则

任务 6.2.3　配置使用 DRS 虚拟机-主机关联性规则

此类规则定义虚拟机与主机之间的关联关系，涉及主机 DRS 组和虚拟机 DRS 组两个要素。必须先创建这两个组，然后才能建立它们之间的关联（或反关联）关系。

配置使用 DRS 虚拟机-主机关联性规则

1. 创建主机 DRS 组

（1）导航到 DRS 集群，切换到"配置"选项卡，展开"配置"节点，选择"虚拟机/主机组"，右侧出现虚拟机/主机组列表。

（2）单击"添加"按钮，打开"创建虚拟机/主机组"对话框，为组指定一个名称（这里为"TEST 主机组"），从"类型"下拉列表中选择"主机组"，单击"添加"按钮，弹出相应的对话框，选择要作为组成员的主机（可以只选择一个），然后单击"确定"按钮。

（3）回到图 6-30 所示的对话框，单击"确定"按钮完成主机 DRS 组的创建。

2. 创建虚拟机 DRS 组

操作步骤基本同上，主要区别在于类型选择"虚拟机组"，并选择虚拟机成员，如图 6-31 所示。

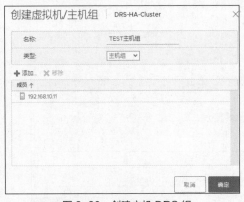

图 6-30　创建主机 DRS 组

图 6-31　创建虚拟机 DRS 组

3. 创建虚拟机-主机关联性规则

（1）导航到 DRS 集群，切换到"配置"选项卡，展开"配置"节点，选择"虚拟机/主机规则"，右侧出现虚拟机/主机规则列表。

（2）单击"添加"按钮，打开"创建虚拟机/主机规则"对话框，为规则指定一个名称（这里为"虚拟机与主机"），从"类型"下拉列表中选择"虚拟机到主机"，确认选中"启用规则。"复选框，

175

选择适用规则的虚拟机组和主机组（从相应的下拉列表中选择），如图 6-32 所示。

（3）从"虚拟机组"和"主机组"两个下拉列表之间的下拉列表中选择规则的具体要求，这里选择"必须在组中的主机上运行"，要求虚拟机组中的虚拟机成员必须在主机组的主机成员上运行。

其他几个选项值分别是"应在组中的主机上运行""不得在组中的主机上运行"和"不应在组中的主机上运行"。

（4）单击"确定"按钮完成规则的创建。

（5）测试该规则。打开 TEST 虚拟机组虚拟机成员的电源时，给出的建议是将其放置在 ESXi-A 主机（192.168.10.11）上，这台主机属于 TEST 主机组，如图 6-33 所示，这表明虚拟机-主机关联性规则已起作用。

图 6-32　创建虚拟机-主机关联性规则　　　　图 6-33　打开电源时应用虚拟机-主机关联性规则

（6）进一步测试该规则。尝试将 TEST 虚拟机组虚拟机成员手动迁移到 ESXi-B 主机（192.168.10.12），如图 6-34 所示，在更改计算资源时兼容性检查未通过，原因是违反虚拟机-主机关联性规则。

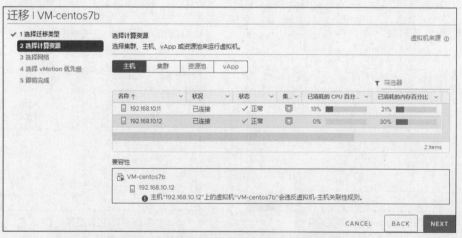

图 6-34　迁移虚拟机时违反虚拟机-主机关联性规则

4. 基于虚拟机组定义先后启动关系

vSphere 还支持一种规则，用于定义虚拟机先后启动关系。这里再创建一个虚拟机组并且为其添加虚拟机成员，如图 6-35 所示。然后打开"创建虚拟机/主机规则"对话框，创建一条类型为"虚拟机到虚拟机"的规则，指定两个虚拟机组中虚拟机成员的先后启动关系，如图 6-36 所示。

图 6-35 创建新的虚拟机组

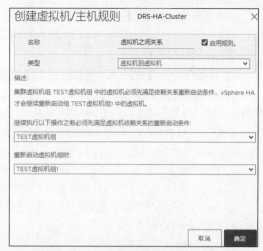

图 6-36 创建"虚拟机到虚拟机"规则

任务 6.3 使用 Storage DRS 平衡存储资源分配

任务说明

DRS 用于平衡 ESXi 主机的 CPU 与内存资源的动态分配，而 Storage DRS 用于平衡存储空间使用量和存储 I/O 负载，同时避免出现资源瓶颈，以满足应用服务级别的要求。如果掌握了 DRS 的应用，那么学习 Storage DRS 就非常容易。两者的实现原理和操作方法类似，不同之处主要有 3 点：一是要调配的资源不同，前者是 CPU 和内存，后者是存储空间；二是使用的集群不同，前者是由 ESXi 主机组成的主机集群，后者则是由数据存储组成的数据存储集群；三是所使用的迁移技术不同，前者使用 vMotion（仅迁移虚拟机的计算资源），后者使用 Storage vMotion（仅迁移虚拟机的数据存储）。本任务的具体要求如下。

（1）了解 Storage DRS 的主要功能。

（2）掌握数据存储集群创建和配置的方法。

（3）掌握 Storage DRS 的存储资源平衡的实现方法。

知识引入

6.3.1 Storage DRS 的主要功能

Storage DRS 主要对数据存储提供初始放置和后续平衡功能。

1. 初始放置

当 Storage DRS 从数据存储集群中选择一个数据存储放置虚拟机磁盘时，会发生初始放置，主要有以下几种情形。

- 创建或克隆虚拟机时。
- 将虚拟机磁盘迁移到另一个数据存储集群时。
- 将一个磁盘添加到现有虚拟机时。

总之，只要涉及选择数据存储集群，就会生成初始放置建议。

初始放置建议是按照空间限制、空间目标和 I/O 负载平衡生成的，目的是尽可能降低数据存储超量配置的风险，缓解存储 I/O 问题，减轻对虚拟机的性能影响。Storage DRS 根据最低延迟和可用空间选择最佳的放置方式。

2．持续平衡存储空间使用量和存储 I/O 负载

Storage DRS 按照配置的频率（默认情况为每 8 小时）调用，或者当数据存储集群中的一个或多个数据存储超过用户可配置的空间利用率阈值时调用。Storage DRS 调用后，它将给出平衡建议。在全自动模式下，Storage DRS 会做出降低 I/O 延迟的存储迁移决定，以使所有虚拟机都以最优方式运行；在非自动（手动）模式下，Storage DRS 会给出具体的平衡建议，然后由管理员批准执行。

执行 Storage DRS 时，它检查每个数据存储的空间利用率和 I/O 延迟值，并与阈值对比。默认 I/O 延迟最高为 15 微秒，默认的空间阈值为 80%。

Storage DRS 遇到以下情形时会为存储迁移提供强制性建议。

- 数据存储空间不足。
- 违反 Storage DRS 规则。
- 数据存储正在进入维护模式，必须撤出。

此外，当数据存储空间不足，或调整空间及 I/O 负载平衡时，Storage DRS 会给出可选的迁移建议。

为平衡存储空间，Storage DRS 会移动已关闭或正在运行的虚拟机，包括具有快照的已关闭的虚拟机。

6.3.2　Storage DRS 规则

与 DRS 一样，Storage DRS 也可以通过定义规则来更精细地控制存储资源分配。默认情况下，虚拟机磁盘文件存储在同一数据存储中。可以创建 Storage DRS 反关联性规则来控制哪些虚拟磁盘不应放置在数据存储集群中的同一数据存储上，这些规则将应用于数据存储集群中的相关虚拟磁盘。在初始放置和 Storage DRS 建议迁移期间会强制执行反关联性规则，但是在用户手动启动迁移时不会强制执行。

虚拟机受 Storage DRS 规则限制时，将具有以下行为。

- Storage DRS 将根据规则放置虚拟机的虚拟磁盘。
- 即使是强制进行迁移（如将数据存储置于维护模式），Storage DRS 也会根据规则使用 vMotion 迁移虚拟磁盘。
- 如果虚拟机的虚拟磁盘违反了规则，则 Storage DRS 将提出迁移建议来更正这一错误，或者在无法提出更正错误的建议时将此报告为故障。

对于数据存储集群中的所有虚拟机，默认情况下启用 VMDK 关联性规则，表示特定虚拟机的所有虚拟磁盘位于数据存储集群中的同一数据存储上。

6.3.3　Storage DRS 的要求

要使用 Storage DRS 功能，数据存储必须加入启用 Storage DRS 的数据存储集群。将数据存储添加到数据存储集群时，数据存储资源将成为数据存储集群资源的一部分。与主机集群用于整合主机一样，数据存储集群用于聚合存储资源，从而在数据存储集群级别支持资源分配策略。数据存储集群存储资源的平衡依赖于 Storage vMotion，因而要符合它们之间的兼容性要求。

1．数据存储集群的要求

与数据存储集群关联的数据存储和主机必须满足成功使用数据存储集群功能的特定要求。创建数据存储集群时，应遵循以下准则。

- 数据存储集群必须包含类似或可互换的数据存储。
- 数据存储集群可以包含具有不同大小和 I/O 容量的数据存储，而且可以来自不同的阵列和供应商。但是，NFS 和 VMFS 数据存储无法组合在同一数据存储集群中，复制的数据存储不能与同一数据存储集群中的非复制数据存储进行组合。
- 附属于数据存储集群中的数据存储的所有主机必须是 ESXi 5.0 或更高版本。
- 跨多个数据中心共享的数据存储不能加入数据存储集群中。
- 数据存储集群中的数据存储必须是同质的，以保证硬件加速支持的行为。

2. Storage vMotion 与数据存储集群的兼容性

- ESXi 主机必须运行支持 Storage vMotion 的 ESXi 版本。
- ESXi 主机必须对源数据存储和目标数据存储具有写入权限。
- ESXi 主机必须有足够的可用内存资源来容纳 Storage vMotion。
- ESXi 目标数据存储必须有足够的磁盘空间。
- ESXi 目标数据存储不得处于维护模式或正在进入维护模式。

任务实现

任务 6.3.1 创建和配置数据存储集群

数据存储集群是具有共享资源和共享管理接口的数据存储的集合。数据存储集群之于数据存储，如同主机集群之于主机。要使用 Storage DRS，首先要创建数据存储集群。

创建和配置数据存储集群

1. 创建数据存储集群

本例要将两个 iSCSI 数据存储组合到一个集群中，目前已有两个 iSCSI 数据存储。如果没有，则参考项目 4 进行创建。另外要注意，数据存储集群必须在数据中心下创建。

（1）在 vSphere Client 界面中导航到要操作的数据中心。

（2）右键单击该数据中心，然后选择"存储">"新建数据存储集群"命令启动相应的向导。

（3）如图 6-37 所示，为该集群命名（这里为 TestStoreCluster），确认已勾选"打开 Storage DRS"复选框，然后单击"NEXT"按钮。

图 6-37 为数据存储集群指定名称

（4）如图 6-38 所示，设置 Storage DRS 的自动化级别。此设置将决定如何应用来自 Storage DRS 的初始放置和迁移建议。

　　自动化级别默认设置为"全自动"，为便于后续测试，这里改为"非自动（手动模式）"，迁移建议由管理员确认。还有一组特定功能的自动化级别，用于细分集群的整体设置。例如，"空间平衡自动化级别"用于确定如何应用自动化级别的迁移建议，可以是所有集群的位置，还可以个别指定为"非自动（手动模式）"或"全自动"。这些选项保持默认设置，然后单击"NEXT"按钮。

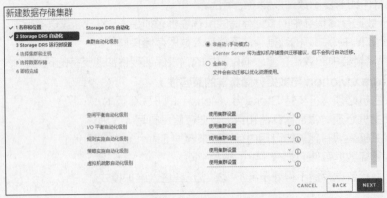

图 6-38　设置 Storage DRS 的自动化级别

　　（5）如图 6-39 所示，指定 Storage DRS 运行时设置。该设置决定执行 Storage DRS 的触发条件。这里采用默认设置，然后单击"NEXT"按钮。

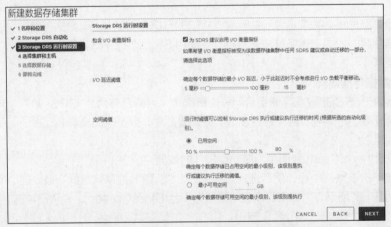

图 6-39　指定 Storage DRS 运行时设置

　　（6）如图 6-40 所示，选择要应用的集群和主机。这里选择之前创建的 DRS 集群，该集群的主机上的所有虚拟机都要能够连接数据存储集群中的数据存储，然后单击"NEXT"按钮。

图 6-40　选择要应用的集群和主机

（7）如图 6-41 所示，选择数据存储成员。这里选择两个 iSCSI 数据存储，然后单击"NEXT"
按钮。

图 6-41　选择数据存储成员

（8）在"即将完成"界面上确认现有设置，单击"FINISH"按钮完成数据存储集群的创建。

> **提示**　创建数据存储集群是一项非破坏性任务，完全可以在生产期间进行。最好选择连接到主机
> 集群中所有主机的数据存储，因为这样就在主机集群和数据存储集群这两个层面上提供了
> 最佳的负载平衡方案。

2. 更改数据存储集群设置

创建数据存储集群之后，可以根据需要更改其设置。在 vSphere Client 界面中切换到"存储"
界面，浏览到要操作的数据存储集群，切换到"配置"选项卡，单击右侧的"编辑"按钮，打开该
集群的设置编辑对话框，可以根据需要查看和编辑具体的选项设置。如图 6-42 所示，设置 Storage
DRS 运行时的高级选项。

图 6-42　更改数据存储集群设置

3. 将数据存储纳入数据存储集群管理

只有纳入数据存储集群管理的存储资源才能用于资源分配。前面的新建数据存储集群向导会提
示选择要加入集群的数据存储，还可以向现有数据存储集群添加和删除数据存储。

可以先选择数据存储集群，再选择"将数据存储移入"命令，选择一个数据存储加入集群。也可以先选择一个数据存储，再选择"移至"命令，选择一个目标集群，将数据存储加入相应的集群。可以在数据存储集群中添加挂载在主机上的任何数据存储，但要求主机必须是 ESXi 5.0 及更高版本，同一个 vCenter Server 实例中，数据存储不能跨越多个数据中心。

当从数据存储集群中移除数据存储时，数据存储仍然保留在 vSphere 清单中，并且不会从主机上卸载。

测试 Storage DRS
基本功能

任务 6.3.2　测试 Storage DRS 基本功能

完成数据存储集群的创建后，即可使用 Storage DRS 来自动管理存储资源。为便于测试，这里将数据存储集群的自动化级别设置为"非自动（手动模式）"，将空间阈值调整为 50%，这样，只要数据存储集群的一个数据存储的空间占用超过 50%，就会因平衡数据存储空间而产生存储迁移建议。下面开始测试过程。

1．测试存储初始放置功能

这里通过克隆现有虚拟机来触发初始放置。在克隆向导中，目标存储选择前面创建的数据存储集群，如图 6-43 所示。

图 6-43　目标存储选择数据存储集群

由于用到了启用 Storage DRS 的数据存储集群，在"即将完成"界面中会给出数据存储建议，如图 6-44 所示。

图 6-44　"即将完成"界面中的数据存储建议

单击其中的"更多建议"链接，弹出图 6-45 所示的对话框，显示该建议的操作内容和原因，单击"应用"按钮即可。

回到"即将完成"界面，单击"FINISH"按钮完成虚拟机的克隆操作。

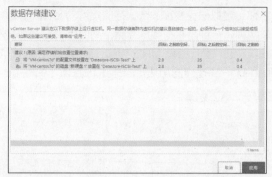

图 6-45　满足存储初始放置位置要求的建议

2. 测试平衡存储资源功能

测试该功能，首先要达到数据存储集群中某个数据存储（本例为 Datastore-ISCSI-Test）超载的效果，这里只需占用空间超过 50%。尝试将克隆出来的新虚拟机的存储从 Datastore-ISCSI-Test1 手动迁移到 Datastore-ISCSI-Test。因为这两个数据存储作为数据存储集群的成员，选择目标存储时默认会以数据存储集群的形式出现，要单独指定其中的一个数据存储，应禁用该虚拟机的 Storage DRS，如图 6-46 所示。

图 6-46　选择目标存储（禁用该虚拟机的 Storage DRS）

完成虚拟机的存储手动迁移之后，就会出现存储空间使用不平衡的情形。在 vSphere Client 界面中导航到数据存储集群，切换到"监控"选项卡，进入"Storage DRS 建议"界面，单击"立即运行 STORAGE DRS"按钮，系统会立即计算集群中数据存储的空间占用，并给出虚拟机存储迁移建议，如图 6-47 所示，这里要迁移的原因是平衡数据存储空间使用。

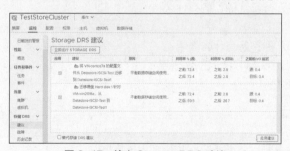

图 6-47　给出 Storage DRS 建议

管理员如果接受该建议，单击"应用建议"按钮即可完成存储迁移。此时，"近期任务"视图中会显示实时迁移进度，如图 6-48 所示，Storage DRS 迁移虚拟机存储使用的是 Storage vMotion。

图 6-48　执行 Storage vMotion

每条建议包括虚拟机名称、虚拟磁盘名称、数据存储集群的名称、源数据存储、目标数据存储，以及推荐的原因。原因无非两种，一种是平衡数据存储空间使用，另一种是平衡数据存储 I/O 负载。如果给出的建议项较多，可以勾选“替代存储 DRS 建议”复选框，在建议列表中筛选要应用的建议。

可以进一步查看 Storage DRS 操作的历史记录来进行验证，如图 6-49 所示。

Storage DRS 历史记录

时间	存储 DRS 操作
2021/10/09 下午10:00:09	迁移硬盘 Hard disk 1 针对 VM-win2016a，从 Datastore-ISCSI-Test 到 Datastore-ISCSI-Test1
2021/10/09 下午9:52:37	迁移 VM-centos7a 的配置文件从 VM-centos7a 到 Datastore-ISCSI-Test
2021/10/09 下午9:50:03	将为 Hard disk 1 新创建的虚拟机硬盘置于 Datastore-ISCSI-Test 上
2021/10/09 下午9:50:03	将 VM-centos7d 的虚拟机配置文件置于 Datastore-ISCSI-Test 上
2021/10/09 下午9:39:50	将为 Hard disk 1 新创建的虚拟机硬盘置于 Datastore-ISCSI-Test1 上
2021/10/09 下午9:39:50	将 VM-centos7d 的虚拟机配置文件置于 Datastore-ISCSI-Test1 上

图 6-49　Storage DRS 操作的历史记录

项目小结

vMotion 的实时迁移实现负载平衡需要手动操作，而 DRS 则可以自动完成，部署 DRS 可以进一步完善 vSphere 虚拟化平台。通过本项目的实施，我们创建了 DRS 集群，并将 ESXi 主机纳入 DRS 集群进行资源自动化分配，使用 DRS 规则进一步更精确地控制主机负载；还创建了 Storage DRS 集群，实现了存储资源的自动化分配。DRS 有助于避免 vSphere 虚拟化架构的单点故障，但是要保证虚拟机的不间断运行，则需要使用 vSphere 的高可用性功能来实现，项目 7 将实现虚拟机的高可用性和容错功能。

课后练习

简答题

1. 解释资源提供者与资源消费者的概念。
2. 简述 DRS 的主要功能。
3. DRS 自动化级别有哪几种？各有什么特点？
4. 简述 DRS 迁移建议。
5. DRS 规则有哪几种？各有什么作用？
6. 简述 Storage DRS 与 DRS 的不同点。
7. 什么是数据存储集群？

操作题

1. 创建一个 DRS 集群，并将 ESXi 主机加入该集群。
2. 测试 DRS 资源负载平衡功能。
3. 配置两条 DRS 虚拟机-虚拟机关联性规则，分别让两个虚拟机在同一台主机上运行和不在同一台主机上运行。
4. 创建一个数据存储集群，并将两个 iSCSI 数据存储加入该集群。
5. 测试 Storage DRS 基本功能。

项目7

实现vSphere高可用性和容错

07

学习目标

- 理解vSphere高可用性和容错的工作原理
- 掌握使用vSphere HA实现虚拟机高可用性的方法
- 掌握使用vSphere FT实现虚拟机容错的方法

项目描述

无论是计划停机还是计划外停机，都要付出相当的代价，为重要业务应用提供更高级别可用性的需求不断上升。传统的可用性解决方案价格昂贵，实施和管理难度较大。而vSphere基于虚拟化架构的高可用性解决方案更经济，并且部署更灵活，操作更简单。缩减计划停机时间可由vSphere的vMotion和Storage vMotion功能来实现，这在项目5中已经讲解过。高级别的可用性用于防止计划外停机，保持业务连续性，vSphere为此提供的解决方案包括vSphere HA（高可用性）和vSphere FT容错。vSphere HA通过在主机出现故障时重新启动虚拟机为虚拟机提供基本级别的保护，即从中断中快速恢复业务运行，尽可能减少停机时间。vSphere FT提供的可用性级别更高，可对任何虚拟机提供保护，以防止主机发生故障时丢失数据、事务或连接，保证业务运行的持续可用性。本项目将通过3个典型任务，讲解vSphere HA和vSphere FT的基础知识，示范虚拟机高可用性和容错的实施方法。

任务 7.1　创建 vSphere HA 集群实现虚拟机高可用性

任务说明

在 vSphere 虚拟化基础架构中，高可用性是由 vSphere HA 来实现的。这种方案首先需要创建 vSphere HA 集群。vSphere HA 调配集群中的 ESXi 主机，为虚拟机中运行的应用程序提供中断的快速恢复和高可用性。本任务的具体要求如下。

（1）了解 vSphere 防止非计划停机的解决方案。
（2）理解 vSphere HA 的工作原理。
（3）掌握创建 vSphere HA 集群的方法。
（4）测试 vSphere HA 的虚拟机故障切换功能。
本任务沿用项目 6 的实验环境。

知识引入

7.1.1　vSphere 防止非计划停机的解决方案

可用性旨在保证业务连续运行，主要包括两个方面，一是减少计划停机时间，二是防止非计划停机。

计划停机时间通常占数据中心停机时间的 80%以上。硬件维护、服务器迁移和固件更新都要求物理服务器有一定的停机时间。vSphere 可以大大减少计划停机时间。使用 vSphere 的 vMotion 和 Storage vMotion，工作负载无须中断服务即可动态迁移到不同的物理服务器或存储器，可以有效减少计划停机时间。管理员可以快速而完整地执行透明的维护操作，无须强制安排不方便的时间段。

数据中心还必须防止由硬件或应用程序故障导致的非计划停机。为此，vSphere 集成以下重要功能。

- 共享存储。通过将虚拟机文件存储在共享存储上来消除单点故障。使用 SAN 镜像和复制功能将虚拟磁盘的更新副本保留在灾难恢复站点。
- NIC 组合。支持单个网卡故障的容错。
- 存储多路径。支持存储路径故障的容错。
- 高可用性。从中断中快速恢复业务运行，尽可能减少非计划停机时间。
- 容错。提供业务运行的持续可用性，避免非计划停机。

这些 vSphere 功能是虚拟化基础架构的一部分，对在虚拟机中运行的操作系统和应用程序来说是透明的，可以由 vSphere 平台上的所有虚拟机配置和使用，从而降低提供更高级别可用性的成本和复杂性。

7.1.2　vSphere HA 提供快速恢复来实现高可用性

1. vSphere HA 保护应用程序可用性的方式
- 通过重启集群中其他主机上的虚拟机来防止服务器故障。
- 通过持续监控虚拟机并在检测到故障的情况下对其重新设置以防止应用程序故障。
- 通过在仍能访问其数据存储的其他主机上重启受影响的虚拟机，以防止数据存储可访问性故障。
- 如果虚拟机所在的主机在管理网络或 vSAN 网络上被隔离，则可以通过重启这些虚拟机来防止虚拟机被网络隔离。即使网络已经被分区，也会提供这种保护。

2. vSphere HA 与其他集群解决方案的不同之处
- 无须在应用程序或虚拟机中安装特定的软件，所有工作负载都受到 vSphere HA 的保护。配置了 vSphere HA 后，不需要任何操作来保护新的虚拟机，它们会被自动保护。
- 可以将 vSphere HA 与 vSphere DRS 组合使用，这样可以防止故障，还可以在集群内的主机之间提供负载平衡。

3. vSphere HA 相对于传统故障切换解决方案的优势
- 最小化配置。配置 vSphere HA 集群之后，无须额外配置，集群中的所有虚拟机都可以获得故障切换支持。
- 降低硬件成本和简化配置。虚拟机充当应用程序的移动容器，并能在主机之间移动，管理员可避免在多台机器上进行重复配置。使用 vSphere HA 时，必须拥有足够的资源来支持要保护的主机的故障切换。但是，vCenter Server 系统会自动管理资源并配置集群。

- 提高应用程序的可用性。在虚拟机中运行的任何应用程序的可用性变得更高，虚拟机可以从硬件故障中恢复。通过监视和响应 VMware Tools 检测信号并重新启动不再响应的虚拟机，可防止客户机操作系统崩溃。
- 与 DRS 和 vMotion 集成。如果主机出现故障且虚拟机在其他主机上重启，则 DRS 可以提出迁移建议，或迁移虚拟机以实现平衡的资源分配。如果迁移的源和目标主机中的一个发生故障或两个都发生故障，则 vSphere HA 可以用来从该故障中恢复主机。

7.1.3　vSphere HA 的工作原理

vSphere HA 通过将虚拟机及其驻留的主机集中到集群来为虚拟机提供高可用性。集群中的主机都会受到监控，一旦发生故障，故障主机上的虚拟机将在备用主机上重启。

1．首选主机和从属主机

vSphere HA 集群中的每台主机根据角色可分为首选主机和从属主机（或称辅助主机）两种类型。每个集群通常只有一个首选主机，而其他所有主机都是从属主机。

创建 vSphere HA 集群时，一台主机将被自动选举为首选主机。首选主机与 vCenter Server 通信，并监控所有受保护的虚拟机和从属主机的状态。如果发生不同类型的主机故障，首选主机必须检测并适当地处理故障。

vSphere HA 集群中所有活动的主机（未处于待机或维护模式，或者未断开连接）都参与选举集群的首选主机。挂载数据存储数量最多的主机在选举中具有优势。如果首选主机出现故障、关机或进入待机模式，或者从集群中被移除，则举行新的选举。

集群中的首选主机有如下职责。

- 监控从属主机的状态。如果从属主机出现故障或无法访问，则首选主机确定哪些虚拟机必须重启。
- 监控所有受保护虚拟机的电源状态。如果一个虚拟机发生故障，则首选主机将其重启。使用本地放置引擎，首选主机还会决定在哪台主机上重启虚拟机。
- 管理集群主机和受保护虚拟机的列表。
- 充当集群的 vCenter Server 管理接口，并报告集群运行状况。

从属主机主要通过在本地运行虚拟机，监控其运行时状态，以及向首选主机报告状态更新，来对集群发挥作用。首选主机还可以运行和监控虚拟机。从属主机和首选主机均可实现虚拟机和应用程序监控的功能。

首选主机执行的一项功能是协调、重启受保护的虚拟机。在 vCenter Server 观察到虚拟机的电源状态已从关机更改为开机，对用户操作做出响应后，该虚拟机受到首选主机的保护。首选主机将受保护虚拟机的列表保留在集群的数据存储中，新选出的首选主机使用此信息确定要保护的虚拟机。

2．主机故障类型

首选主机负责检测从属主机的故障，根据检测到的故障类型，主机上运行的虚拟机可能需要进行故障切换。可检测到的主机故障有以下 3 种类型。

- 故障（Failure）。主机停止运行。
- 隔离（Isolation）。主机与网络隔离。
- 分区（Partition）。主机失去与首选主机的网络连接。

首选主机监控集群中从属主机的活跃度，通过每秒交换一次网络检测信号（又称心跳信号）实现彼此沟通。当首选主机停止从从属主机接收这些检测信号时，它会在宣称该主机发生故障之前检查主机活跃度。首选主机执行的活跃度检查是要确定从属主机是否与其中的一个数据存储交换检测信号，这涉及数据存储检测信号机制。此外，首选主机检查该主机是否对发送到其管理 IP 地址的

ICMP ping 进行响应。

3. 主机故障的响应方式

如果主机出现故障并且必须重启其虚拟机，则可以使用虚拟机重新启动优先级设置来控制虚拟机重新启动的顺序。还可以使用主机隔离响应设置，来配置主机与其他主机的管理网络失去连接时 vSphere HA 的响应方式。vSphere HA 在发生故障后重启虚拟机时也会考虑其他因素。

在主机故障或隔离的情况下，以下设置适用于集群中的所有虚拟机。

（1）主机隔离响应。

主机隔离响应决定 vSphere HA 集群中的主机失去其管理网络连接但仍继续运行时的处置。可以使用主机隔离响应让 vSphere HA 关闭隔离主机上运行的虚拟机，并在非隔离主机上重启它们。主机隔离响应要求启用主机监控状态，如果禁用它，主机隔离响应也将被挂起。当主机无法与其他主机上运行的代理进行通信并且无法 ping 通其隔离地址时，该主机确定被隔离，然后该主机执行其隔离响应。响应方式可以是关闭电源（Power off）再重启虚拟机，也可以是关闭系统（Shutdown）再重启虚拟机。

> **提示** 关闭电源就是直接切断电源来关闭整个计算机系统；关闭系统则是安全地关闭计算机系统，属于软关机。

要使用"关闭再重启虚拟机"设置，必须在虚拟机的客户机操作系统中安装 VMware Tools。关闭再重启虚拟机具有保存其状态的优点。虚拟机的关闭系统操作优于关闭电源操作，因为它不会刷新最近对磁盘或提交事务的更改，并且需要更长的时间才能完成故障切换。

如果禁用虚拟机的重启优先级设置，则不进行主机隔离响应。

（2）虚拟机依赖关系。

可以在虚拟机组之间创建依赖关系，这通过创建虚拟机组之间的重新启动依赖关系规则来实现。这些规则可以指定其他的、特定的虚拟机组就绪之前某些虚拟机组无法重启。

（3）虚拟机重启的考虑因素。

发生故障后，vSphere HA 集群的首选主机要决定能够启动受影响的虚拟机的主机。当选择这样的主机时，首选主机会考虑文件可访问性、虚拟机与主机的兼容性、资源预留、主机限制、功能限制等要求。如果没有主机满足这些要求，则首选主机会发布一个事件，指出 vSphere HA 没有足够的资源启动虚拟机，当集群条件已更改时再次尝试重启虚拟机。

4. 虚拟机监控和应用程序监控

如果在设置的时间内未收到 VMware Tools 检测信号，虚拟机监控程序将重启特定的虚拟机。同样，如果未收到正在运行的应用程序的检测信号，则应用程序监控程序可以重启虚拟机。可以启用这些功能，并配置 vSphere HA 监控无响应时的敏感度。

启用虚拟机监控时，虚拟机监控服务通过从客户机中运行的 VMware Tools 进程检查常规的检测信号和 I/O 活动，来评估集群中的每台虚拟机是否正在运行。如果没有收到检测信号或 I/O 活动，这很可能是因为客户机操作系统出现故障，或者没有给 VMware Tools 分配完成任务的时间。在这种情况下，虚拟机监控服务将确定虚拟机是否已发生故障，如果是，则重启虚拟机以恢复服务。

运行正常的虚拟机或应用程序偶尔会停止发送检测信号。为避免不必要的重置，虚拟机监控服务还会监控虚拟机的 I/O 活动。

要启用应用程序监控，必须首先获取适当的软件开发工具包（Software Development Kit，SDK），或使用支持 VMware 应用程序监控的应用程序，并使用它为要监控的应用程序设置自定义的检测信号。应用程序监控以与虚拟机监控大致相同的方式工作。如果在指定时间内没有收到应用程序的检测信号，则虚拟机将重启。

可以配置监控敏感度的级别。高敏感度的监控可以更快速地得出发生故障的结论。但是由于资源限制等原因没有收到检测信号，高敏感度的监控可能会错误地识别故障，而低敏感度的监控可能会导致实际故障和虚拟机恢复之间更长时间的服务中断。为此，应选择一个有效、折中的满足需求的选项。

5. 虚拟机组件保护

虚拟机组件保护（VM Component Protection，VMCP）用于检测数据存储可访问性故障，并为受影响的虚拟机提供自动恢复。发生数据存储可访问性故障时，受影响的主机将无法再访问特定数据存储的存储路径。vSphere HA 对此类故障的响应方式有多种，包括产生事件警报、在其他主机上重启虚拟机等。

数据存储可访问性故障类型有以下两种。

* 永久设备丢失（Permanent Device Loss，PDL）。当存储设备报告该数据存储无法由主机访问时，会发生不可恢复的可访问性丢失，不关闭虚拟机就无法恢复此状态。
* 全部路径异常（All Paths Down，APD）。表示 I/O 处理中短暂的或未知的可访问性丢失，或任何其他未识别的延迟。这种可访问性故障是可以恢复的。

6. 网络分区

当 vSphere HA 集群发生管理网络故障时，集群中的一部分主机可能无法通过管理网络与其他主机进行通信，这样一个集群中就可能会出现多个分区。已分区的集群会导致虚拟机保护和集群管理功能的降级，应尽快更正已分区集群。

* 虚拟机保护。vCenter Server 允许虚拟机打开电源，但只有当虚拟机与负责它的首选主机运行在相同的分区时，才能对其进行保护。首选主机必须与 vCenter Server 通信。如果首选主机以独占方式锁定数据存储上的系统定义文件（包含虚拟机的配置文件），则该主机将负责保护虚拟机。
* 集群管理。vCenter Server 可以与首选主机通信，但只能与从属主机的一部分进行通信。因此，影响 vSphere HA 的配置更改可能在分区解决后才能生效。此故障可能导致其中一个分区在旧配置下运行，而另一个则使用新配置。

7. 数据存储检测信号

当 vSphere HA 集群中的首选主机无法通过管理网络与从属主机进行通信时，首选主机将使用数据存储检测信号来判断从属主机是否发生故障、是否位于网络分区、是否处于网络隔离状态。如果从属主机已停止发送数据存储检测信号，则首选主机认为其发生了故障，其虚拟机在别处重启。

vCenter Server 选择一组首选的数据存储进行信号检测。这种选择是为了使访问检测信号数据存储的主机数量尽可能多，并尽可能降低数据存储由同一个 LUN 或 NFS 服务器支持的可能性。

vSphere HA 限制可以在单个数据存储上拥有配置文件的虚拟机数量。如果在数据存储上放置的虚拟机数量超过此限制，并启动这些虚拟机，vSphere HA 保护的虚拟机只能达到该上限。

8. 主动预防系统故障

传统的 vSphere HA 都是被动的，只有当主机发生故障时，才会将受保护的虚拟机转移到其他主机上。现在主流的服务器厂商都提供了硬件系统的监控和预警功能，使得主动预防成为可能。vSphere 通过 Proactive HA（主动式 HA）来实现这种功能，从而为关键应用提供更高等级的可靠性保护。

当主机的组件发生故障时，会出现主动式 HA 故障，这会导致冗余损失或非灾难性故障。但是，驻留在主机上的虚拟机的功能行为不会受到影响。例如，如果物理服务器上的电源发生故障，但其他电源可用，那就属于主动式 HA 故障。

如果发生主动式 HA 故障，则可以自动执行 vSphere HA 提供的修复操作。先将受影响的主机上的虚拟机撤离到其他主机，再将主机置于隔离模式或维护模式。

集群必须启用 vSphere DRS 才能使主动式 HA 故障监视正常运行。另外，还需要将插件与服务器厂商的系统管理工具集成，才能实现主动式 HA。

7.1.4　将 vSphere HA 与 DRS 一起使用

这种组合将自动故障切换与负载平衡功能相结合，可以将虚拟机移动到不同的主机以形成资源更加平衡的集群。当 vSphere HA 执行故障切换并重启不同主机上的虚拟机时，解决的是所有虚拟机的即时可用性问题。虚拟机重新启动后，已启动虚拟机的主机可能会负载过重，而其他主机负载则相对较轻。vSphere HA 使用虚拟机的 CPU 与内存预留以及内存开销来确定主机是否有足够的备用容量来容纳虚拟机。

在已启用 DRS 和 vSphere HA 准入控制的集群中，虚拟机可能不会从进入维护模式的主机中撤离。这种现象的发生是由于为重启虚拟机而保留的资源出了问题，这样就必须使用 vMotion 从主机手动迁移虚拟机。如果为集群创建 DRS 关联性规则，则可以指定 vSphere HA 在虚拟机故障切换期间应用该规则的方式。以下两种规则用于指定 vSphere HA 故障切换行为。

- 虚拟机-虚拟机反关联性规则。强制指定的虚拟机在故障切换操作期间保持分开放置。
- 虚拟机-主机关联性规则。在故障切换操作期间，将指定的虚拟机放置在特定主机或特定的主机组的成员上。

编辑 DRS 关联性规则时，可以启用为 vSphere HA 强制执行所需故障切换行为的功能。

7.1.5　vSphere HA 集群的要求

在创建和使用 vSphere HA 集群之前必须注意以下要求。

- 所有主机必须获得 vSphere HA 许可。
- 集群必须至少包含两台主机。
- 所有主机必须配置静态 IP 地址。
- 所有主机必须至少有一个共同的管理网络。最佳做法是至少有两个共同的管理网络。
- 要确保任何虚拟机可以在集群中的任何主机上运行，所有主机都必须具有访问相同虚拟机网络和数据存储的权限。类似地，虚拟机必须位于共享存储而不是本地存储上。
- 要使虚拟机监控工作，必须安装 VMware Tools。
- vSphere HA 支持 IPv4 和 IPv6。
- 要使虚拟机组件保护工作，主机必须启用 APD 超时功能。
- 要使用虚拟机组件保护，集群必须包含 ESXi 6.0 主机或更高版本的主机。
- 只有包含 ESXi 6.0 或更高版本的主机的 vSphere HA 集群才能启用虚拟机组件保护。

任务实现

任务 7.1.1　做好创建 vSphere HA 集群的准备工作

创建和配置 vSphere HA 集群之前，做好以下准备工作。

（1）确定集群的节点。这些节点是提供资源支持虚拟机的 ESXi 主机，并且用于故障切换保护。vSphere HA 集群必须至少包含两台主机。注意，要加入 vSphere HA 集群的主机上的所有虚拟机都要禁用虚拟机启动（自动启动）和关闭功能，因为与 vSphere HA 配合使用时，不支持虚拟机自动启动。这些虚拟机应安装 VMware Tools 软件以支持 vSphere HA 检测。

（2）准备虚拟网络。除了提供虚拟机端口组和其他网络功能外，还应重点考虑用于 vSphere HA 通信的网络。vSphere HA 使用管理网络与其他 vSphere HA 通信，本身要求网络具有冗余配置，尤其是管理网络没有冗余时，会给出配置错误提示。

默认情况下 vSphere HA 通信通过 VMkernel 网络进行传输。查看本例中两台主机上的 VMkernel 网络配置，其中 vSwitch0 标准交换机配置有 VMkernel 端口，vmk0 适配器已启用"管理"服务，作为默认管理网络，如图 7-1 所示；vSwitch3 标准交换机也配置有 VMkernel 端口，vmk2 适配器也已启用"管理"服务（本例中管理服务与 vMotion 服务等共用 VMkernel 端口），如图 7-2 所示。

图 7-1　vmk0 适配器

图 7-2　vmk2 适配器

（3）准备共享存储。虚拟机必须位于共享存储而不是本地存储上，否则在主机发生故障的情况下它们不能进行故障切换。

任务 7.1.2　创建 vSphere HA 集群

要使集群可用于 vSphere HA，首先必须创建一个空集群。在将主机添加到集群之前，可以启用和配置 vSphere HA，但是没有主机成员的集群不能完全运行，并且某些集群设置不可用。在计划集群的资源和网络体系结构之后，使用 vSphere Client 将主机添加到集群。项目 6 中已经创建名为 DRS-HA-Cluster 的 DRS 集群并添加了两台主机，这里不再示范集群的创建，而是直接将该集群配置为 vSphere HA 集群。

创建 vSphere HA 集群

（1）在 vSphere Client 界面中导航到该 DRS 集群，切换到"配置"选项卡，单击"服务"节点下的"vSphere 可用性"进入"vSphere 可用性"界面，可以发现默认关闭 vSphere HA，如图 7-3 所示。

图 7-3　"vSphere 可用性"界面

（2）单击"已关闭 vSphere HA"右侧的"编辑"按钮，打开图 7-4 所示的对话框，单击"vSphere HA"右侧的开关按钮，使其处于开启状态，以启用 vSphere HA 功能。

（3）在"故障和响应"选项卡中单击"启用主机监控"右侧开关按钮，使其处于开启状态，（见图 7-4），让集群中的主机可以交换网络检测信号，vSphere HA 可以在检测到故障时采取措施。

图 7-4　编辑集群设置

（4）如图 7-4 所示，从"虚拟机监控"下拉列表中选择"仅虚拟机监控"（默认选择"禁用"），表示如果在设置的时间内没有收到某个虚拟机的检测信号，则重启该虚拟机，也可以选择"虚拟机和应用程序监控"来启用虚拟机和应用程序同时监控。

（5）单击"确定"按钮，系统开始配置 vSphere HA，可在"近期任务"视图中查看配置进度，如图 7-5 所示。

图 7-5　vSphere HA 配置进度

配置完成后，出现一个具备基本功能的 vSphere HA 集群，可以进一步查看其主机成员信息。如图 7-6 所示，本例中的首选主机为 ESXi-A（192.168.10.11），状态显示为"正在运行（主机）"，说明正在运行的是首选主机，负责监控其他主机。注意，此处状态中"主机"英文原文为"Primary"，应译为"首选"，系中文界面翻译不当。

图 7-6　首选主机摘要信息

本例中 ESXi-B 主机（192.168.10.12）的摘要信息如图 7-7 所示，状态显示为"已连接（从属）"，说明处于连接状态的是从属主机。

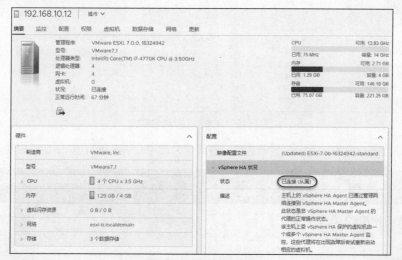

图 7-7　从属主机摘要信息

任务 7.1.3　测试 vSphere HA 的虚拟机故障切换功能

测试 vSphere HA 的虚拟机故障切换功能

创建 vSphere HA 集群后就可以进行基本功能测试。我们通过关闭主机模拟主机故障来测试故障切换功能。测试环境中，ESXi-A 主机（192.168.10.11）为首选主机，ESXi-B 主机（192.168.10.12）为从属主机。

（1）为方便测试，先禁用准入控制功能。打开"编辑集群设置"对话框，切换到"准入控制"选项卡，如图 7-8 所示，从"主机故障切换容量的定义依据"下拉列表中选择"禁用"，单击"确定"按钮（此处图中未显示该按钮）。

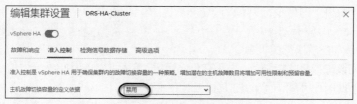

图 7-8　禁用准入控制

（2）实验环境中只有两台主机，项目 6 中创建的 DRS 规则会导致虚拟机故障切换失败，这里禁用这些规则，如图 7-9 所示。当然也可修改相关的规则。另外，将 DRS 集群的自动化级别设置为全自动，以免 DRS 给出虚拟机的初始放置或迁移建议并要求管理员手动确认。

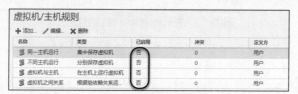

图 7-9　禁用 DRS 规则

（3）在 ESXi-A 主机（192.168.10.11）上启动 VM-centos7a 虚拟机，如图 7-10 所示。

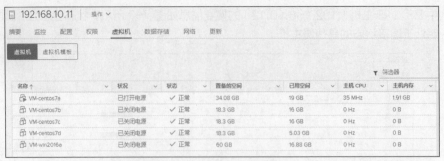

图 7-10　在主机上启动虚拟机

（4）打开该虚拟机的控制台，登录之后打开终端，通过命令获取其 IP 地址，如图 7-11 所示。

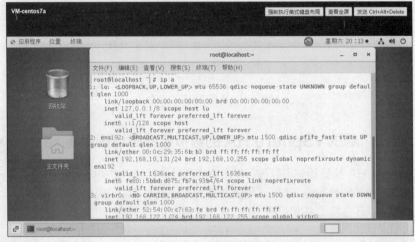

图 7-11　虚拟机终端

（5）故障切换要用到实时迁移，可以用 ping 命令测试虚拟机的连通性来测试虚拟机的故障恢复过程。从管理端计算机上的命令行中 ping 该虚拟机，执行以下命令：

```
ping 192.168.10.131 -t
```

（6）对 ESXi-A 主机执行关机命令。

（7）此时访问该虚拟机的控制台，发现它仍然运行。稍后控制台中会显示"控制台已断开连接"的提示信息，说明此时已不能访问该虚拟机，业务中断。

（8）"警报"中给出主机状态异常和 vSphere HA 正在进行故障切换的提示，如图 7-12 所示。

图 7-12　关于 vSphere HA 的警告

（9）查看 vSphere HA 集群中 ESXi-A 主机的摘要信息，发现 ESXi-A 主机出现故障，如图 7-13 所示。

（10）查看 ESXi-B 主机上的虚拟机，发现该虚拟机已切换到该主机上运行，如图 7-14 所示。其他已关闭电源的虚拟机也自动迁移到 ESXi-B 主机上。

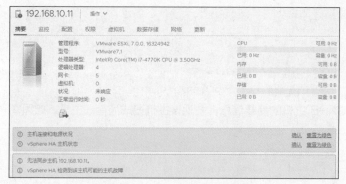

图 7-13 ESXi-A 主机出现故障

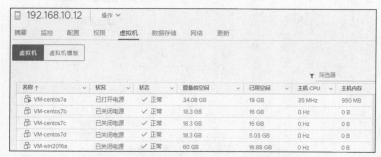

图 7-14 虚拟机已经迁移到 ESXi-B 主机上

（11）重新连接该虚拟机的控制台，发现其恢复运行。如图 7-15 所示，可以发现并没有恢复到发生故障之前的界面。这就表明，故障期间服务完全中断，虚拟机只是从中断中实现了快速恢复。

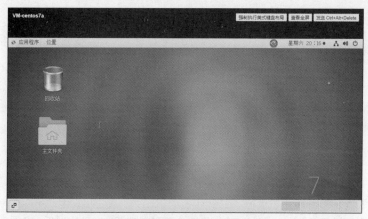

图 7-15 故障切换之后的虚拟机终端

（12）查看 ping 测试结果，发现请求超时；接着就是无法访问，这时虚拟机被关闭，服务完全中断；最后又能正常访问，延时都不超过 1ms，说明恢复成功。下面给出部分关键的测试结果。

来自 192.168.10.131 的回复: 字节=32 时间<1ms TTL=64

来自 192.168.10.131 的回复: 字节=32 时间<1ms TTL=64

请求超时

……

请求超时

来自 192.168.10.1 的回复: 无法访问目标主机

请求超时

······

请求超时

来自 192.168.10.131 的回复: 字节=32 时间<1ms TTL=64

来自 192.168.10.131 的回复: 字节=32 时间<1ms TTL=64

（13）查看 ESXi-B 主机的摘要信息，发现该主机已成为首选主机，如图 7-16 所示。

图 7-16　ESXi-B 主机变为首选主机

（14）切换到 vSphere HA 集群的"监控"选项卡，单击"vSphere HA"节点下的"配置问题"，可以发现当前 vSphere HA 集群的问题所在，主要是 ESXi-A 主机还存在问题，如图 7-17 所示。

图 7-17　vSphere HA 配置问题

（15）尝试恢复 ESXi-A 主机运行，由于无法连接 ESXi-A 主机，因此不能在 vSphere Client 界面中操作，本例中是在 WMware Workstation 中启动该主机。启动完成后，它重新作为 vSphere HA 集群的从属主机运行，如图 7-18 所示。

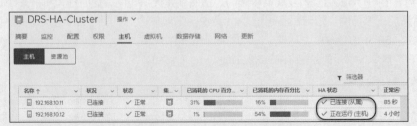

图 7-18　ESXi-A 主机变为从属主机

任务 7.2   进一步配置 vSphere HA 集群

任务说明

前面创建了 vSphere HA 集群并实现了基本的虚拟机故障切换，要更精细地控制故障切换，还需要进一步配置 vSphere HA 集群。本任务的具体要求如下。

（1）理解 vSphere HA 准入控制的实现机制。

（2）掌握配置 vSphere HA 故障响应的方法。

（3）掌握配置 vSphere HA 准入控制的方法。

知识引入

7.2.1   什么是准入控制

vSphere HA 使用准入控制来确保在主机出现故障时为虚拟机恢复预留足够的资源。准入控制对资源使用进行限制，任何可能违反这些限制的操作都是不允许的。可能被禁止的操作包括打开虚拟机电源、迁移虚拟机、增加虚拟机的 CPU 或内存预留等。

vSphere HA 准入控制的基础是在能够保证故障切换的前提下集群所容许的主机故障数量。主机故障切换容量可以通过 3 种方式进行设置：集群资源百分比、插槽策略（Slot Policy）和专用故障切换主机。虽然可以禁用 vSphere HA 准入控制，但是这样就无法保证故障发生后可以重启预期数量的虚拟机，因此不要永久禁用准入控制。

7.2.2   集群资源百分比准入控制

可以配置 vSphere HA 通过预留指定百分比的集群 CPU 和内存资源来执行准入控制，以便从主机故障中恢复。vSphere HA 可确保为故障切换预留指定百分比的 CPU 和内存资源。

1．集群资源百分比准入控制的方法

（1）计算集群中所有已打开电源的虚拟机的总资源需求。

（2）计算可用于虚拟机的主机资源总量。

（3）计算集群的当前 CPU 故障切换容量和当前内存故障切换容量。

（4）确定当前 CPU 故障切换容量或当前内存故障切换容量是否低于相应的配置故障切换容量（由用户提供）。如果低于配置，则准入控制将不允许操作。

vSphere HA 使用虚拟机的实际预留。如果虚拟机没有预留，则表示预留为 0，默认为 0MB 内存和 32MHz CPU。

2．计算当前故障切换容量

已打开电源的虚拟机的总资源需求包括 CPU 和内存两个部分，vSphere HA 会计算这两个部分的值。

- CPU 组件值的计算方法是对已启动虚拟机的 CPU 预留计算总和。如果尚未为虚拟机指定 CPU 预留，则会为其分配默认值 32MHz。

- 内存组件值的计算方法是对每个已启动虚拟机的内存预留（加上内存开销）计算总和。

计算出主机的 CPU 和内存资源总和，从而可得出虚拟机可使用的主机资源总量。这些值包含在主机根资源池中的总量中，而不是主机的总物理资源量，不包括用于虚拟化目的的资源。只有处于连接状态、未进入维护模式且没有 vSphere HA 错误的主机才被计算在内。

当前 CPU 故障切换容量是通过从主机 CPU 资源总量中减去总 CPU 资源需求量，并将结果除以主机 CPU 资源总量得出的。当前内存故障切换容量的计算方式与此类似。

3. 使用集群资源百分比准入控制的示例

下面通过一个示例（见图 7-19）说明使用这种准入控制策略的当前故障切换容量的计算方式。假设集群由 3 台主机组成，每台主机具有不同数量的可用 CPU 和内存资源。主机 1 具有 9GHz 的可用 CPU 资源和 9GB 的可用内存，主机 2 具有 9GHz 的可用 CPU 资源和 6GB 的可用内存，主机 3 具有 6GHz 的可用 CPU 资源和 6GB 的可用内存。

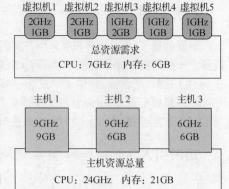

图 7-19　集群资源百分比准入控制的示例

集群中有 5 个已打开电源的虚拟机，具有不同的 CPU 和内存要求。虚拟机 1 和虚拟机 2 各需要 2GHz 的可用 CPU 资源和 1GB 的可用内存，虚拟机 3 需要 1GHz 的可用 CPU 资源和 2GB 的可用内存，虚拟机 4 和虚拟机 5 各需要 1GHz 的可用 CPU 资源和 1GB 的可用内存。

CPU 和内存的配置故障切换容量都设置为 25%。

已打开电源的虚拟机的总资源需求为 7GHz 和 6GB。虚拟机可用的主机资源总量为 24GHz 和 21GB。基于此，当前 CPU 故障切换容量约为 71%[（24GHz-7GHz）/24GHz）×100%]。同样，当前内存故障切换容量约为 71%[（21GB-6GB）/21GB）×100%]。

由于将集群的配置故障切换容量设置为 25%，约 46% 的集群 CPU 总资源的和约 46% 的集群内存总资源仍可用于启动其他虚拟机。

7.2.3　插槽策略准入控制

使用插槽策略，vSphere HA 准入控制可确保当指定数量的主机出现故障时，集群中仍有足够的资源支持从这些主机中将所有虚拟机进行故障切换。

1. 插槽策略执行准入控制的方法

（1）计算插槽大小。插槽是内存和 CPU 资源的逻辑表示。默认情况下，其大小可满足集群中任何已启动虚拟机的要求。

（2）确定集群中的每台主机可以容纳多少个插槽。

（3）确定集群的当前故障切换容量。这表示出现故障后仍然有足够的插槽来满足所有已打开电源的虚拟机的主机数量。

（4）确定当前故障切换容量是否低于配置故障切换容量（由用户提供）。如果低于配置，则准入控制将不允许操作。

2. 插槽大小计算

插槽大小由 CPU 和内存两个组件的值组成。vSphere HA 通过获取每个已打开电源的虚拟机的 CPU 预留并选择最大值来计算 CPU 组件的值。如果没有为虚拟机指定 CPU 预留，则系统会为其分配一个默认值 32MHz。通过获取每个已打开电源的虚拟机的内存预留及内存开销，并选择最大值来计算内存组件的值。需要注意的是，内存预留没有默认值。

3. 使用插槽计算当前故障切换容量

在计算出插槽大小后，vSphere HA 会确定每台主机的可用于虚拟机的 CPU 和内存资源。这些值包含在主机根资源池中的总量中，而不是主机的总物理资源量，不包括用于虚拟化目的的资源。

只有处于连接状态、未进入维护模式且没有 vSphere HA 错误的主机才会被计算在内。

然后确定每台主机可以支持的最大插槽数。为此，将主机的 CPU 资源量除以 CPU 组件的值，并将结果保留整数。对主机的内存资源量进行相同的计算。比较这两个数字，较小的数字是主机可以支持的插槽数。

通过确定发生故障后仍然有足够的插槽满足所有已打开电源的虚拟机的主机数量（从最大值开始）来计算当前故障切换容量。

4．使用插槽策略准入控制的示例

下面通过一个示例（见图 7-20）来说明插槽大小的计算和插槽策略准入控制的使用。本例中的资源同上面的集群资源百分比准入控制示例相同，只是将集群允许的主机故障数目设置为 1。

插槽大小是通过比较虚拟机的 CPU 和内存需求并选择最大需求进行计算的。最大的 CPU 需求为 2GHz（虚拟机 1 和虚拟机 2 都是此值），而最大的内存需求为 2GB（虚拟机 3 为此值）。基于此，可得出插槽大小为 2GHz CPU 和 2GB 内存。

确定每台主机可支持的最大插槽数。主机 1 可以支持 4 个插槽，主机 2 可以支持 3 个插槽（这是 9GHz/2GHz 和 6GB/2GB 两个值中较小的），主机 3 也可以支持 3 个插槽。

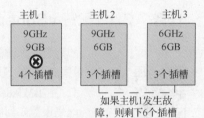

图 7-20　插槽策略准入控制的示例

计算当前故障切换容量。插槽数最多的主机是主机 1，如果主机 1 发生故障，集群中仍然有 6 个插槽，插槽数量对于所有 5 个已打开电源的虚拟机而言都是足够的。如果主机 1 和主机 2 都出现故障，只剩下 3 个插槽，就不够用了。因此，当前故障切换容量为 1。

集群中可用的插槽数为 1，即主机 2 和主机 3 共 6 个插槽减去 5 个已使用的插槽。

7.2.4　专用故障切换主机准入控制

配置 vSphere HA 时，可以将特定主机指定为故障切换主机。

使用专用故障切换主机准入控制，当主机发生故障时，vSphere HA 会尝试在任何指定的专用故障切换主机上重新启动其虚拟机。如果无法重新启动虚拟机，如故障切换主机出现故障或资源不足，则 vSphere HA 会尝试重新启动集群中其他主机上的那些虚拟机。

要确保故障切换主机上的备用容量可用，否则将无法启动虚拟机或使用 vMotion 将虚拟机迁移到故障切换主机。此外，DRS 不使用故障切换主机进行负载平衡。

如果使用这种准入控制策略并指定多个故障切换主机，则 DRS 不会强制为在故障切换主机上运行的虚拟机执行虚拟机关联性规则。

7.2.5　选择准入控制策略

应当基于可用性需求和集群的功能选择准入控制策略。选择准入控制策略应考虑以下因素。

* 避免资源碎片。当有足够的资源用于虚拟机故障切换时，会产生资源碎片。由于虚拟机一次只能在一台 ESXi 主机上运行，因此这些碎片化的资源位于多台主机且不可用。使用集群资源百分比策略不能解决资源碎片问题，而选用专用故障切换主机策略则不会出现资源碎片。对于插槽策略，将插槽大小定义为虚拟机最大预留值，使用"集群允许的主机故障数目"策略的默认设置即可避免资源碎片。

* 故障切换资源的灵活性。为故障切换保护预留集群资源时，准入控制策略所提供的控制力度会有所不同。"集群允许的主机故障数目"策略可设置多台主机用于故障切换。而集群资源百分比策

略最多可设置 100%的集群 CPU 和内存资源用于故障切换，指定故障切换策略时可指定一组故障切换主机。

- 集群的异构。对于异构集群，插槽策略可能太保守，因为定义插槽大小时仅考虑最大的虚拟机预留，而在计算故障切换容量时也假定最大的主机故障。其他两个策略则不受异构集群的影响。
- 运行环境。生产环境中推荐使用集群资源百分比策略。需要注意的是，预留的资源越多，主机在非故障切换时能够运行的虚拟机数量就越少。专用故障切换主机策略通常用于备用 ESXi 主机的大中型环境。

任务实现

任务 7.2.1　配置 vSphere HA 故障响应

配置 vSphere HA
故障响应

故障响应配置就是要确定遇到问题时 vSphere HA 集群的响应方式。打开"编辑集群设置"对话框，在"故障和响应"选项卡中执行故障响应配置任务。

1. 主机故障响应

这是设置如何响应 vSphere HA 集群中发生的主机故障。展开"主机故障响应"项，出现图 7-21 所示的界面。

在"故障响应"区域配置主机监控和故障切换。默认选择"重新启动虚拟机"，表示检测到主机故障时，虚拟机基于重新启动优先级确定的顺序进行故障切换。如果选择"禁用"，则会关闭主机监控，主机发生故障时不会重新启动虚拟机。

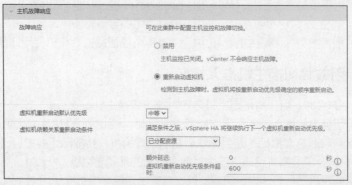

图 7-21　设置主机故障响应

从"虚拟机重新启动默认优先级"下拉列表中选择优先级，共有 5 个优先级，即最低、低、中等、高、最高，默认设置为中等。重新启动优先级用于确定主机发生故障时虚拟机的重新启动顺序，这里设置的是默认优先级，即未设置虚拟机替代项的虚拟机的重新启动优先级。首先启动优先级最高的虚拟机，然后启动那些低优先级的虚拟机，直到重新启动所有虚拟机，或者没有更多的可用集群资源为止。

在"虚拟机依赖关系重新启动条件"区域设置 vSphere HA 下一个虚拟机重新启动优先级必须满足的条件，共有 4 个选项，即已分配资源、已打开电源、已检测到客户机检测信号、已检测到应用检测信号，默认值为已分配资源。底部两个文本框分别用于设置所允许的额外延迟时间和超时限制。

2. 主机隔离响应

这是设置如何响应 vSphere HA 集群中发生的主机隔离。展开"针对主机隔离的响应"项，出现图 7-22 所示的界面。该界面中共有 3 个单选按钮，即禁用、关闭虚拟机电源再重新启动虚拟机、关闭再重新启动虚拟机，默认选择"禁用"，即不对主机隔离做出任何响应。

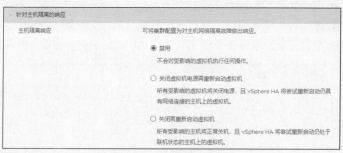

图 7-22　设置主机隔离响应

3. 配置虚拟机组件保护响应

配置虚拟机组件保护响应，指当数据存储遇到 PDL 或 APD 故障时，虚拟机组件保护所采取的响应。

展开"处于 PDL 状态的数据存储"项，出现图 7-23 所示的界面。该界面中共有 3 个单选按钮，即禁用、发布事件、关闭虚拟机电源再重新启动虚拟机，一般选择"禁用"，即不对 PDL 故障做出任何响应。

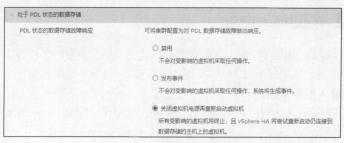

图 7-23　设置 PDL 故障响应

展开"处于 APD 状态的数据存储"项，出现图 7-24 所示的界面。该界面中共有 4 个单选按钮，即禁用、发布事件、关闭虚拟机电源并重新启动虚拟机-保守的重新启动策略、关闭虚拟机电源并重新启动虚拟机-激进的重新启动策略，一般选择"禁用"，即不对 APD 故障做出任何响应。还可以设置响应恢复，即虚拟机组件保护进行操作之前等待的时间。

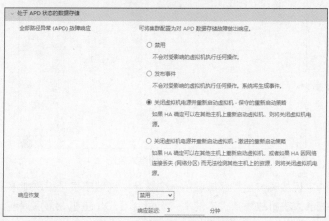

图 7-24　设置 APD 故障响应

4. 设置虚拟机监控

展开"虚拟机监控"项，出现图 7-25 所示的界面。

一般选择"仅虚拟机监控"单选按钮以启用 VMware Tools 检测信号。当然也可以根据需要选择"虚拟机和应用程序监控"单选按钮，既检测虚拟机信号，又检测应用程序信号。

还可以设置虚拟机监控敏感度，在低值和高值之间移动滑块进行设置，或者自定义设置。

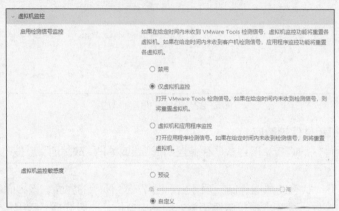

图 7-25　设置虚拟机监控

任务 7.2.2　配置准入控制

创建集群后，可以配置准入控制，以指定虚拟机违反可用性限制时是否可以启动它们。集群会预留资源，以便在指定数量的主机上对所有正在运行的虚拟机进行故障切换。

1. 设置基本准入控制策略

打开"编辑集群设置"对话框，切换到"准入控制"选项卡，如图 7-26 所示，配置其中的选项。

图 7-26　设置准入控制

在"集群允许的主机故障数目"区域设置一个数字。该数字表示集群能够进行恢复或者确保进行故障切换所允许的最大主机故障数。本例中只有两台 ESXi 主机，最多只能选择一台。如果集群中只有一个主机，则 vSphere HA 无法进行故障切换。

在"虚拟机允许的性能降低"区域设置百分比。此设置确定故障期间集群中的虚拟机允许的性能降低百分比,可以指定配置问题的发生次数。例如,默认值为 100%,不会产生任何警告;如果降至 0%,则集群使用率超过可用容量时就会生成警告;如果降至 20%,可以允许的性能降低量按"性能降低量=当前使用量×20%"的方式计算。当前使用量减去性能降低量的值超过可用容量时,将发出配置通知。

最重要的是"主机故障切换容量的定义依据"设置,共有 4 个选项,其中"禁用"表示禁用准入控制,并允许在违反可用性限制时打开虚拟机电源。

2. 选择集群资源百分比

该设置指定为支持故障切换而作为备用容量保留的集群 CPU 和内存资源的百分比。下面进行测试。

选择集群资源百分比

(1)在"准入控制"选项卡中,从"主机故障切换容量的定义依据"下拉列表中选择"集群资源百分比",如图 7-26 所示,单击"确定"按钮。这种准入控制策略需要关注整个集群资源的占用情况,切换到该 vSphere HA 集群的"摘要"选项卡,查看集群当前已用和可用的 CPU 及内存。

(2)确认 VM-centos7a 虚拟机正在运行,如果没有运行则启动它。

(3)回到"准入控制"选项卡,勾选"替代计算的故障切换容量。"复选框,如图 7-27 所示,将预留的故障切换 CPU 容量和内存容量从默认值均改为 20%。还可以设置故障期间集群中的虚拟机允许的性能降低比例。0%表示如果故障切换容量不足,则无法保证重新启动虚拟机后具有相同的性能,则会引发警告。默认值 100%表示警告处于禁用状态。

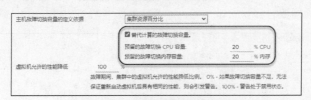

图 7-27　调整预留资源的百分比

(4)单击"确定"按钮。再切换到该 vSphere HA 集群的"摘要"选项卡,可以发现有配置资源不足的警告信息,如图 7-28 所示,这说明预留的资源不足。

图 7-28　提示配置的资源不足

(5)在"准入控制"选项卡中将预留的故障切换 CPU 容量和内存容量的值设置得大一些,或者直接取消勾选"替代计算的故障切换容量。"复选框以恢复默认设置,就不会出现配置资源不足的情形。

实际上在资源配置不足的情形下故障切换也会成功。为虚拟机恢复预留足够资源的准入控制只是为了保障有资源能够打开因故障迁移过来的虚拟机。即使已经超过切换的阈值了,HA 集群也可以将虚拟机成功迁移。

3. 选择插槽策略

可为所有已打开电源的虚拟机或固定大小的插槽选择策略,还可以计算有多少个虚拟机需要多

选择插槽策略

个插槽。下面进行测试。

（1）确认 VM-centos7a 和 VM-win2016a 两个虚拟机正在运行，如果没有运行则启动它们。

（2）在"准入控制"选项卡中，从"主机故障切换容量的定义依据"下拉列表中选择"插槽策略（已打开电源的虚拟机）"，如图 7-29 所示，默认选择"涵盖所有已打开电源的虚拟机"，这是默认的插槽策略。

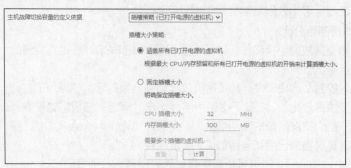

图 7-29　默认的插槽策略

（3）切换到该集群的"监控"选项卡，单击"vSphere HA"节点下的"摘要"，在"高级运行时信息"区域（如果不显示可单击"刷新"按钮）中可以查看当前的插槽参数，如图 7-30 所示。这里使用默认的 32MHz 作为插槽大小，集群内的插槽总数达到 98，已使用的插槽数为 2 可用插槽数为 10，故障切换插槽数为 86。

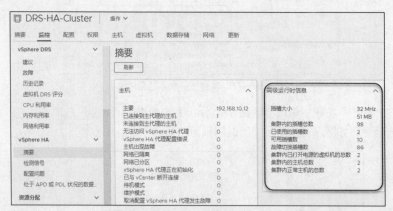

图 7-30　插槽参数

这里是根据 CPU 和内存预留以及所有已打开电源的虚拟机的开销来计算插槽大小的，由于本例中没有设置预留，并且所计算的插槽数和实际数据差距太大，因而生产环境中通常不使用这种默认策略。接下来示范插槽策略调整。

（4）切换到该 vSphere HA 集群的"虚拟机"选项卡，找出 CPU 和内存资源占用最多的虚拟机，本例中为 VM-win2016a 虚拟机，如图 7-31 所示。这是根据插槽大小计算原则所得到的。

（5）依据该虚拟机的 CPU 和内存资源占用量调整插槽策略。切换到"准入控制"页面，这里选中"固定插槽大小"单选按钮，将 CPU 固定插槽大小调整为 128MHz，如图 7-32 所示。

（6）再次打开该 vSphere HA 集群的"摘要"界面，在"高级运行时信息"区域中可以看到当前的插槽参数已经改变，如图 7-33 所示。本例中 CPU 和内存插槽大小分别为 128MHz 和 100MB，集群内的插槽总数为 50，已使用的插槽数仍然为 2，可用插槽数变为 4，故障切换插槽数变为 44。

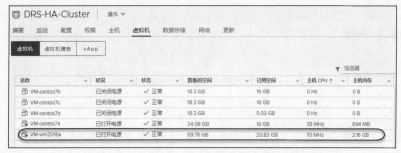

图 7-31　找出 CPU 和内存资源占用最多的虚拟机

图 7-32　更改插槽策略

图 7-33　调整后的插槽参数

（7）尝试调整前述 VM-win2016a 虚拟机的预留资源，通过编辑虚拟机的设置来实现，这里将其 CPU 预留调整为 256MHz，如图 7-34 所示。

图 7-34　更改虚拟机的 CPU 预留

（8）切换到"准入控制"页面，单击"插槽大小策略"区域（参见图 7-32）中单击"计算"按钮可以计算出需要多个插槽的虚拟机数量，如图 7-35 所示。这里的 1/2 表示共有两个已打开电源的虚拟机，其中一个虚拟机需要多个插槽，再单击"查看"按钮，可以发现 VM-win2016a 虚拟机需要 2 个插槽，如图 7-36 所示。

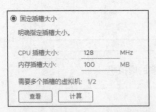

图 7-35　计算和查看需要多个插槽的虚拟机　　　　图 7-36　需要多个插槽的虚拟机

（9）打开该 vSphere HA 集群的"摘要"界面，在"高级运行时信息"区域中可以查看当前的插槽参数又一次发生了改变，如图 7-37 所示。这里由于 VM-win2016a 虚拟机增加了 1 个插槽，已使用的插槽数变为 3，可用插槽数变为 3，故障切换插槽数仍为 44。

（10）测试故障切换。本例中 VM-win2016a 虚拟机在 ESXi-A 主机（192.168.10.11）上运行，然后关闭该主机以模拟主机故障，会发现触发故障切换，该虚拟机从 ESXi-B 主机（192.168.10.12）上恢复运行。

（11）再一次查看当前插槽参数，如图 7-38 所示。集群内的插槽总数变为 7，已使用的插槽数仍然为 3，可用插槽数变为 0，故障切换插槽数变为 4，因为此时只有一台正常运行的主机，资源变少了。

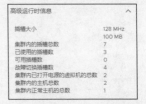

图 7-37　故障切换前的插槽参数　　　　　　图 7-38　故障切换后的插槽参数

4. 选择专用故障切换主机

选择专用故障切换主机

选择要用于进行故障切换操作的主机。当默认故障切换主机没有足够的资源时，仍可在集群内的其他主机上进行故障切换。

在"准入控制"选项卡的中，从"主机故障切换容量的定义依据"下拉列表中选择"专用故障切换主机"，单击"添加"按钮弹出"添加故障切换主机"对话框，从列表中选择要用于切换的主机，这里将 ESXi-B 主机（192.168.10.12）作为专用故障切换主机，单击"确定"按钮，该主机加入故障主机列表中，如图 7-39 所示，再单击"确定"按钮。

图 7-39　设置专用故障切换主机

接下来进行测试。在 ESXi-A 主机（192.168.10.11）上运行一台虚拟机，然后关闭该主机以模拟主机故障，会发现触发故障切换，该虚拟机从 ESXi-B 主机（192.168.10.12）上恢复运行。

实际应用中要注意专用故障切换主机的负载情况，建议使用负载较小的主机。

任务 7.2.3　配置检测信号数据存储

vSphere HA 使用数据存储检测信号区分出现故障的主机和位于网络分区上的主机。利用数据存储检测信号，当发生管理网络分区时，vSphere HA 可以监控主机并继续响应故障。可以指定要用于数据存储检测信号的数据存储。

打开"编辑集群设置"对话框，切换到"检测信号数据存储"选项卡，如图 7-40 所示，配置其中的选项。首先选择检测信号数据存储选择策略，从以下选项中选择。

- 自动选择可从主机访问的数据存储。
- 仅使用指定列表中的数据存储。
- 使用指定列表中的数据存储并根据需要自动补充。

此处选择第 3 个选项。

然后在"可用检测信号数据存储"区域选择要用于检测信号的数据存储，列出的数据存储由 vSphere HA 集群中的多台主机共享。这里将两个 iSCSI 数据存储都选中，为 vSphere HA 数据存储检测信号提供冗余。

图 7-40　配置检测信号数据存储

任务 7.2.4　通过设置替代项来自定义个别虚拟机的 vSphere HA 设置

在 vSphere HA 集群中可以设置虚拟机替代项来自定义单个虚拟机，以覆盖集群的 vSphere HA 默认设置，如虚拟机重新启动优先级、主机隔离响应、虚拟机组件保护和虚拟机监控等设置。

切换到 vSphere HA 集群的"配置"选项卡，展开"配置"节点，单击"虚拟机替代项"，右侧出现虚拟机替代项列表。单击"添加"按钮启动相应的向导，弹出图 7-41 所示的对话框，从列表中选择一个或多个虚拟机，单击"NEXT"按钮。

图 7-41　选择要设置替代项的虚拟机

如图 7-42 所示，针对列表中的虚拟机进行个性化设置。各个设置的默认值都是"使用集群设置"，可从下拉列表中选择具体的设置项，然后单击"FINISH"按钮完成虚拟机替代项的设置。

图 7-42　设置虚拟机替代项

任务 7.3　使用 vSphere FT 实现虚拟机容错

任务说明

vSphere HA 的虚拟机故障切换期间会发生服务中断。要实现更高级别的可用性和数据保护，确保业务运行的连续性，就需要使用 vSphere FT 技术。vSphere FT 基于虚拟化架构构建低成本、易管理的双机热备系统。vSphere FT 通过在不同的主机上运行相同的虚拟机来提供连续可用性，确保业务不中断，其特别适合关键业务。本任务的具体要求如下。

（1）了解 vSphere FT 基础知识。

（2）掌握 vSphere FT 环境的部署方法。

（3）掌握使用 vSphere FT 实现虚拟机容错的方法。

（4）测试虚拟机容错功能。

（5）掌握虚拟机容错管理的方法。

本任务的实验环境需要在 vSphere HA 实验环境的基础上为两台 ESXi 主机分别增加一个网卡用于 FT 日志记录流量。

知识引入

7.3.1　vSphere FT 的工作原理

执行关键任务的虚拟机应使用 vSphere FT。它通过创建和维护虚拟机副本，可在发生故障切换时随时替换原虚拟机，确保虚拟机的连续可用性。

如图 7-43 所示，vSphere FT 使用快速检查点（Fast Checkpointing）技术、10Gbit/s 网络连接和各自不同的 VDMK（Virtual Machine Disk Forma）存储支持在两台 ESXi 主机上实现虚拟机容错。其中，受保护的虚拟机称为主虚拟机（Primary VM）。另外一个完全一样的虚拟机，即辅助虚拟机（Secondary VM），在另一台主机上创建和运行。两者统称容错虚拟机。由于辅助虚拟机与主虚拟机的执行方式相同，并且辅助虚拟机无须中断就可在任何时间接管主虚拟机，因此可以提供容错保护。

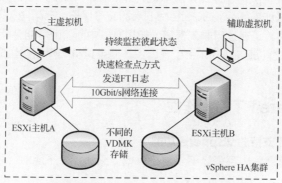

图 7-43　vSphere FT 的工作原理

主虚拟机和辅助虚拟机会持续监控彼此的状态以维持容错。如果运行主虚拟机的主机发生故障，系统将会执行透明故障切换，此时会立即启用辅助虚拟机来接替主虚拟机，启动新的辅助虚拟机，并自动重建容错冗余。如果运行辅助虚拟机的主机发生故障，则该主机也会立即被替换。在任一情况下，用户都不会遭遇服务中断和数据丢失。

主虚拟机和辅助虚拟机不允许在同一主机上运行，这种限制可以确保主机故障不会导致两个虚拟机都失效。

当然，也可以使用虚拟机-主机关联性规则确定要运行指定虚拟机的主机。需要注意的是，受这种规则影响的任何主虚拟机，其关联的辅助虚拟机也受这些规则影响。

> **提示**　容错可避免所谓"裂脑"（Split-Brain）情况的发生，此情况可能会导致虚拟机从故障中恢复后存在两个活动副本。共享存储上锁定的原子文件（Atomic File）用于协调故障切换，确保只有一端可作为主虚拟机继续运行，并由系统自动重新生成新辅助虚拟机。

7.3.2　vSphere FT 故障切换的特点

如果运行主虚拟机的主机或运行辅助虚拟机的主机发生故障，则会立即进行透明故障切换。正常运行中的 ESXi 主机无缝地成为主虚拟机的主机，而不会断开网络连接或正在处理的事务。使用透明故障切换，不会丢失数据，并能够维护网络连接。发生透明故障切换后，将重新生成新的辅助虚拟机，并建立冗余。整个过程是透明和完全自动化的，即使 vCenter Server 不可用也会发生故障切换。

7.3.3　vSphere FT 的应用场景

vSphere FT 可提供比 vSphere HA 更高级别的业务持续性，并增加状态信息和数据保护功能。当辅助虚拟机用来替换主虚拟机时，辅助虚拟机会立即取代主虚拟机，并会保存该虚拟机的整个状态。此时应用程序已在运行，并且内存中存储的数据无须重新加入或重新加载。vSphere FT 可用于以下场景。

- 需要始终可用的应用程序，尤其是用户希望在硬件故障期间保持持久客户端连接的应用程序。
- 不能通过任何其他方式实现集群功能的自定义应用程序。
- 可以通过自定义集群解决方案提供高可用性，但这些解决方案太复杂，很难进行配置和维护。
- 按需容错（On-Demand Fault Tolerance）。

可以在关键时间段使用按需容错保护虚拟机，然后在非关键运行期间转回正常状态。在这种情形下，虚拟机在正常操作期间受到 vSphere HA 的充分保护。在某些关键期间，可能要增强对虚拟机的保护。例如，可能正在运行季末报表，如果发生中断，则可能会延迟关键信息的可用性。此时可以在运行此报表之前通过 vSphere FT 保护此虚拟机，然后在生成报表之后关闭或挂起 vSphere FT。

7.3.4　vSphere FT 互操作性

1. vSphere FT 不支持的 vSphere 功能

- 快照。在虚拟机上启用容错之前必须移除或提交快照。不能对已启用容错的虚拟机执行生成快照操作。
- Storage vMotion。不能为已启用 vSphere FT 的虚拟机调用 Storage vMotion。要迁移存储，应当先暂时关闭容错功能，然后执行 Storage vMotion 操作。在完成迁移之后，可以重新开启容错功能。
- 链接克隆。不能在链接克隆的虚拟机上使用容错，也不能从启用容错的虚拟机上创建链接克隆。
- 虚拟卷数据存储。
- 基于存储的策略管理。
- I/O 筛选器。

2. 与 vSphere FT 不兼容的功能和设备

- 物理裸磁盘映射。
- 由物理或远程设备支持的 CD-ROM 及虚拟软盘设备。
- USB 和声音设备。
- 网卡直通（NIC Passthrough）。
- 热插拔设备。要添加或移除热插拔设备，必须临时关闭容错功能。完成热插拔操作之后再重新启用容错。
- 串行或并行端口。
- 启用了 3D 的视频设备。

- 虚拟机通信接口（Virtual Machine Communication Interface，VMCI）。

3. 将 vSphere FT 与 DRS 配合使用

容错虚拟机不要求 EVC 支持 DRS。在由 vSphere 6.7 或更高版本 vCenter Server 管理的 vSphere 6.5 和 vSphere 6.0 主机上，可以将 vSphere FT 与 DRS 配合使用。

7.3.5 vSphere FT 的要求

vSphere FT 的要求涉及集群、主机和虚拟机等多个方面。

1. vSphere FT 的集群要求

- 创建 vSphere HA 集群并启用 vSphere HA 功能。
- 在要添加到 vSphere HA 集群的每台主机上，必须配置两个不同的虚拟交换机分别用于 vMotion 流量和 FT 日志记录流量，以支持 vSphere FT。建议每台主机最少使用两个物理网卡，一个专门用于 FT 日志记录，另一个则专门用于 vMotion。可以使用 3 个或 3 个以上物理网卡来确保可用性。
- 为确保冗余和最大程度的容错保护，集群中应至少有 3 台主机。如果发生故障切换情况，这可确保有主机可容纳所创建的新辅助虚拟机。

2. vSphere FT 的主机要求

- 主机必须使用受支持的 CPU。
- 主机必须获得 vSphere FT 的许可。
- 主机必须已通过 vSphere FT 认证。
- 配置每台主机时都必须在 BIOS 中启用硬件虚拟化（Hardware Virtualization，HV）。

VMware 建议将用于支持容错虚拟机的主机的 BIOS 电源管理设置为"最高性能"或"受操作系统管理的性能"。

3. vSphere FT 的虚拟机要求

- 没有不受支持的设备连接到虚拟机。
- 不兼容的 vSphere 功能一定不能与容错虚拟机一起运行。
- 虚拟机文件（VMDK 文件除外）必须存储在共享存储中。可接受共享的存储解决方案包括光纤通道、iSCSI、NFS 和 NAS。
- 开启容错功能后，容错虚拟机的预留内存设置为虚拟机的内存大小，确保包含容错虚拟机的资源池拥有大于虚拟机内存大小的内存资源，否则可能没有内存可用作开销内存。

任务实现

任务 7.3.1　为虚拟机容错准备主机和集群

1. 为支持 vSphere FT 的 ESXi 主机配置网络

按照 vSphere FT 要求，每台主机上必须配置两个不同的虚拟交换机，分别用于 vMotion 和 FT 日志记录的流量。

目前已经有 vSwitch3 标准交换机用于 vMotion 流量，如图 7-44 所示，其 VMkernel 适配器名称为 vmk2，不要将 vSwitch3 用于 FT 日志记录流量（取消勾选"Fault Tolerance 日志记录"复选框）。

接下来创建一个用于 FT 日志记录流量的标准交换机。注意，如果在 vSphere HA 集群中的主机上更改网络连接配置，需要先挂起（禁用）主机监控，完成之后再开启主机监控。

这里为两台主机分别准备一个空闲的物理适配器 vmnic4，在充当 ESXi 主机的 VMware Workstation 虚拟机中，网络连接使用的是桥接模式。为两台主机分别创建新的标准交换机（vSwitch4），启动添加网络向导，连接类型选择"VMkernel 适配器"，将物理适配器（这里为 vmnic4）添加到新建的标准交换机中，设置端口属性时从"可用服务"列表中仅勾选"Fault Tolerance 日志记录"复选框。完成之后，查看其 VMkernel 端口设置，如图 7-45 所示。

图 7-44　用于 vMotion 流量

图 7-45　用于 FT 日志记录流量

2. 创建 vSphere HA 集群

vSphere FT 必须在 vSphere HA 集群环境中使用，也就是说，运行容错功能虚拟机的 ESXi 主机必须是同一 vSphere HA 集群的成员。为每台主机配置网络连接后，创建 vSphere HA 集群并向其中添加主机。这里使用之前已创建好的 vSphere HA 集群（名为 DRS-HA-Cluster）。

任务 7.3.2　为虚拟机启用容错功能

为虚拟机启用容错
功能

准备好主机网络和 vSphere HA 集群之后，即可对虚拟机启用容错功能。在启用容错功能后，vCenter Server 会重置虚拟机的内存限制，并将内存预留值设置为虚拟机的内存大小。当容错功能保持打开状态时，不能更改内存预留、大小、限制、vCPU 数量或份额，也不能添加或移除虚拟机磁盘。在关闭容错功能后，已更改的任何参数均不会恢复到其原始值。

1. 检查虚拟机的容错兼容性

对照之前的 vSphere FT 虚拟机要求，检查虚拟机是否符合要求。如果符合下列任一情况，则"打开 Fault Tolerance"命令不可用（以灰色显示）。

- 虚拟机所驻留的主机并未获得使用容错功能的许可证。
- 虚拟机所驻留的主机处于维护模式或待机模式。
- 虚拟机已断开连接或被孤立（无法访问其 .vmx 文件）。
- 用户没有打开容错功能的权限。

如果"打开 Fault Tolerance"命令可用，仍然必须验证此任务，并且在未满足某些要求时可能会失败。

在 vSphere Client 界面中导航到要启用容错功能的虚拟机（这里为 VM-centos7a），右键单击该虚拟机并选择"Fault Tolerance">"打开 Fault Tolerance"命令，系统首先对该虚拟机进行检查，由于未满足要求，弹出图 7-46 所示的对话框，其中给出容错兼容性问题提示，不能启用容错功能。

本例中涉及有关虚拟机快照错误，解决的办法是将该虚拟机的快照删除；还有一个错误是因为使用了 USB 控制器，解决的办法是通过编辑该虚拟机的设置，将其 USB 控制器删除。再次执行"打开 Fault Tolerance"命令，如果不再给出容错兼容性问题提示，则说明问题解决。

图 7-46　检查出来的容错兼容性问题

2. 启用容错功能

可以对处于关闭状态的虚拟机启用容错功能，也可以对已打开电源的虚拟机启用容错功能。为虚拟机启用容错功能时将创建一个对应的辅助虚拟机。辅助虚拟机的放置位置和即时状态取决于执行"打开 Fault Tolerance"命令时主虚拟机是否已打开电源。下面示范对已打开电源的虚拟机启用容错功能，这样将复制整个主虚拟机的状态，创建辅助虚拟机，并将其放置在单独的兼容主机上，而且会在通过准入控制时打开辅助虚拟机的电源，完成之后虚拟机的容错状态显示为受保护。

vSphere FT 对环境要求较高，本例实验条件有限，为保证成功启用容错功能，先对环境和虚拟机进行以下调整。

* 增加 ESXi-B 主机的内存。实验环境中 ESXi-B 主机本身是 VMware Workstation 虚拟机，其内存目前为 4GB，这里增加到 6GB（6144MB）。否则会出现主机内存资源不足的问题。
* 启用虚拟机容错功能会发生 vSphere HA 故障切换。在 vSphere HA 集群中禁用准入控制，以免出现"资源不足，无法满足配置的 vSphere HA 故障切换级别"的问题。
* 辅助虚拟机放置会用到数据存储。关闭数据存储集群的 Storage DRS 功能，或者将其运行时设置的空间阈值提高（见图 7-47），以免在启用虚拟机容错功能过程中产生数据存储自动迁移。
* 修改虚拟机的设置，将其内存降到 1GB，以保证有足够的内存资源用于故障切换。

接下来开始对虚拟机启用容错功能。

（1）在 vSphere Client 界面中导航到要启用容错功能的虚拟机（这里为 VM-centos7a），右键单击该虚拟机并选择"启动">"打开电源"命令启动该虚拟机。

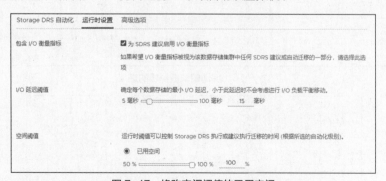

图 7-47　修改空间阈值的已用空间

（2）待该虚拟机启动之后，右键单击该虚拟机并选择"Fault Tolerance">"打开 Fault Tolerance"命令，弹出图 7-48 所示的对话框，选择用于放置辅助虚拟机文件的数据存储。这里将其置于与主虚拟机所在的不同的共享存储上以进一步提高容错能力，然后单击"NEXT"按钮。

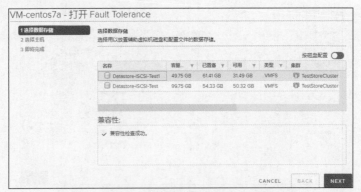

图 7-48　选择用于放置辅助虚拟机文件的数据存储

（3）出现图 7-49 所示的界面，选择要放置辅助虚拟机的 ESXi 主机。本例中只有两台主机，这里选择 ESXi-B 主机（192.168.10.12），然后单击"NEXT"按钮。

图 7-49　选择要放置辅助虚拟机的 ESXi 主机

（4）在"即将完成"界面中显示设置摘要信息，确认后单击"FINISH"按钮。

系统开始启动辅助虚拟机的任务，可在"近期任务"视图中查看进度，如图 7-50 所示。一旦该任务完成，该虚拟机就具备了容错功能（图标改变了），如图 7-51 所示，虚拟机受保护，辅助虚拟机位于 ESXi-B 主机（192.168.10.12）上运行。

图 7-50　启动辅助虚拟机的进度

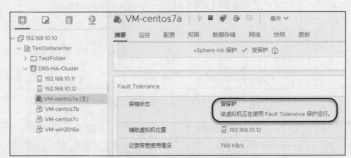

图 7-51　虚拟机的容错状态

3. 考察具有容错功能的虚拟机

该虚拟机变成了两个虚拟机，位于 ESXi-A 主机（192.168.10.11）上的虚拟机被指定为主虚拟机，如图 7-52 所示；在 ESXi-B 主机（192.168.10.12）上创建一个同名同配置的辅助虚拟机，如图 7-53 所示。还可以发现，导航区中只显示一个虚拟机（标识为主虚拟机），也就是说它对外还是呈现一个虚拟机。

图 7-52　主虚拟机

图 7-53　辅助虚拟机

可以在 vSphere HA 集群中同时查看主虚拟机、辅助虚拟机，如图 7-54 所示。

图 7-54　vSphere HA 集群中的容错虚拟机

分别右键单击主虚拟机和辅助虚拟机，打开快捷菜单，可以发现，主虚拟机可以操作（见图 7-55），而辅助虚拟机则不允许操作（见图 7-56）。

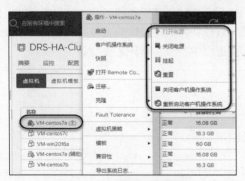

图 7-55　主虚拟机的操作菜单

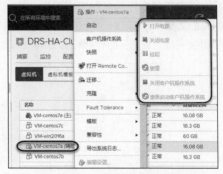

图 7-56　辅助虚拟机的操作菜单

注意，辅助虚拟机随主虚拟机的启动而启动，也随主虚拟机的关闭而关闭。

任务 7.3.3　模拟测试虚拟机的容错功能

可以利用 vSphere FT 提供的故障切换和重新启动辅助虚拟机测试功能进行模拟测试。

模拟测试虚拟机的
容错功能

1. 测试故障切换

可以通过触发主虚拟机的故障切换测试 vSphere FT 保护功能，前提是该虚拟机已打开电源。

在 vSphere Client 界面中导航到要测试的容错虚拟机，右键单击它并选择"Fault Tolerance" >"测试故障切换"命令，触发主虚拟机的故障来确保辅助虚拟机能够替换主虚拟机。系统开始测试故障切换的任务，可在"近期任务"视图中查看进度，如图 7-57 所示。

图 7-57　测试故障切换的进度

故障切换完成之后，可以发现原来的主虚拟机和辅助虚拟机的位置发生了互换，辅助虚拟机替换主虚拟机，转变成主虚拟机运行并接管其所有任务，而原主虚拟机变为辅助虚拟机，虚拟机恢复受保护状态，如图 7-58 所示。

图 7-58　故障切换之后的虚拟机状态

可以在该虚拟机的"监控"选项卡的"事件"界面中查看整个过程所涉及的详细事件，如图 7-59 所示。首先辅助虚拟机替换主虚拟机，转变成主虚拟机运行并接管其所有任务。然后，原主虚拟机变为辅助虚拟机。最后，新的辅助虚拟机已打开电源，处于正常状态，作为主虚拟机的热备，整个故障切换完成，主虚拟机将重回受保护状态。故障切换过程中主机会断开连接和重新连接。

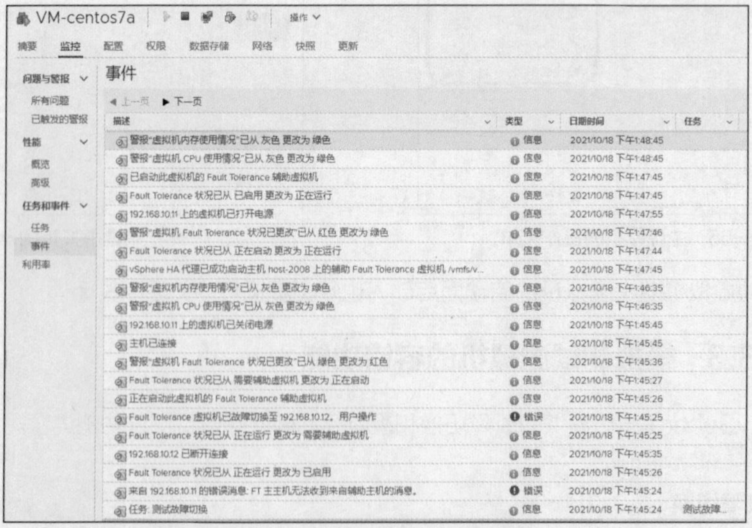

图 7-59　测试故障切换过程中的事件

2. 测试重新启动辅助虚拟机

可以通过触发辅助虚拟机发生故障测试主虚拟机提供的容错功能，前提是该虚拟机已打开电源。

在 vSphere Client 界面中导航到要测试的容错虚拟机，右键单击它并选择"Fault Tolerance" >"测试重新启动辅助虚拟机"命令，触发辅助虚拟机的故障。首先这会导致辅助虚拟机终止运行，主虚拟机缺乏辅助虚拟机的支持，处于不受保护状态。随后将启动一个新的辅助虚拟机，而主虚拟机也将重回受保护状态。可以在该虚拟机的"监控"选项卡的"事件"界面中查看整个过程所涉及的详细事件，如图 7-60 所示。

与测试故障切换不同的是，这个过程不会发生辅助虚拟机接管主虚拟机的情况。

图 7-60　测试重新启动辅助虚拟机过程中的事件

任务 7.3.4　实际测试虚拟机的容错功能

实际测试虚拟机的
容错功能

下面触发主虚拟机所驻留的主机发生故障来实际测试虚拟机的容错功能。首先做好测试准备。

（1）由于实验条件限制，为减少影响因素，这里将 vSphere HA 集群的其他虚拟机迁移到辅助虚拟机所在的主机（这里为 192.168.10.11），以减少故障切换时产生的自动迁移，让主虚拟机所在的主机（这里为 192.168.10.12）只运行该虚拟机，确认该虚拟机已打开电源，如图 7-61 所示。

图 7-61　主虚拟机所在的主机

（2）为更好地测试虚拟机运行是否中断，这里打开其 Web 控制台，登录之后，打开终端并执行 ip a 命令显示其 IP 地址，如图 7-62 所示。

（3）可以用 ping 命令测试虚拟机的连通性来测试该虚拟机的可访问性是否中断。从管理端计算机（VMware Worksation 主机）上的命令行中持续 ping 虚拟机，执行以下命令：

```
ping 192.168.10.131 -t
```

（4）触发主机故障。主虚拟机运行在 ESXi-B 主机（192.168.10.12）上，这里通过关闭该主机来模拟故障发生。ESXi-A 主机上的辅助虚拟机替换 ESXi-B 主机上的主虚拟机并接管其所有任务，如图 7-63 所示。

由于 ESXi-B 主机没有运行，主虚拟机始终带有警示标记，可以查看它的摘要信息。如图 7-64 所示，没有相应的辅助虚拟机支持，该虚拟机目前无法受到容错保护。

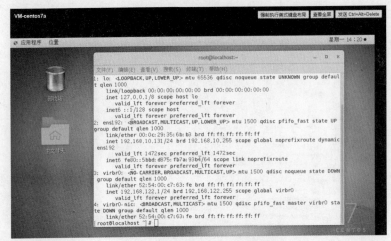

图 7-62　主虚拟机的 Web 控制台

图 7-63　辅助虚拟机接管主虚拟机

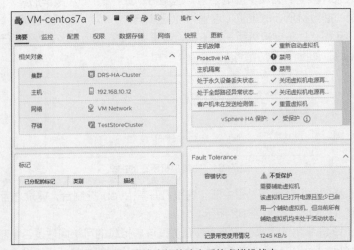

图 7-64　发生主机故障之后的虚拟机状态

（5）此时访问该虚拟机的 Web 控制台，发现显示"控制台已断开连接"的提示信息。再次打开该虚拟机的 Web 控制台，可以发现整个界面完全恢复，如图 7-65 所示。这与 vSphere HA 的虚拟机故障切换是不同的，说明业务基本是连续的，只是过程中发生了"卡顿"。

图 7-65　发生主机故障之后重新连接的 Web 控制台

（6）查看 ping 测试结果，发现只有有限的几次网络延时较大，仅有一次请求超时（在 Windows 系统中 ping 的时间间隔为 1 秒，也就是说业务最多 1 秒无法响应，出现了"卡顿"），其他延时都不超过 1ms，这就说明整个故障切换期间的网络连接比较稳定，基本没有中断虚拟机运行。不过，这比虚拟机实时迁移的延时波动更大一些，这是因为虚拟机故障切换的资源更多。下面给出部分关键的测试结果。

来自 192.168.10.131 的回复: 字节=32 时间=14ms TTL=64
来自 192.168.10.131 的回复: 字节=32 时间=8ms TTL=64
来自 192.168.10.131 的回复: 字节=32 时间=10ms TTL=64
来自 192.168.10.131 的回复: 字节=32 时间=8ms TTL=64
来自 192.168.10.131 的回复: 字节=32 时间=41ms TTL=64
来自 192.168.10.131 的回复: 字节=32 时间=16ms TTL=64
来自 192.168.10.131 的回复: 字节=32 时间=12ms TTL=64
请求超时
来自 192.168.10.131 的回复: 字节=32 时间=1ms TTL=64
来自 192.168.10.131 的回复: 字节=32 时间<1ms TTL=64

> **提示**　如果改用远程控制台来访问虚拟机，基本可以流畅地持续运行应用，只是在切换时有极其短暂的停顿，这是由于实验条件限制的。

（7）恢复故障主机。将挂起的 ESXi-B 主机恢复运行，由于连接恢复正常，该主机上的辅助虚拟机自动打开电源，处于正常状态，作为主虚拟机的热备，虚拟机处于容错保护状态，如图 7-66 所示。

图 7-66　虚拟机容错恢复正常

任务 7.3.5　虚拟机的容错管理

虚拟机的容错管理

在虚拟机容错功能启用后，可能还涉及管理操作，如迁移辅助虚拟机、挂起容错、关闭容错等。vSphere HA 集群中至少需要 3 台主机才能完成辅助虚拟机的迁移，因为主虚拟机与辅助虚拟机不能位于同一台主机上。这里仅示范挂起和关闭容错功能。

1. 挂起容错功能

挂起虚拟机的容错功能也将挂起容错保护，但会保留该虚拟机的辅助虚拟机、配置和所有历史记录。这种操作临时停用容错功能，便于在将来快速恢复容错保护。

在 vSphere Client 界面中右键单击要操作的容错虚拟机，选择"Fault Tolerance">"挂起 Fault Tolerance"命令，弹出图 7-67 所示的提示对话框，决定是否执行该操作。

以后要恢复容错功能，选择"Fault Tolerance">"恢复 Fault Tolerance"命令即可。

2. 关闭容错功能

关闭容错功能将删除辅助虚拟机及其配置，以及所有历史记录。这种情况适用于不再打算重新启动容错功能，否则应使用挂起容错功能。如果辅助虚拟机所驻留的主机处于维护模式，以及已断开或不响应状态，则不能执行此功能，只能挂起，然后将其恢复。

在 vSphere Client 界面中右键单击要操作的容错虚拟机，选择"Fault Tolerance">"关闭 Fault Tolerance"命令，弹出图 7-68 所示的提示对话框，决定是否执行该操作。

图 7-67　挂起容错功能

图 7-68　关闭容错功能

项目小结

vSphere HA 提供的故障切换功能将重新启动受故障影响的虚拟机，主要目的是从业务中断中快速恢复。通过确保主虚拟机和辅助虚拟机的状态在虚拟机的指令执行中的任何时间点都相同，vSphere FT 能够提供连续的可用性，旨在保证关键业务不间断。通过本项目的实施，我们部署了 vSphere HA 集群，实现了虚拟机的高可用性和容错，强化了 vSphere 虚拟化平台的业务应用。除保护虚拟机之外，完整的 vSphere 可用性解决方案还包括 vCenter Server 的高可用性，用于防止 vCenter Server 发生主机和硬件故障。到目前为止，本书关于 vSphere 虚拟化平台的部署和使用的项目已实施完毕。另外，vSphere 虚拟化平台还涉及监控，限于篇幅，vSphere 监控工具的使用请参见相关的线上文档。

附录 B　使用
vSphere 监控工具

课后练习

简答题

1. vSphere 如何避免计划停机与非计划停机？
2. 与传统故障切换解决方案相比，vSphere HA 有哪些优势？
3. vSphere HA 与 vSphere FT 最本质的差别是什么？
4. 在 vSphere HA 集群中，首选主机和从属主机各有哪些职责？
5. 在 vSphere HA 集群中，主机故障有哪几种类型？主机故障响应方式又有哪些？
6. vSphere HA 的准入控制有哪几种策略？
7. vSphere FT 是如何工作的？
8. vSphere FT 有哪些应用场景？

操作题

1. 配置一个 vSphere HA 集群，并进行虚拟机故障切换功能测试。
2. 配置 vSphere FT 环境，然后为虚拟机启用容错功能并测试故障切换。

项目8
基于Hyper-V实现服务器虚拟化

08

学习目标

- 了解Hyper-V虚拟化技术
- 掌握部署Hyper-V虚拟化基础架构的方法
- 掌握部署Hyper-V虚拟机的方法

项目描述

Hyper-V是Microsoft公司提出的一种虚拟化技术，旨在提供高性价比的虚拟化基础设施软件，降低运营成本，提高硬件利用率，优化基础设施并提高服务器的可用性。可以通过虚拟化技术进行服务器的整合，提高服务器利用率并降低成本。本项目将通过3个典型任务，讲解Hyper-V虚拟化技术，示范Hyper-V虚拟化基础架构的部署，以及Hyper-V虚拟机的部署和管理。

任务 8.1 部署 Hyper-V 虚拟化基础架构

任务说明

在 x86 平台虚拟化技术中引入的虚拟化层通常称为虚拟机监控器，又称为 Hypervisor，Hyper-V 的名称正来源于此。Hyper-V 是 Microsoft 公司的硬件虚拟化产品，提供在一台物理计算机上同时运行多个操作系统的环境。Hypervisor 运行的环境，也就是真实的物理平台，称为主机或宿主机，其中运行的操作系统称为管理操作系统；而虚拟出来的平台是可单独运行其各自操作系统的虚拟机，通常称为客户机，其中运行的操作系统称为客户操作系统（Guest OS，Microsoft 公司的一些文档中将其译为"来宾操作系统"）。本任务的具体要求如下。

（1）了解 Hyper-V 体系结构。

（2）掌握 Hyper-V 角色的安装方法。

（3）熟悉 Hyper-V 管理器。

本任务使用 VMware Workstation 创建一个用作 Hyper-V 主机的虚拟机，利用虚拟化嵌套技术来完成实验。

知识引入

8.1.1　Hyper-V 体系结构

虚拟化层提供了在子操作系统里的独立的、隔离的区域，让应用能在其中运行，Hyper-V 使用"分区"这个术语来表示这些区域。Hypervisor 是 Hyper-V 的核心组件，负责创建和管理分区。根分区指的是 Hypervisor 运行的区域。当启动一个使用 Hyper-V 的 Windows 服务器上的物理实例时，子分区自动创建。

Hyper-V 具有基于第 1 类虚拟机监控程序（原生型）的体系结构，如图 8-1 所示。Hypervisor 虚拟化处理器和内存，并提供根分区中的虚拟化堆栈（Virtualization Stack）机制，以管理子分区（虚拟机），以及向虚拟机公开 I/O 设备等服务。

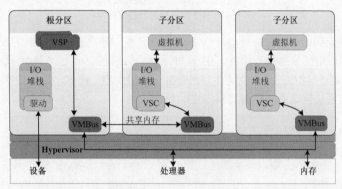

图 8-1　Hyper-V 体系结构

根分区拥有并直接访问物理 I/O 设备。根分区中的虚拟化堆栈为虚拟机、管理 API 和虚拟化 I/O 设备提供内存管理器。它还实现仿真设备（如 IDE 磁盘控制器），并支持专用于 Hyper-V 的合成设备，以提高性能并减少开销。

Hyper-V 的 I/O 体系结构由根分区中的虚拟化服务提供商（Virtualization Service Provider，VSP）和子分区中的虚拟化服务客户端（Virtualization Service Client，VSC）组成。VSP 用于控制虚拟机的 I/O 请求。

每个服务通过虚拟机总线（Virtual Machine Bus，VMBus）作为设备公开，充当 I/O 总线，在使用共享内存等机制的虚拟机之间实现高性能通信。来自虚拟机的硬件（显卡、鼠标、磁盘、网络）请求，可以直接经过 VSC，通过 VMBus 发送到根分区的 VSP，VSP 调用对应的设备驱动，直接访问硬件，中间不需要 Hypervisor 的任何帮助。显然这种架构的效率很高。

主机操作系统中运行一系列用于管理虚拟机的组件，即虚拟化堆栈，用于与底层 Hypervisor 交互以提供虚拟化服务。除了 VSP 和 VMBus 之外，虚拟化堆栈中还包括虚拟机管理服务（Virtual Machine Management Service，VMMS）和虚拟基础结构驱动（Virtual Infrastructure Driver，VID）。VMMS 与主机操作系统中的工作线程（每个虚拟机对应一个工作线程）一起提供对虚拟机的生命周期管理，包括创建、开启、停止、保存和删除虚拟机；VID 协调 VMMS 与工作线程，管理客户操作系统和主机操作系统之间的通信。

8.1.2　基于微内核的管理程序架构

CPU 将特权级别分为 4 个等级，从高到低依次是 Ring 0、Ring 1、Ring 2、Ring 3，Ring 0

是最高级别，Ring 3 是最低级别。Windows 只使用其中的两个等级 Ring 0 和 Ring 3。Ring 0 只给操作系统使用，而 Ring 3 可以给操作系统和应用程序使用。Hyper-V 的设计借鉴了 Xen，管理程序采用微内核的架构，兼顾了安全性和性能的要求。如图 8-2 所示，Hyper-V 底层的 Hypervisor 运行在最高的特权级别下，Microsoft 公司将其称为 Ring 1，Intel 公司将其称为根模式（Root Mode），而虚拟机的操作系统内核和驱动运行在 Ring 0，应用程序运行在 Ring 3。

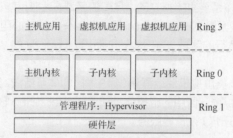

图 8-2　基于微内核的管理程序架构

　　这种管理程序架构只有硬件、Hyper-V、虚拟机 3 层，不需要采用复杂的 BT（二进制特权指令翻译）技术，可以进一步提高安全性。由于 Hyper-V 底层的 Hypervisor 代码量很小，不包含 GUI 代码，也不包含任何第三方的驱动，非常精简，所以安全、可靠、执行效率高，能充分利用硬件资源，使虚拟机系统性能更接近真实系统性能。

8.1.3　Hyper-V 版本

　　一直以来，Hyper-V 主要以角色的形式集成到 Windows Server 操作系统中，如 Windows Server 2012、Windows Server 2016、Windows Server 2019，现在 Windows 10 也集成了 Hyper-V 角色。安装 Hyper-V 角色时，将安装 Windows 虚拟机监控程序（Hypervisor）、Hyper-V 虚拟机管理服务、虚拟化 WMI（Windows Management Instrumentation，Windows 管理规范）提供程序、VMBus、VSP 和 VID 等必需组件。

　　Microsoft 公司还推出了单独的发行版 Hyper-V Server，这是官方精简的服务器操作系统，只拥有 Hyper-V 功能，更小的系统内核决定了该版本更不容易被攻击和破坏。其版本与 Windows Server 操作系统是对应的，如 Hyper-V Server 2016、Hyper-V Server 2019。Hyper-V Server 仅包含 Windows 虚拟机监控程序、Windows 服务器驱动程序模型和虚拟化组件，没有图形用户界面，内置 sconfig.cmd 命令行管理工具。

　　Hyper-V Server 是免费的，因为它只包含虚拟化的产品，不包含虚拟机的授权，可以用来无限制地建立虚拟机，所以非常适合大型的虚拟数据中心。但是，如果建立的虚拟机包含 Windows 操作系统，则需要重新授权激活。如果使用 Hyper-V Server 部署 Linux 虚拟机，那么可实现完全免费的虚拟化平台。

8.1.4　Hyper-V 的硬件要求

　　Hyper-V 具有特定硬件要求，某些 Hyper-V 功能具有其他要求。由于虚拟化环境需要更多的计算资源，Hyper-V 的要求超出了 Windows Server 的一般最低要求。以 Windows Server 2016 中的 Hyper-V 为例，基本的硬件要求如下。

- 带有二级地址转换（Second Level Address Translation，SLAT）的 64 位处理器。
- 虚拟机监视器模式扩展。
- 内存至少 4GB。

- 在 BIOS 或 UEFI 中启用虚拟化支持。一方面需要硬件协助的虚拟化，如具有 Intel 虚拟化（Intel VT）技术或 AMD 虚拟化（AMD-V）技术的处理器。另一方面硬件强制实施的数据执行保护（Data Excution Protection，DEP）必须可用且已启用，也就是必须启用 Intel XD 位（执行禁用位）或 AMD NX 位（无执行位）。

在充当 Hyper-V 主机的系统中打开 Windows PowerShell 或命令行窗口，执行 Systeminfo.exe 命令可以检查当前系统是否符合 Hyper-V 的硬件要求。

任务实现

任务 8.1.1　安装 Hyper-V 角色

下面示范在 Windows Server 2016 上安装 Hyper-V 角色。

安装 Hyper-V 角色

1. 准备 Hyper-V 主机

（1）使用 VMware Workstation 16 Pro 软件创建用作 Hyper-V 主机的虚拟机。创建过程中，客户机操作系统选择"Windows Server 2016"；Hyper-V 需要依赖硬件虚拟化技术，同时还需要硬件提供 SLAT 功能，如 Intel 公司的 EPT（Extended Page Tables，扩展页表）技术，因而处理器要选择支持虚拟化引擎，如图 8-3 所示，勾选"虚拟化 Intel VT-x/EPT 或 AMD-V/RVI(V)"复选框；网络适配器可改为桥接模式。

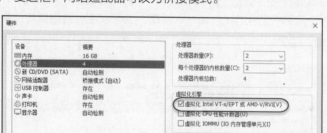

图 8-3　硬件启用虚拟化引擎

（2）创建 VMware Workstation 虚拟机之后，安装 Windows Server 2016 操作系统，安装过程中建议选择含"桌面体验"的版本，以便在图形界面中完成配置管理操作。

（3）完成 Windows Server 2016 操作系统的基本配置，将其 IP 地址设置为固定 IP 地址，修改计算机名称。另外，安装 VMware Tools 软件以改善对该虚拟机的管理。

（4）为该虚拟机添加一个网络适配器，该适配器采用 NAT 模式。在 Hyper-V 主机上至少安装两个网络适配器，其中一个专供远程管理使用，其他专门用于虚拟机。

（5）为该虚拟机添加一个虚拟磁盘，在系统中初始化该磁盘并新建一个简单卷，本例为它分配驱动器号 E。

这样就完成了 Hyper-V 主机的准备。

2. 在 Hyper-V 主机上安装 Hyper-V 角色

使用服务器管理器中的添加角色和功能向导来安装 Hyper-V 角色。

（1）以系统管理权限的账户登录 Hyper-V 主机，在服务器管理器中启动添加角色和功能向导，根据提示进行操作。

（2）当出现"选择服务器角色"界面时，从"角色"列表中选择"Hyper-V"，会弹出图 8-4 所示的对话框，提示需要安装 Hyper-V 管理工具。

安装 Hyper-V 角色一般选择安装相应的管理工具，包括 Hyper-V GUI 管理工具和 Windows

PowerShell 的 Hyper-V 模块。也可以在其他计算机上选择单独安装这些工具。

（3）单击"添加功能"按钮关闭该对话框，回到"选择服务器角色"界面，此时"Hyper-V"复选框已被勾选，如图 8-5 所示。

图 8-4　安装 Hyper-V 管理工具

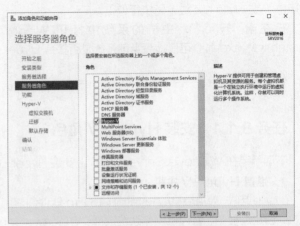

图 8-5　安装 Hyper-V 角色

（4）单击"下一步"按钮，根据向导的提示进行操作，当出现图 8-6 所示的界面时，创建虚拟交换机。这里选择创建虚拟交换机，从列表中选择一个网络适配器（本例为"Ethernet1"）用于创建虚拟交换机，另一个未选中的用作 Hyper-V 管理。也可以之后再创建虚拟交换机。

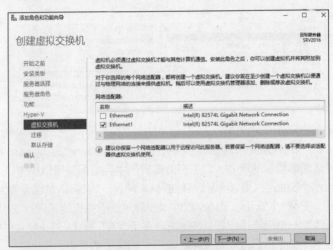

图 8-6　创建虚拟交换机

（5）单击"下一步"按钮，出现"虚拟机迁移"界面，设置虚拟机迁移选项。这里保持默认设置，取消勾选"允许此服务器发送和接受虚拟机的实时迁移"复选框。

（6）单击"下一步"按钮，出现图 8-7 所示的界面，选择虚拟硬盘文件和虚拟机配置文件存储位置。这里没有采用默认设置，而是将它们放置在另一个磁盘（本例 E 盘）中。

（7）单击"下一步"按钮，在"确认"界面中勾选"如果需要，自动重新启动目标服务器"复选框，弹出相应的提示对话框，单击"是"按钮以允许自动重启，再单击"安装"按钮开始安装。

（8）安装过程中服务器重新启动，待重启之后登录系统，打开添加角色和功能向导，单击"关闭"按钮关闭该向导，完成 Hyper-V 角色安装。

可以在服务器管理器中进一步验证 Hyper-V 角色是否安装成功。

图 8-7　设置默认存储

任务 8.1.2　熟悉 Hyper-V 管理器

熟悉 Hyper-V
管理器

Hyper-V 提供多种管理和连接工具，包括 Hyper-V 管理器、适用于
Windows PowerShell 的 Hyper-V 模块、虚拟机连接（VMConnect）和
Windows PowerShell Direct。这里讲解图形界面的 Hyper-V 管理器。

安装 Hyper-V 角色时已经安装 Hyper-V 管理器。要打开该管理器，可以
从"管理工具"菜单或服务器管理器的"工具"菜单中选择"Hyper-V 管理器"命令，也可以在服
务器管理器的"本地服务器"界面通过"任务"菜单来选择相应的命令。Hyper-V 管理器主界面如
图 8-8 所示，分为 3 个窗格。

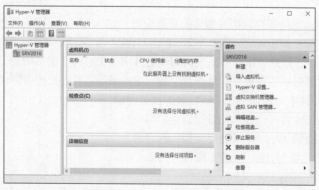

图 8-8　Hyper-V 管理器主界面

左侧是导航窗格，列出要管理的 Hyper-V 主机（服务器），可以通过"连接到服务器"命令添
加要远程管理的其他 Hyper-V 主机。

中间是内容窗格，显示所选主机上当前的 Hyper-V 虚拟机以及相关信息。其中"虚拟机"区
域列出 Hyper-V 主机上当前承载的虚拟机名称及其相关参数，如当前的状态、CPU 使用率、分配

的内存等；"检查点"区域给出所选虚拟机上所创建的快照（时间点磁盘映像）列表；"详细信息"区域给出所选虚拟机上的其他详细信息，如摘要、内存、网络和复制情况。

右侧是操作窗格，列出所选 Hyper-V 主机和虚拟机对应的操作任务或命令。这些命令也可以通过快捷菜单来选择。

单击操作窗格中的"Hyper-V 设置"可以打开相应的设置界面，如图 8-9 所示，这是一个全局设置界面，可针对主机上的 Hyper-V 进行设置，影响该主机上运行的所有虚拟机。其中"服务器"区域的选项是针对 Hyper-V 主机的，"用户"区域的选项是针对 Hyper-V 虚拟机的。

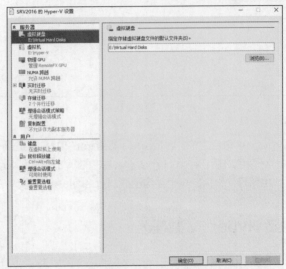

图 8-9 Hyper-V 设置

任务 8.2 配置 Hyper-V 虚拟网络和存储

任务说明

在虚拟化环境中，网络和存储都是重要的基础设施。与 VMware 虚拟化技术一样，Hyper-V 虚拟网络也是通过虚拟交换机（vSwitch）实现的。Hyper-V 早期版本中使用虚拟网络的概念，从 Windows Server 2012 开始使用虚拟交换机取代虚拟网络，引入了很多功能，以便实现租户隔离、通信整形、防止恶意虚拟机以及更轻松地排查问题。虚拟磁盘为虚拟机提供存储空间，Hyper-V 支持 VHD 和 VHDX 两种虚拟硬盘格式。本任务的具体要求如下。

（1）了解 Hyper-V 虚拟交换机和虚拟磁盘。

（2）掌握创建和配置 Hyper-V 虚拟交换机的方法。

（3）掌握创建和配置 Hyper-V 虚拟磁盘的方法。

知识引入

8.2.1 Hyper-V 虚拟交换机

Hyper-V 虚拟交换机是第 2 层虚拟网络交换机，用于将虚拟机连接到物理网络。它模拟基于硬件的交换机的全部功能，支持更复杂的虚拟环境和解决方案。Hyper-V 提供 3 种类型的虚拟交换机以支持相应的 3 种虚拟网络。

1. 外部虚拟交换机

如图 8-10 所示，这种虚拟交换机能提供完全网络访问，虚拟机和主机连接到同一个外部虚拟交换机，虚拟机与本地主机和物理网络都能通信。虚拟机与主机获取同一网段的 IP 地址，与主机所在的网络中的其他计算机通信，每个虚拟机等同于主机所在网络的计算机。

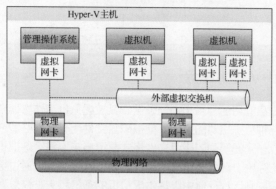

图 8-10　外部虚拟交换机

可以针对每个物理网卡创建一个外部虚拟交换机。创建一个外部虚拟交换机后，Hyper-V 主机上的数据流将发生变化。默认情况下，Windows 操作系统使用物理网络发送网络数据包。一旦外部虚拟交换机接收了网络数据包，会将这些数据包转发到所映射的物理网卡。因为创建外部虚拟交换机时，虚拟交换机管理器修改了物理网卡和外部虚拟交换机的一些属性，包括协议、服务和客户服务的绑定与解绑定。

2. 内部虚拟交换机

如图 8-11 所示，内部虚拟交换机连接的内部虚拟网络很特别，它允许所有虚拟机与主机通信，但不能与主机所在的物理网络通信。可以创建多个内部虚拟交换机。内部虚拟网络是一种未绑定到物理网卡的虚拟网络，通常用来构建从主机连接到虚拟机所需的测试环境。

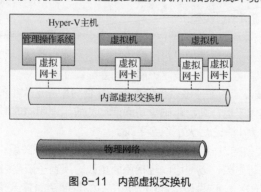

图 8-11　内部虚拟交换机

添加内部虚拟交换机，相当于给主机添加一个虚拟网卡。由于 Hyper-V 可以提供 DHCP 服务和 NAT 代理服务，如果在主机上启用 NAT 或 Internet 连接共享，则可以让虚拟机访问 Internet。

3. 专用虚拟交换机

如图 8-12 所示，使用专用虚拟交换机，所有的虚拟机连接到同一个虚拟交换机上，所有的虚拟机之间可以通信，但是不能访问主机以及主机所在的网络。要将虚拟机从主机及外部网络中的网络通信中隔离出来时，通常会使用这种虚拟交换机。可以创建多个专用虚拟交换机。

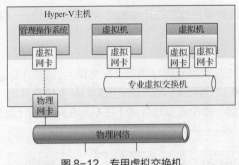

图8-12　专用虚拟交换机

8.2.2　Hyper-V 虚拟磁盘

在虚拟机中，虚拟磁盘的功能相当于物理硬盘，其被虚拟机当作物理硬盘使用。虚拟机所使用的虚拟磁盘，实际上是一种特殊格式的文件。虚拟磁盘文件用于捕获驻留在服务器内存中的虚拟机的完整状态，并将信息以一个已明确的磁盘文件格式显示出来。每个虚拟机从其相应的虚拟磁盘文件启动并加载到服务器内存中。随着虚拟机的运行，虚拟磁盘文件可通过更新来反映数据或状态改变。虚拟磁盘文件可以复制到远程存储中以提供虚拟机的备份和灾难恢复副本，也可以迁移或者复制到其他服务器中。虚拟磁盘适合集中式存储，而不是存在于每台本地服务器上。

1. Hyper-V 虚拟磁盘格式

虚拟磁盘格式不断改进以满足虚拟机和数据中心资源不断变化的需求。Windows Server 2012以前版本的 Hyper-V 所使用的虚拟磁盘格式为 VHD 格式，现在升级为 VHDX 格式。

VHD 格式存储容量最大支持 2TB，而 VHDX 格式具有更大的存储容量，最大支持 64TB。VHDX 格式可以记录所有的 VHDX 元数据的更改，所有的变化都会被追踪到，因此不必要的或有问题的变化都可以恢复，允许虚拟服务器在恢复虚拟机时保持很少的数据或状态丢失。它还在电源故障期间提供数据损坏保护并且优化动态磁盘和差异磁盘的结构对齐方式，以防止新的大型扇区物理磁盘的性能降级。

2. 虚拟磁盘类型

Hyper-V 支持 4 种虚拟磁盘类型。

• 动态扩展磁盘：按需动态分配物理存储空间，不会分配多余的空间，这样可更好地利用物理存储空间，建议将其用于不含密集使用磁盘的应用程序的虚拟服务器。动态扩展磁盘在最初创建时很小，随着不断添加数据会逐渐变大。按需扩展空间会影响性能。

• 固定大小磁盘：按设定的虚拟磁盘容量大小一次性分配固定大小的物理存储空间，这样可提供更好的性能，建议将其用于运行有密集磁盘访问活动的应用程序的虚拟服务器。最初创建的固定大小磁盘使用虚拟硬盘的大小，之后大小不会更改。

• 差异磁盘：这种类型的磁盘与要保持的另一种磁盘存在父子关系，可以在不影响父磁盘的情况下对数据或操作系统进行更改，以便可以轻松还原更改，所有子磁盘必须具有与父磁盘相同的虚拟硬盘格式（VHD 或 VHDX）。这种磁盘能够节省主机的存储空间并迅速创建一个新的虚拟机，只适用于测试。

• 直通式磁盘（Pass-Through Disk）：这是将 Hyper-V 虚拟机直接连接到物理存储的方式，也就是直接使用物理磁盘（或分区）作为虚拟机的磁盘存储。由于直通式磁盘绑定到主机，如果使用这种磁盘，将会使实时迁移复杂化，另外 Hyper-V 不能对它抓取快照。

3. 虚拟磁盘所支持的硬盘类型

Hyper-V 部署的虚拟机支持市面上主流厂商的存储类型，包括 DAS、NAS、FC SAN、iSCSI

SAN，设备类型包括 IDE 设备和 SCSI 设备。Hyper-V 虚拟机使用带有 IDE 控制器的模拟设备，最多可以有 2 台 IDE 控制器，每台控制器可以有 2 个磁盘。每个虚拟机最多可支持 256 个 SCSI 设备（4 个 SCSI 控制器，每个控制器最多支持 64 个磁盘）。SCSI 控制器使用一种专为虚拟机而开发的设备，并使用 VMBus 进行通信。

任务实现

任务 8.2.1 创建和配置 Hyper-V 虚拟交换机

创建和配置
Hyper-V 虚拟
交换机

通常在安装 Hyper-V 角色时会创建一个虚拟交换机。管理员也可以根据需要创建更多的虚拟交换机，或者修改现有的虚拟交换机。

打开 Hyper-V 管理器，单击操作窗格中的"虚拟交换机管理器"打开相应的对话框，左侧给出虚拟交换机列表，本例中默认创建了一个外部虚拟交换机，如图 8-13 所示。这里将其重命名为"External Virtual Switch"。

创建外部虚拟交换机时，虚拟交换机管理器会修改物理网卡和外部虚拟交换机的一些属性，这里进行验证。该外部虚拟交换机映射到名为"Ethernet1"的物理网卡上，查看该网卡的属性，如图 8-14 所示，可以发现该物理网卡会发生如下变化。

图 8-13 默认的虚拟交换机

图 8-14 外部虚拟交换机绑定的物理网卡属性

- 解除绑定的 Microsoft 网络客户端、Microsoft 网络文件和打印机共享、Internet 协议版本 4（TCP/IPv4）Internet 协议版本 6（TCP/IPv6），以及其属性设置中列出的所有其他服务、客户端或协议。
- 绑定"Hyper-V Extensible Virtual Switch"协议。

Hyper-V Extensible Virtual Switch 是 Microsoft 公司提出的虚拟交换机协议，是与物理网卡绑定的，负责监听来自外部虚拟交换机的网络流量。如果该协议未绑定到物理网卡，物理网卡将会减少由外部虚拟交换机产生的网络数据包。

在 Hyper-V 主机上，外部虚拟交换机也是一个网卡，进一步查看这个特殊网卡的属性，如图 8-15 所示，外部虚拟交换机会发生以下变化。

- 绑定 Microsoft 网络客户端、Microsoft 网络文件和打印机共享、TCP/IPv4、TCP/IPv6。
- 解除绑定"Hyper-V Extensible Virtual Switch"协议。

单击"新建虚拟交换机"，这里的类型选择"内部"，单击"创建虚拟交换"按钮出现图 8-16 所示的对话框，将其重命名为"Internal Virtual Switch"，其他选项保持默认设置，单击"确定"按钮完成内部虚拟交换机的创建。

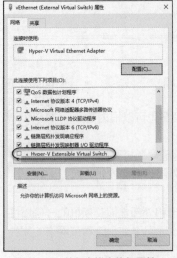

图 8-15　外部虚拟交换机属性

图 8-16　新建虚拟交换机

任务 8.2.2　创建和配置 Hyper-V 虚拟磁盘

创建和配置
Hyper-V 虚拟磁盘

在创建虚拟机时可以同时创建一个虚拟磁盘，编辑虚拟机配置时也可以创建虚拟磁盘，还可以在需要的时候创建一个独立的虚拟磁盘。这里示范创建一个独立的虚拟磁盘。

（1）在 Hyper-V 主机上打开 Hyper-V 管理器，在操作窗格中选择"新建" > "硬盘"命令启动新建虚拟硬盘向导。

（2）单击"下一步"按钮，出现图 8-17 所示的界面，选择磁盘格式，这里选择默认的 VHDX 格式。

（3）单击"下一步"按钮，出现图 8-18 所示的界面，选择磁盘类型，这里选择"动态扩展"。

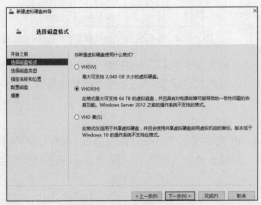

图 8-17　选择磁盘格式

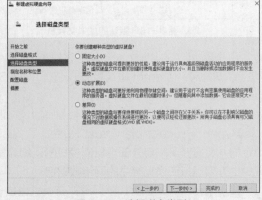

图 8-18　选择磁盘类型

（4）单击"下一步"按钮，出现图 8-19 所示的界面，指定名称和存储位置。

（5）单击"下一步"按钮，出现图 8-20 所示的界面，配置虚拟磁盘空间大小。

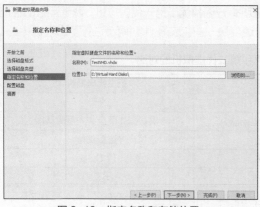

图 8-19　指定名称和存储位置

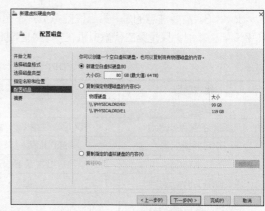

图 8-20　配置磁盘

（6）单击"下一步"按钮，显示新建磁盘配置的摘要信息，确认后单击"完成"按钮。

单独创建的虚拟磁盘并没有添加到任何虚拟机中。

虚拟磁盘是虚拟机的重要资源，在使用过程中需要进行修改。在 Hyper-V 管理器中单击操作窗格中的"编辑磁盘"按钮可以启动编辑虚拟硬盘向导，根据提示选择要操作的磁盘，可以执行压缩（减少磁盘占用，但不能更改磁盘大小）、扩展（增大空间）、转换格式等操作。

单击操作窗格中的"检查磁盘"按钮可以查看当前 Hyper-V 主机的虚拟磁盘文件。如果删除虚拟磁盘文件，则会将对应的虚拟磁盘完全删除。

任务 8.3　创建与管理 Hyper-V 虚拟机

任务说明

通过前面任务的实施，我们完成了 Hyper-V 角色的安装，了解和掌握了虚拟磁盘和虚拟交换机的操作，接下来进入最为关键的环节——创建与管理 Hyper-V 虚拟机。Hyper-V 可以采用半虚拟化和全虚拟化两种模拟方式创建虚拟机。半虚拟化方式要求虚拟机与物理主机的操作系统（通常是版本相同的 Windows）相同，以使虚拟机达到较高的性能；全虚拟化方式要求 CPU 支持全虚拟化功能（如 Intel VT 或 AMD-V），以便能够创建使用不同的操作系统（如 Linux 和 macOS）的虚拟机。本任务的具体要求如下。

（1）进一步了解 Hyper-V 虚拟机。

（2）掌握创建和配置 Hyper-V 虚拟机的方法。

（3）掌握基于 Hyper-V 部署 Windows 虚拟机的方法。

（4）掌握基于 Hyper-V 部署 Linux 虚拟机的方法。

知识引入

8.3.1　第一代和第二代虚拟机

从 Windows Server 2012 R2 和 Windows 8.1 开始，Hyper-V 新增第二代虚拟机，从虚拟硬件的层面进行了提升，使用更少的硬件以支持多项功能，例如使用标准网络适配器进行安全启动、SCSI 启动和 PXE 启动，不过要求客户操作系统必须至少运行的是 Windows Server 2012 或 64 位版本的

Windows 8。需要注意的是，第二代虚拟机并不是在所有方面都优于第一代虚拟机，两者运行时性能几乎没什么差别，只是第二代虚拟机在安装和启动时速度快一些。表8-1对两者进行了比较。

表 8-1　Hyper-V 第一代和第二代虚拟机的对比

比较项目	第一代虚拟机	第二代虚拟机
启动方式	BIOS	UEFI
可启动的硬盘或光盘	仅 IDE 硬盘或光盘驱动器	仅 SCSI 硬盘或光盘驱动器
PXE 网络启动	通过旧版网卡支持	直接支持
I/O 控制器	IDE 或 SCSI	仅 SCSI
直接使用主机物理光驱	支持	不支持
所支持的客户操作系统	Windows、Linux 等主流版本	Windows Server 2012 及更高版本、64 位 Windows 8 及更高版本
虚拟磁盘格式	VHD 或 VHDX	VHDX
运行时改变磁盘大小	仅 SCSI 磁盘支持	支持

8.3.2　Hyper-V 支持的客户操作系统

Hyper-V 支持将多个版本的 Windows Server、Windows 和 Linux 作为客户操作系统在虚拟机中运行。Windows Server 2016 中的 Hyper-V 可支持的客户操作系统如下。

● Windows 服务器操作系统：带有 Service Pack 1（SP1）的 Windows Server 2008 R2、带有 Service Pack 2（SP2）的 Windows Server 2008、Windows Server 2012 以及更高版本。

● Windows 客户端操作系统：Windows 7 Service Pack 1（SP1）、Windows 8.1、Windows 10、Windows 11。

● Linux 和 FreeBSD 版本：CentOS、Red Hat、Debian、Oracle、SUSE、Ubuntu、FreeBSD 等主流版本。

8.3.3　Hyper-V 集成服务

Hyper-V 集成服务（Integration Services）的功能与 VMware 的 VMware Tools 类似，都是提供一组定制的驱动程序和支持虚拟机操作系统的软件包，对虚拟机的硬件进行驱动，从而改进物理计算机和虚拟机的集成，提供一系列主机与虚拟机交互的功能。

Hyper-V 集成服务提供一套可以帮助提升虚拟机性能表现的组件。这些组件分为两种：驱动和服务。驱动在提升虚拟机性能表现方面发挥了十分重要的作用，而服务则负责完成具体的工作。比如，VMBus 驱动在虚拟机和父分区之间充当了通信信道的角色，帮助提升两者之间的通信效率。主要的 Hyper-V 集成服务如表8-2所示。

表 8-2　主要的 Hyper-V 集成服务

集成服务	功能	禁用对虚拟机的影响
操作系统关闭	允许主机触发虚拟机关闭	严重
时间同步	使虚拟机的时钟与主计算机的时钟同步	严重
数据交换	提供虚拟机和主机之间交换基本元数据的方法	一般
检测信号	报告虚拟机运行正常	视情况而定
备份（卷影复制）	允许卷影复制服务在不关闭虚拟机的情况下对其进行备份	视情况而定
来宾（客户）服务	提供 Hyper-V 主机与虚拟机之间文件复制的接口	很小

Hyper-V 支持的多数客户操作系统内置了集成服务，无须单独安装。没有内置集成服务的客户操作系统要求在虚拟机中安装操作系统后单独安装或升级集成服务。

8.3.4　检查点

所谓检查点（Checkpoint），在 Windows Server 2012 及以前版本的 Hyper-V 中称为快照（Snapshot）。检查点可以保持虚拟机在某一个时间点的状态，这种状态包括磁盘、网络、内存等。

检查点功能可以帮助用户更好地进行测试。例如，在某个软件安装的环节，不确定配置方法是否有误，而接下来的安装过程时间又很长，此时可以为虚拟机创建一个检查点，当发现结果不是预期的时候，可以快速还原到上一个检查点，而不需要等待重启虚拟机和继续前面的操作步骤，从而节省大量时间。

当创建检查点后，系统会锁定当前的 VHD 或 VHDX 文件，然后创建一个新的 AVHD 或 AVHDX 文件，在这个检查点之后的操作都会保存在新的文件中，并且此时还会单独保存一份当前状态的内存备份。每次创建检查点，即会执行这两个操作。

8.3.5　Hyper-V 虚拟化集群

Hyper-V 主机与 vSphere 的 ESXi 主机一样仅支持单主机的简单虚拟化环境，只有部署 Hyper-V 虚拟化集群才能实现多台主机集中运维，构建更为完善的虚拟化平台，比如实现虚拟机高可用性。

部署 Hyper-V 虚拟化集群需要借助 Windows Server 提供的 Active Directory 域服务和故障转移集群功能。首先部署 Active Directory 域环境并将 Hyper-V 主机加入域，然后建立故障转移集群（需要用到共享存储）并进行配置，最后创建高可用的虚拟机，实现虚拟机的实时迁移和虚拟机的故障转移。

任务实现

任务 8.3.1　创建 Hyper-V 虚拟机

在创建虚拟机之前，需要做一些准备工作，如选择虚拟网络（虚拟交换机）类型、选择虚拟磁盘类型、决定内存大小等。这里示范在 Hyper-V 管理器中使用新建虚拟机向导来创建虚拟机。

创建 Hyper-V
虚拟机

（1）在 Hyper-V 主机上打开 Hyper-V 管理器，在操作窗格中选择"新建">"虚拟机"命令启动新建虚拟机向导。

（2）单击"下一步"按钮，出现图 8-21 所示的界面，为新建的虚拟机指定一个名称，这是一个 Hyper-V 管理器用的友好名称（可在 Hyper-V 管理器中显示），不是虚拟机（安装操作系统）的计算机名称；为虚拟机配置文件指定存储位置，默认将位于安装 Hyper-V 角色所设置的路径中。

（3）单击"下一步"按钮，出现图 8-22 所示的界面，为 Hyper-V 虚拟机指定代数。这里选择"第一代"。注意，虚拟机创建完成后无法修改 Hyper-V 虚拟机代数。

（4）单击"下一步"按钮，出现图 8-23 所示的界面，为虚拟机分配内存。这里选择使用动态内存。动态内存是一个优化 Hyper-V 主机通过管理操作系统给虚拟机分配物理内存的方式的一种功能。

（5）单击"下一步"按钮，出现图 8-24 所示的界面，为虚拟机配置网络以便虚拟机创建完成之后能够正常通信。这里选择一个之前创建的外部虚拟交换机。也可以选择默认的"未连接"，在虚拟机创建完成之后进入 Hyper-V 虚拟机设置界面添加虚拟网卡。

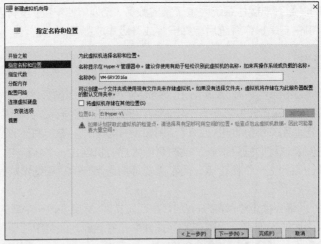

图 8-21　指定名称和位置

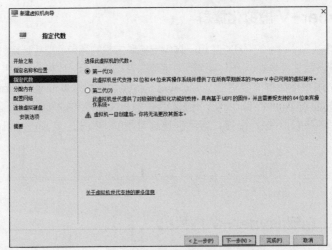

图 8-22　指定虚拟机代数

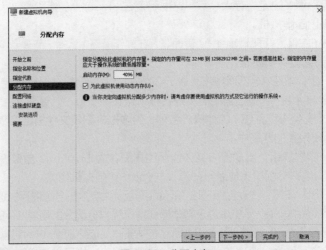

图 8-23　分配内存

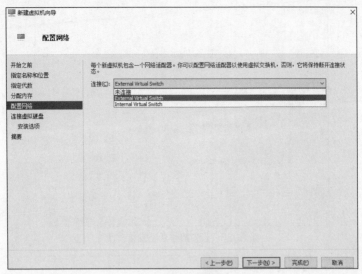

图 8-24　配置网络

（6）单击"下一步"按钮，出现图 8-25 所示的界面，连接虚拟硬盘。可以选择创建虚拟硬盘、使用现有虚拟硬盘、以后附加虚拟硬盘。这里选择"创建虚拟硬盘"，并指定 VHDX 文件的名称、存储位置和大小。这将创建一个动态扩展磁盘。

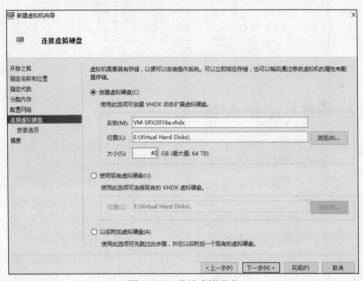

图 8-25　连接虚拟硬盘

如果要使用固定大小磁盘，可以在创建虚拟机之前创建以作为现有虚拟磁盘使用，或者之后再附加。

（7）单击"下一步"按钮，出现图 8-26 所示的界面，设置操作系统安装选项。这里选择"从可启动的 CD/DVD-ROM 安装操作系统"，并选择"物理 CD/DVD 驱动器"。

还可以提供操作系统映像文件，或者从网络上安装操作系统。

（8）单击"下一步"按钮，显示上述设置的摘要信息，确认无误后单击"完成"按钮，即可创建所需的虚拟机。

（9）返回 Hyper-V 管理器，可以查看新创建的虚拟机，如图 8-27 所示。

图 8-26　设置操作系统安装选项

图 8-27　新创建的虚拟机

任务 8.3.2　设置 Hyper-V 虚拟机

设置 Hyper-V
虚拟机

对于现有的虚拟机，可以进一步查看和修改其设置。在 Hyper-V 管理器中右键单击要设置的虚拟机，选择"设置"命令，弹出图 8-28 所示的虚拟机设置对话框。设置选项较多，左侧窗格中包括"硬件"和"管理"两个区域。

"硬件"区域用于设置所有的虚拟硬件，这里列出主要的设置选项。

• 添加硬件：能够添加相关的硬件设备。可以添加 SCSI 控制器、网络适配器和光纤通道适配器等。

• BIOS：可以选择启动顺序。注意使用 VEFI 引导的虚拟机此选项会改为"固件"（Firmware）。

• 内存：可以设置启动内存、动态内存等，包括最大最小内存、内存缓冲区以及内存权重。

• 处理器：指定虚拟机所配置的虚拟处理器的数量，设置资源控制（为虚拟机限制处理器占用比例）。例如，这里将新创建的虚拟机的虚拟处理器数量改为 2，如图 8-29 所示。

• IDE 或 SCSI 控制器：管理虚拟磁盘和光驱等。

• 网络适配器：查看已连接的虚拟交换机、创建 VLAN、带宽管理。

有些虚拟机的硬件设置还包括以下选项。

• 硬件加速：配置虚拟机队列、IPsec 任务卸载以及 SR-IOV（Single-Root I/O Virtualization，单根 I/O 虚拟化）。

• 高级功能：配置 MAC 地址、DHCP 防护、路由器保护、受保护的网络、端口镜像、NIC 组合。

图 8-28　虚拟机设置

图 8-29　修改虚拟机的处理器设置

"管理"区域可以更改虚拟机名称、配置集成服务组件、指定检查点文件位置和智能分页文件位置，以及决定主机启动或停止时虚拟机要执行的任务。这些选项通常保留默认设置即可，如自动启动操作默认设置为虚拟机自动启动，自动停止操作默认设置为保存虚拟机状态。

任务 8.3.3　在虚拟机上安装 Windows 操作系统

前面使用向导创建建虚拟机时，如果没有安装任何操作系统，该虚拟机相当于一台裸机。这里示范在该虚拟机上安装 Windows Server 2016 操作系统。具体采用将 ISO 映像文件挂载到 Hyper-V 主机的物理光驱（CD/DVD）的方式（相当于在主机的光驱中放置安装光盘）来为虚拟机安装操作系统。

在虚拟机上安装
Windows 操作系统

（1）设置启动光盘。在 Hyper-V 管理器中打开要安装操作系统的虚拟机的设置对话框，在左侧窗格的"硬件"区域中单击"IDE 控制器 1"节点下的"DVD 驱动器"，在右侧窗格中确认已经将该 DVD 驱动器关联到物理 CD/DVD 驱动器，并映射到主机上的驱动器"D:"（光驱），如图 8-30 所示。如果没有关联到物理 CD/DVD 驱动器，则需要在此单击"应用"按钮。

（2）调整启动顺序。如图 8-31 所示，在左侧窗格的"硬件"区域中单击"BIOS"节点，确认在右侧窗格的"启动顺序"列表中"CD"处于第一位（如果没有，则单击"上移"按钮直至该项处于第一位），使光驱成为优先启动载体。单击"确定"按钮关闭设置对话框。

图 8-30　设置 DVD 驱动器

图 8-31　调整启动顺序

（3）确认在充当 Hyper-V 主机的 VMware Workstation 虚拟机的 DVD 驱动器挂载 Windows Server 2016 安装包的 ISO 映像文件。

如果 Hyper-V 主机是物理主机，则需要在其 DVD 驱动器中放置 Windows Server 2016 安装光盘。

（4）在 Hyper-V 管理器中的"虚拟机"列表中双击要安装操作系统的虚拟机，或者右键单击它并选择"连接"命令，弹出相应的虚拟机连接控制台，如图 8-32 所示，当前该虚拟机处于关闭状态，也就是没有开机。

（5）在虚拟机连接控制台中单击启动按钮，或者从"操作"菜单中选择"启动"命令，启动该虚拟机。

（6）虚拟机加载安装文件后进入安装过程，稍后出现图 8-33 所示的界面，根据提示完成 Windows Server 2016 操作系统的安装。

图 8-32　虚拟机连接控制台

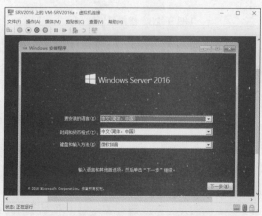

图 8-33　在虚拟机上安装 Windows Server 2016

使用虚拟机连接控制台

任务 8.3.4　使用虚拟机连接控制台

虚拟机连接控制台是一种连接虚拟机的工具，可用于在虚拟机中安装操作系统或与客户操作系统进行交互。它顶部有一个菜单栏和一个工具栏，其中大部分功能也会在 Hyper-V 管理器中提供，如图 8-34 所示。底部是一个状态栏。中间主区域则是虚拟机本身的界面。

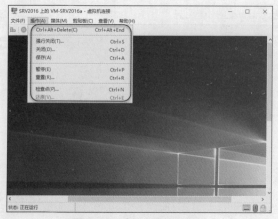

图 8-34　虚拟机连接控制台

在虚拟机连接控制台中单击虚拟机屏幕可以"捕获"键盘和鼠标，此时所有的键盘和鼠标操作都会发送给虚拟机。最初要释放虚拟机对键盘和鼠标的控制，需要按<Ctrl+Alt+←>组合键。虚拟机安装操作系统时一般都安装有集成服务，直接将鼠标指针从虚拟机屏幕中移到主机桌面上，虚拟机就会自动释放对键盘和鼠标的控制；再次将鼠标指针移动到虚拟机屏幕，则键盘和鼠标又被虚拟机控制。有一个例外，任何时候使用<Ctrl+Alt+Del>组合键，主机都会捕获它。要将这个组合键发送给虚拟机，可以从"操作"菜单中选择"Ctrl+Alt+Delete"命令，或者按一个变通的<Ctrl+Alt+End>组合键。

实际上虚拟机连接控制台使用远程桌面协议（Remote Desktop Protocol，RDP）与虚拟机进行通信。远程桌面服务也使用该协议，不过它使用的端口是 3389，而虚拟机连接控制台使用的端口是 2179。在 Hyper-V 管理器中启动虚拟机连接控制台时，将启动一个名为 vmconnect.exe 的客户端应用程序，它是类似于远程桌面客户端的角色。Hyper-V 虚拟机管理服务是类似于远程桌面服务的角色，当使用 vmconnect.exe 连接到该服务时，该服务将通知哪些虚拟机可用，并让 RDP 通信引导到相应的虚拟机。

当安装有操作系统的虚拟机在运行时，在虚拟机连接控制台的"查看"菜单中选择"全屏模式"命令，或者按<Ctrl+Alt+Pause>组合键，切换到全屏模式，此时会出现类似于远程桌面连接的界面，如图 8-35 所示。

 提示 如果要远程访问 Hyper-V 虚拟机，则需要在虚拟机系统中配置并打开远程连接。例如，Windows 虚拟机有一个网卡连接外部交换机，当 Windows 远程桌面设置允许远程连接时，Windows 防火墙开放远程桌面，用户就可以在其他 Windows 系统的计算机上通过远程桌面连接访问该虚拟机。

图 8-35　类似于远程桌面连接的界面

任务 8.3.5　设置 Hyper-V 集成服务

对于内置 Hyper-V 集成服务的客户操作系统，虚拟机上默认会启用 5 种集成服务：操作系统关闭、时间同步、数据交换、检测信号和备份（卷影复制）。打开虚拟机的设置对话框，单击左侧窗格的"管理"区域中的"集成服务"节点，即可对集成服务进行开启和关闭，如图 8-36 所示。开启来宾服务的功能，虚拟机与主机之间就可以相互进行文件复制。

图 8-36　设置集成服务

为虚拟机添加虚拟磁盘

任务 8.3.6　为虚拟机添加虚拟磁盘

可以将单独创建的虚拟磁盘添加到虚拟机中。打开虚拟机的设置对话框，单击"SCSI 控制器"（也可以是 IDE 控制器，只是所用的磁盘 I/O 接口不同）节点下"硬盘驱动器"，单击"添加"按钮，出现图 8-37 所示界面，选中"虚拟硬盘"单选按钮，并在下面的文本框中设置要添加的虚拟磁盘的文件路径（VHD 或 VHDX 格式），单击"应用"按钮。这样虚拟机就可以使用该虚拟磁盘，可以登录虚拟机操作系统进行验证，这里通过在 Windows 虚拟机上打开磁盘管理器，可以发现新添加的虚拟磁盘，如图 8-38 所示。

要卸载虚拟机中某虚拟磁盘，打开虚拟机的设置对话框（见图 8-37），单击"SCSI 控制器"节点下要删除的硬盘驱动器，单击"删除"按钮即可。这种删除不会将该虚拟磁盘对应的物理硬盘上的虚拟磁盘文件同时删除。

图 8-37　为虚拟机卸载虚拟磁盘

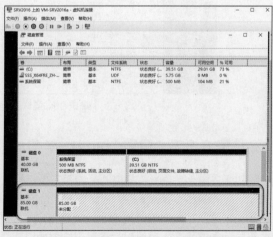

图 8-38　Windows 虚拟机上的虚拟磁盘

任务 8.3.7　配置和使用检查点

配置和使用检查点

打开 Hyper-V 管理器，右键单击要创建检查点的虚拟机，选择"检查点"命令，设置检查点名称，即可创建新的检查点。

当多次对虚拟机创建检查点后，可以看到系统会产生一个检查点树，如图8-39 所示。如果不明确指定名称，默认情况下检查点的命名会采用"虚拟机名称-（时间）"的方式，按时间顺序从上往下排列，依次缩进。

对于已经创建的检查点，可以执行相关的操作（见图 8-39），这些操作主要包括应用、导出、重命名、删除检查点、删除检查点子树等。

这里强调一下检查点的应用。它的优势在于可以随时使用"应用"操作来回退到某一个时间点。通过在不同时间创建检查点，可以获得虚拟机在不同时间段的不同状态。

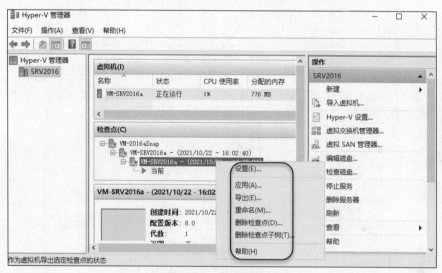

图 8-39　检查点树结构

任务 8.3.8　在 Hyper-V 主机上部署 Linux 虚拟机

前面介绍了在 Hyper-V 主机上部署 Windows 虚拟机的方法，接下来介绍Linux 虚拟机的部署过程，操作系统以 CentOS 7 为例。在虚拟机上安装Windows 操作系统时采用将虚拟光驱映射到主机的光驱的方式，这里采用另一种方式，将操作系统的 ISO 映像文件复制到 Hyper-V 主机上的文件夹中，再将映像文件挂载到虚拟机的虚拟光驱，通过虚拟机光驱启动安装程序。

在 Hyper-V 主机上部署 Linux 虚拟机

（1）在 Hyper-V 主机上通过新建虚拟机向导创建用于运行 Linux 操作系统的虚拟机，其设置如图 8-40 所示，注意虚拟机代数应选择"第一代"，安装选项设置为"以后安装操作系统"。

（2）将准备好的 CentOS 7 操作系统的 ISO 映像文件复制到 Hyper-V 主机上。

（3）设置启动光盘。在 Hyper-V 管理器中打开虚拟机的设置对话框，在左侧窗格的"硬件"区域中单击"IDE 控制器 1"节点下的"DVD 驱动器"，确认右侧窗格中已经选中"映像文件"，并在下面的文本框中设置 CentOS 7 操作系统的 ISO 映像文件，如图 8-41 所示。

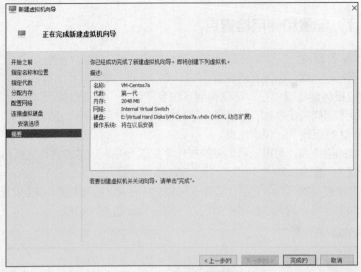

图 8-40　虚拟机设置摘要

图 8-41　设置 DVD 驱动器

（4）调整启动顺序。如图 8-31 所示，在左侧窗格的"硬件"区域中单击"BIOS"节点，确认在右侧窗格的"启动顺序"列表中"CD"处于第一位，使光驱成为优先启动载体。单击"确定"按钮关闭设置对话框。

（5）在 Hyper-V 管理器中的"虚拟机"列表中双击要安装操作系统的虚拟机，或者右键单击它并选择"连接"命令，弹出相应的虚拟机连接控制台，单击启动按钮或者从"操作"菜单中选择"启动"命令，启动该虚拟机，稍后出现图 8-42 所示的界面，根据提示完成 CentOS 7 操作系统的安装。

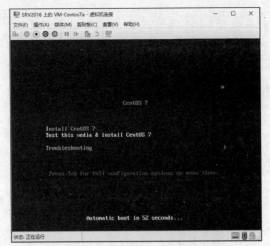

图 8-42 在虚拟机上安装 CentOS 7

项目小结

通过本项目的实施，我们通过 Windows Server 2016 提供的 Hyper-V 角色实现了虚拟化基础架构的部署，并在 Hyper-V 上创建和配置了虚拟机，从而实现了在一台物理计算机上运行多个操作系统。本项目仅示范了单主机的虚拟化，Hyper-V 也支持通过 Active Directory 域服务和故障转移集群来实现多主机的虚拟化平台。项目 9 将在 Linux 环境中基于 KVM 虚拟化技术部署虚拟化平台。

课后练习

简答题

1. 在 Hyper-V 体系结构中 Hypervisor 主要有哪些功能？
2. Hyper-V 管理程序架构有什么优点？
3. Hyper-V 虚拟交换机有哪些类型？各有什么特点？
4. Hyper-V 虚拟磁盘格式有哪几种？
5. Hyper-V 虚拟磁盘有哪几种类型？
6. Hyper-V 集成服务有什么作用？

操作题

1. 搭建一个实验环境，在 Windows Server 2016 上安装 Hyper-V 角色。
2. 创建一个第二代 Hyper-V 虚拟机，并安装 Windows Server 2016 操作系统，然后使用虚拟机连接控制台进行操作。
3. 为虚拟机创建一个检查点（快照），并进行还原实验。

项目9
基于KVM实现服务器虚拟化

09

学习目标

- 了解KVM虚拟化技术
- 掌握部署KVM虚拟系统的方法
- 掌握KVM虚拟机的创建和管理方法
- 掌握配置KVM虚拟网络和存储的方法
- 掌握配置KVM虚拟机的高级管理方法

项目描述

KVM是基于Linux内核的虚拟化技术，支持广泛的客户机操作系统，是主流的Linux虚拟化解决方案。KVM最大的优势是开源，受到开源云计算平台的广泛支持。Linux操作系统全力支持KVM，KVM可以用来创建一个虚拟化的服务器计算环境来支持虚拟机，在一台物理计算机上运行多个操作系统。本项目将通过4个典型任务，讲解KVM虚拟化技术，并以CentOS Stream 8操作系统为平台示范KVM虚拟系统、虚拟网络和存储以及虚拟机的部署和管理。

任务 9.1　部署 KVM 虚拟系统

任务说明

KVM 全称为 Kernel-based Virtual Machine，可译为基于内核的虚拟机，是一种基于 Linux x86 硬件平台的开源全虚拟化解决方案。很多 Linux 发行版集成 KVM 作为虚拟化解决方案，CentOS 也不例外。本任务的具体要求如下。

（1）理解 KVM 虚拟化架构。

（2）了解 KVM 管理工具。

（3）掌握 KVM 虚拟系统的部署方法。

（4）熟悉 KVM 虚拟系统管理器。

本任务使用 VMware Workstation 专门建立一个 CentOS Stream 8 虚拟机，将该虚拟机作为 KVM 主机，再在 KVM 主机上部署和管理 KVM 虚拟机，实际上使用的是虚拟机嵌套技术。

知识引入

9.1.1　KVM 虚拟化架构

KVM 是一个轻量级的 Hypervisor，主要包括两个重要组成部分。一个是 Linux 内核的 KVM

模块，主要负责虚拟机的创建、虚拟内存的分配、vCPU 寄存器的读写，以及 vCPU 的运行。另一个是提供硬件仿真的 QEMU，用于模拟虚拟机的用户空间组件，提供 I/O 设备模型和访问外设的路径。

KVM 属于宿主型 Hypervisor，是第 2 类虚拟机监控程序，与 VMware Workstation 类似，运行在传统的操作系统上，模拟出一整套虚拟硬件平台。KVM 本身只关注虚拟机的调度和内存管理，无法作为一个 Hypervisor 模拟出一个完整的虚拟机，而且用户也不能直接对 Linux 内核进行操作，因此需要借助其他软件来进行，QEMU 就是 KVM 所需的这样一个角色。

KVM 虚拟化架构如图 9-1 所示。

图 9-1　KVM 虚拟化架构

在 KVM 模型中，每一个虚拟机都是一个由 Linux 调度程序管理的标准进程，可以在用户空间中启动客户机操作系统。一个普通的 Linux 进程有两种运行模式：内核和用户。而 KVM 增加了第三种模式——客户模式，客户模式又有自己的内核和用户模式。

当新的客户机在 KVM 上启动时，它就成为宿主操作系统的一个进程，因此就可以像调度其他进程一样调度它。但与传统的 Linux 进程不一样，客户机被 Hypervisor 标识为处于客户模式（独立于内核和用户模式）。每个客户机都是通过/dev/kvm 设备映射的，它们拥有自己的虚拟地址空间，该空间映射到主机内核的物理地址空间。如前文所述，KVM 使用底层硬件的虚拟化支持来提供完整的（原生）虚拟化。I/O 请求通过主机内核映射到在主机上 Hypervisor 执行的 QEMU 进程。

9.1.2　KVM 管理工具

仅有 KVM 模块和 QEMU 组件是不够的，为了 KVM 整个虚拟化环境易于管理，还需要 libvirt 服务和基于 libvirt 开发出来的管理工具。

1. libvirt 套件

libvirt 是一个软件集，是一套为方便管理平台虚拟化而设计的开源的 API、守护进程和管理工具。它不仅提供了对虚拟机的管理，也提供了对虚拟网络和存储的管理。libvirt 最初是为 Xen 虚拟化平台设计的一套 API，目前还支持其他多种虚拟化平台，如 KVM、ESX 和 QEMU 等。在 KVM 解决方案中，QEMU 用来进行平台模拟，面向上层管理和操作；而 libvirt 用来管理 KVM，面向下层管理和操作。libvirt 架构如图 9-2 所示。

libvirt 是使用非常广泛的 KVM 管理工具 API，而且一些常用的虚拟机管理工具（如 virsh）和云计算框架平台（如 OpenStack）的底层都使用 libvirt 的 API。

2. 主要的 KVM 管理工具

virsh 是基于 libvirt 开发的命令行虚拟化管理工具。除了用于 KVM 之外，它还可用于 Xen、LXC 等多种虚拟机管理程序，使用它能够大大简化虚拟机管理工作。使用 virsh 命令，管理员能够创建、编辑、迁移和关闭虚拟机，还能执行安全管理、存储管理、网络管理等其他操作。

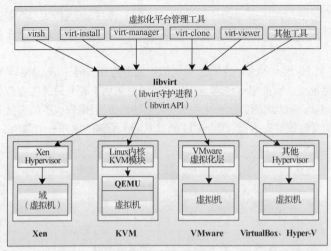

图 9-2　libvirt 架构

　　virt 是一个命令集，主要用于对虚拟机进行管理，如 virt-clone 用于克隆虚拟机、virt-install 用于创建虚拟机。其中 virt-manager 很特别，是一个 KVM 管理工具，不过它是基于图形用户界面的，在 CentOS 中称为虚拟系统管理器。它可以对虚拟机生命周期实施管理，如创建、编辑、启动、暂停、恢复和停止虚拟机，还包括拍摄虚拟机快照、动态迁移等功能；客户机的实时性能、资源利用率等的监控、统计结果以图形化方式展示。

　　KVM 与 QEMU 相结合形成 qemu-kvm 管理程序，用于底层管理，所有上层虚拟化功能都依赖它。KVM 虚拟化底层都是通过 qemu-kvm 实现的，不过不建议管理员直接使用 qemu-kvm 命令。qemu-img 是一个硬盘管理工具，用来创建和管理虚拟化硬盘，即映像。qemu-io 用于磁盘接口管理。这两个工具都是随 qemu-kvm 软件包安装的。

任务实现

任务 9.1.1　安装 KVM 虚拟系统

安装 KVM 虚拟系统

　　下面示范在 CentOS Stream 8 系统上安装 KVM 虚拟系统，即安装 KVM 及其相关软件包。可以在系统安装过程中选择相应选项，也可以在现有系统上加装 KVM 相关软件包。对于初学者，建议采用前一种方法。

　　1. 准备 KVM 主机

　　在实验环境中部署 KVM 对硬件资源的要求不是特别高，KVM 主机本身硬件配置需要双核 CPU、4GB 内存、至少 100GB 剩余硬盘空间，这样可以同时运行 2~3 个包含 1 个 vCPU 和 1GB 内存的虚拟机。

　　这里使用 VMware Workstation 16 Pro 创建一个用作 KVM 主机的虚拟机。创建过程中，客户机操作系统选择"CentOS 8 64 位"；KVM 虚拟化需要 CPU 的硬件虚拟化加速的支持，设置处理器时需要勾选"虚拟化 Intel VT-x/EPT 或 AMD-V/RVI(V)"复选框；内存和磁盘大小应适当调高。本例硬件配置如图 9-3 所示。

　　2. 在 CentOS Stream 8 操作系统安装过程中安装 KVM

　　创建用作 KVM 主机的 VMware Workstation 虚拟机之后，安装 CentOS Stream 8 操作系统。为降低学习难度，安装过程中选择要安装的软件时选择"带 GUI 的服务器"，附加选项选择"虚拟化客户端""虚拟化 Hypervisor"和"虚拟化工具",如图 9-4 所示。不建议直接选择"虚拟化主机",因为它没有提供图形环境。

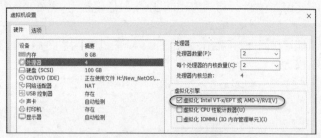

图 9-3　KMV 主机硬件配置

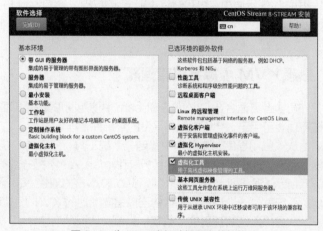

图 9-4　为 KVM 主机选择要安装的软件

3. 检查 KVM 安装

完成 CentOS Stream 8 安装之后,可执行以下命令检查 CPU 是否支持虚拟化:

```
grep -E 'svm|vmx' /proc/cpuinfo
```

如果显示结果不为空,表示 CPU 支持并开启了硬件虚拟化功能。显示内容中含有 vmx 表示为 Intel 的 CPU 指令集,含有 svm 表示为 AMD 的 CPU 指令集。

执行以下命令检查 KVM 软件包安装:

```
yum list installed qemu-kvm libvirt virt-install virt-manager
```

这 4 个软件包的内容和依赖关系说明如下。

• qemu-kvm:qemu-kvm 软件包主要包含 KVM 内核模块和基于 KVM 的 QEMU 模拟器。它有一个依赖包 qemu-img,主要用于 QEMU 磁盘映像的管理。

• libvirt:libvirt 软件包提供 Hypervisor 和虚拟机管理的 API。

• virt-install:这是创建和克隆虚拟机的命令行工具包。

• virt-manager:这是图形界面的 KVM 管理工具。此软件包并不是必需的。

以上软件包如果没有安装,请执行以下命令安装:

```
yum install qemu-kvm libvirt virt-install virt-manager
```

在 CentOS Stream 8 系统中也可以使用 dnf 工具来管理和安装软件包。

4. 调整 KVM 虚拟化环境

可以进一步调整 KVM 虚拟化环境以便开展实验。通常关闭 KVM 主机的防火墙和 SELinux 功能。执行以下命令禁用防火墙:

```
systemctl disable firewalld
systemctl stop firewalld
```

编辑/etc/selinux/config 文件，将"SELINUX"的值设置为"disabled"，重启系统使禁用 SELinux 功能生效。

要让 KVM 虚拟机能够访问外部网络，还要在 KVM 主机中启用 IP 路由转发功能。执行以下命令检查是否启用 IP 路由转发：

```
[root@localhost ~]# sysctl -a |grep "ip_forward"
net.ipv4.ip_forward = 1
net.ipv4.ip_forward_update_priority = 1
net.ipv4.ip_forward_use_pmtu = 0
```

以上结果表明已启用。如果未启用，可执行以下命令来解决：

```
echo "net.ipv4.ip_forward = 1" >> /etc/sysctl.conf
sysctl -p
```

任务 9.1.2　熟悉 KVM 虚拟系统管理器

熟悉 KVM 虚拟系统
管理器

初学者更适合在 CentOS Stream 中使用图形用户界面的虚拟系统管理器，该管理器可用于 KVM 虚拟化平台的全局性管理。

从"应用程序"主菜单中找到"系统工具"子菜单，执行"虚拟系统管理器"命令（或在终端命令行中运行 virt-manager）打开虚拟系统管理器。如图 9-5 所示，默认列出一个名为"QEMU/KVM"的连接。每台 KVM 主机的 KVM 虚拟系统就是一个连接，默认的连接指向本地的 KVM 虚拟系统。

从虚拟系统管理器的"编辑"菜单中选择"连接详情"命令，弹出图 9-6 所示的连接详情窗口，可以查看和修改 KVM 虚拟系统的资源设置。该窗口包括 3 个功能选项卡。默认显示的是"概述"选项卡，显示该虚拟系统的基本详情（名称和连接 URI）、CPU 和内存的实时监控。"虚拟网络"选项卡用于设置整个虚拟化平台所用的虚拟网络，为虚拟机提供网络支持。"存储"选项卡用于设置整个虚拟化平台所用的虚拟存储，包括存储池及其存储卷。

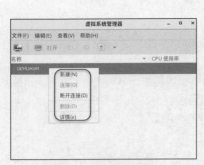

图 9-5　虚拟系统管理器

图 9-6　连接详情

从虚拟系统管理器的"编辑"菜单中选择"首选项"命令，弹出相应的对话框，设置关于 KVM 虚拟系统的基本选项。例如，切换到"新建虚拟机"选项卡，如图 9-7 所示，可以设置该虚拟系统上新建虚拟机默认的基本设置。

也可以通过虚拟系统管理器管理远程 KVM 主机上的虚拟系统，这样就可以同时管理多个 KVM 虚拟系统。从"文件"菜单中选择"添加连接"命令，弹出图 9-8 所示的对话框，设置远程主机的连接信息，单击"连接"按钮即可。

图 9-7　设置基本选项

图 9-8　添加连接

任务 9.2　创建和管理 KVM 虚拟机

任务说明

KVM 虚拟系统需要安装虚拟机才有意义。通过前面任务的实施，我们完成了 KVM 虚拟系统的安装，接下来就可以创建和管理 KVM 虚拟机。本任务的具体要求如下。

（1）掌握 KVM 虚拟机的创建方法。

（2）掌握在 KVM 虚拟机上安装操作系统的方法。

（3）掌握 KVM 虚拟机的使用和配置管理方法。

知识引入

每台 KVM 主机都有自己的配置文件，用来定义虚拟机。该配置文件的格式为 XML，位于所在 KVM 主机的/etc/libvirt/qemu 目录下，以虚拟机名称来命名该文件。创建 KVM 虚拟机将自动生成一个配置文件，更改 KVM 虚拟机配置也会对该文件进行修改。

KVM 虚拟机的核心就是一个磁盘映像文件，这个映像文件可以理解成虚拟机的磁盘，里面有虚拟机的操作系统和驱动等重要文件。虚拟机从虚拟磁盘文件启动并加载到 KVM 主机内存中。随着虚拟机的运行，虚拟磁盘文件可通过更新来反映数据或状态改变。

初学者适合使用虚拟系统管理器来创建和管理虚拟机。该工具提供新建虚拟机向导，还提供虚拟机管理器用于虚拟机的资源分配和虚拟硬件的配置调整。虚拟系统管理器支持本地或远程管理 KVM、Xen、QEMU、LXC 等虚拟机，它还内置一个图形用户界面客户端用于连接到虚拟机桌面进行交互。

任务实现

任务 9.2.1　创建 KVM 虚拟机并安装 Linux 操作系统

下面示范使用虚拟系统管理器的新建虚拟机向导来创建运行 CentOS 7 操作系统的 KVM 虚拟机。

（1）准备 CentOS 7 操作系统的 ISO 安装文件。在 KVM 主机上创建 /kvm/iso 目录，将此 ISO 安装文件复制到该目录下。

创建 KVM 虚拟机并安装 Linux 操作系统

（2）打开虚拟系统管理器，右键单击"QEMU/KVM"连接，选择"新建"命令，打开新建虚拟机向导。

（3）如图9-9所示，选择虚拟机操作系统的安装来源。为便于实验，这里选择默认的"本地安装介质(ISO 映像或者光驱)"。

（4）单击"前进"按钮，如图9-10所示，定位安装介质。这里使用 ISO 映像，指定虚拟机要安装的操作系统的映像文件路径（可直接输入路径，如果单击"浏览"按钮首先会弹出"选择存储卷"对话框），勾选"Automatically detect from the installation media/source"复选框，系统根据安装介质自动侦测操作系统，这里侦测到的操作系统是 CentOS 7。

> **提示** 由于虚拟机嵌套不支持硬件的物理传递，本例中不能使用CD-ROM或DVD，无论KVM主机（本身也是 VMware Workstation 虚拟机）连接的是物理光驱还是 ISO 映像文件。

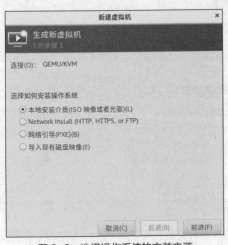

图 9-9　选择操作系统的安装来源

图 9-10　定位安装介质

（5）单击"前进"按钮，如图9-11所示，设置虚拟机的内存和 CPU。这里仅用于示范，内存和 CPU 保持默认的设置。

（6）单击"前进"按钮，如图9-12所示，为虚拟机设置存储。

图 9-11　设置虚拟机的内存和 CPU

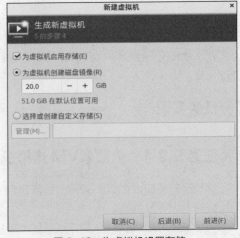

图 9-12　为虚拟机设置存储

虚拟机除了内存和 CPU 外，也需要虚拟磁盘。这里采用最简单的方式，选择"为虚拟机创建磁盘镜像"（图中将 image 译为镜像，本书一般译为映像），也就是在 KVM 主机当前磁盘中自动创建一个虚拟磁盘，指定磁盘容量大小。默认使用文件作为存储，文件的路径为/var/lib/libvirt/images/，如果没有把/var 分区独立出来，那么很容易导致根分区磁盘空间不足。但实际应用中，都会给 KVM 配置一个或者多个存储池，这样也就可以更加合理地使用磁盘空间，减轻根分区的压力。

（7）单击"前进"按钮，如图 9-13 所示，给出安装选项概要，还要为虚拟机指定一个名称，并选择要连接的网络，这里选用默认的 NAT 模式。

（8）单击"完成"按钮，自动进入虚拟机的操作系统安装界面，如图 9-14 所示，这里安装的是 CentOS 7，其安装过程与在物理机上的安装过程相同。安装完毕，即可正常使用。

图 9-13　准备虚拟机安装

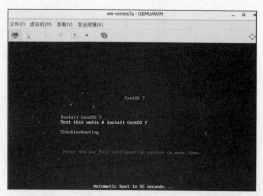

图 9-14　为虚拟机安装 CentOS 7 操作系统

任务 9.2.2　使用和管理 KVM 虚拟机

KVM 虚拟机创建完毕之后，会自动打开一个虚拟机管理器。如图 9-15 所示，默认显示的是图形用户界面的控制台，可以在其中操作和使用该虚拟机，基本与物理机的操作和使用方法相同。

使用和管理 KVM 虚拟机

对于管理员来说，主要工作是配置和管理。虚拟机管理器顶部给出的一组菜单就是用于这项工作的。从"虚拟机"菜单中可以执行基本的虚拟机管理操作，如开关机、暂停、恢复、克隆、截屏等。

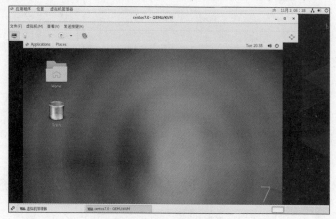

图 9-15　虚拟机管理器

"查看"菜单主要用于虚拟机的显示操作，如图 9-16 所示。其中"控制台"单选按钮用于显示虚拟机图形控制台界面，如果没有选中它就会关闭控制台。单击"详情"则弹出虚拟机硬件详情对话框，如图 9-17 所示，可查看虚拟机配置情况，或更改虚拟机配置（如添加或修改虚拟机硬件），一些修改需要关闭虚拟机之后才能生效，还有一些修改只有在虚拟机关闭状态下才能进行，如修改虚拟机名称。

图 9-16　虚拟机"查看"菜单　　　　　　　图 9-17　查看和设置虚拟机详情

"发送按键"菜单用于向该虚拟机发送常用的特殊按键，主要包含<Ctrl+Alt>组合键，如<Ctrl+Alt+Delete>、<Ctrl+Alt+F1>等，还有一个<PrintScreen>键（用于截屏）。

默认情况下，主菜单下面会显示一个工具栏，提供几个按钮用于虚拟机的基本管理操作，其中 按钮用于显示图形控制台界面， 按钮用于显示虚拟机详情界面。即使在关闭虚拟机控制台的情况下，在虚拟系统管理器中也会提供相应的工具栏来管理虚拟机。

打开虚拟机管理器顶部左端的"文件"菜单，选择"查看管理器"命令将切换到虚拟系统管理器（见图 9-18，其中显示一个虚拟机），"关闭"命令可用于关闭该虚拟机管理器（此时并不影响虚拟机的运行），执行"退出"命令则关闭整个虚拟系统管理器。

图 9-18　虚拟系统管理器

为便于后续实验操作，这里将虚拟机名称从"Centos 7.0"修改为"vm-centos 7a"，具体步骤不再赘述。

任务 9.2.3　创建 KVM 虚拟机并安装 Windows 操作系统

一个 KVM 虚拟系统可以安装若干个虚拟机。前面示范了运行 Linux 操作系统的 KVM 虚拟机的创建，下面示范运行 Windows 操作系统的 KVM 虚拟机的创建。

（1）这里以 Windows Server 2016 为例示范，准备该操作系统的 ISO 安装文件，并将其复制到 KVM 主机的/kvm/iso 目录下。

（2）在虚拟系统管理器中启动新建虚拟机向导，基本步骤同前面的 Linux 虚拟机的创建。在运行到向导，步骤 2 时，定位安装介质，指定 Windows Server 2016 操作系统的映像文件路径，如图 9-19 所示。在运行到向导步骤 4 时，磁盘存储空间改为 20GB。在运行到向导步骤 5 时，勾选"在安装前自定义配置"复选框，如图 9-20 所示。

创建 KVM 虚拟机并安装 Windows 操作系统

图 9-19　定位安装介质

图 9-20　准备开始安装

（3）单击"完成"按钮，进入虚拟机自定义配置界面，如图 9-21 所示，此时虚拟机处于关闭状态，可以根据需要修改配置和添加硬件。

图 9-21　查看和修改虚拟机配置

（4）单击"开始安装"按钮，进入虚拟机的操作系统安装界面，如图 9-22 所示，这里安装的是 Windows Server 2016，其安装过程与在物理机上的安装过程相同。安装完毕，即可正常使用。

（5）切换到虚拟系统管理器，可以发现新添加的虚拟机，如图 9-23 所示。

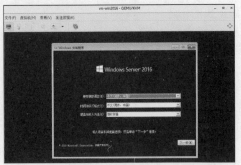

图 9-22　在虚拟机上安装 Windows Server 2016

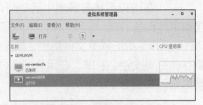

图 9-23　新添加的虚拟机

任务 9.3　配置 KVM 虚拟网络和存储

任务说明

在虚拟化环境中，网络和存储都是重要的基础设施。本任务的具体要求如下。

（1）理解 KVM 虚拟网桥并了解 KVM 虚拟网络技术。

（2）了解 KVM 虚拟存储技术。

（3）掌握 KVM 虚拟网络的创建和管理方法。

（4）掌握 KVM 存储池与存储卷的创建和管理方法。

知识引入

9.3.1　KVM 虚拟网络

KVM 虚拟网络涉及虚拟机与内外网的通信。

1. 理解 KVM 的虚拟网桥

与物理机不同，虚拟机没有硬件设备，但虚拟机要与物理机和其他虚拟机进行通信。VMware Workstation 的解决方案是提供虚拟交换机，主机通过物理网卡（桥接模式）或虚拟网卡连接到虚拟交换机，虚拟机通过虚拟网卡连接到虚拟交换机，组成虚拟网络，从而实现主机与虚拟机、虚拟机与虚拟机之间的网络通信。而 KVM 的解决方案是提供虚拟网桥（Virtual Bridge）设备，像交换机具有若干网络接口（端口）一样，在虚拟网桥上创建多个虚拟的网络接口，每个网络接口再与 KVM 虚拟机的网卡相连。

为进一步解释虚拟网桥，这里通过图 9-24 来说明虚拟网卡、虚拟网桥、物理网卡与物理交换机的关系。在 Linux 的 KVM 虚拟系统中，为支持虚拟机的网络通信，网桥接口（端口）的名称通常以 vnet 开头，加上从 0 开始的顺序编号，如 vnet0、vnet1，在创建虚拟机时会自动创建这些接口。br1 和 br2 虚拟网桥分别连接到主机的物理网卡 1 和物理网卡 2。br1 上的两个虚拟网桥接口 vnet0 和 vnet1 分别连接到虚拟机 A 和 B 的虚拟网卡，而 br1 所连接的物理网卡 1 又连接到外部的物理交换机，因此虚拟机 A 和 B 可以连接到 Internet。br2 上的虚拟网桥接口 vnet2 连接到虚拟机 C 的虚拟网卡，但是它所连接的物理网卡 2 并未连接到物理交换机，因此虚拟机 C 不能与外部网络通信。br3 上的虚拟网桥接口 vnet3 连接到虚拟机 D 的虚拟网卡，但是它不与任何物理网卡连接，因而无法访问外部网络。

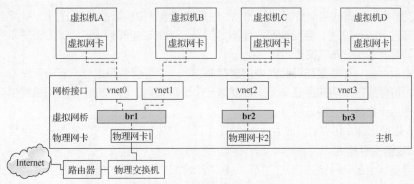

图 9-24　KVM 虚拟网桥示意

2. KVM 虚拟机组网模式

与 VMware Workstation 类似，KVM 虚拟机组网模式主要包括 3 种类型，具体说明如表 9-1 所示。

表 9-1　KVM 虚拟机组网模式

组网模式	说明	应用场景
NAT	让虚拟机借助 NAT 功能通过物理主机所在的网络来访问外网。虚拟机的虚拟网卡和主机的物理网卡位于不同的网络中，虚拟机的虚拟网卡位于 KVM 提供的一个虚拟网络中。此模式又称用户网络（User Networking）	虚拟机访问主机、外网或本地网络资源
隔离	虚拟网络是一个全封闭的、与外部隔绝的内部网络，它唯一能够访问的就是主机。虚拟机的虚拟网卡位于 KVM 提供的内部网络中，除了内部网络上的虚拟机相互通信外，虚拟机不能和外界通信，不能访问 Internet，其他主机也不能访问虚拟机，安全性高。此模式又称仅主机模式	建立一个完全独立于主机所在网络的虚拟内部网络，适用于各种网络实验以及生产环境中的大型服务商
桥接	主机将虚拟网络自动桥接到物理网卡，通过虚拟网桥实现网络互联，从而将虚拟网络并入主机所在网络。虚拟机通过虚拟网卡连接到该虚拟网络，经虚拟网桥连接到主机所在网络。主机的物理网卡和虚拟机的虚拟网卡在网络拓扑图上处于同等地位（处于同一个网段），虚拟机类似于一台真实的主机，直接访问网络资源，虚拟机与主机之间的相互通信容易实现	虚拟机对局域网其他计算机提供服务

除了 NAT、隔离和桥接组网模式之外，KVM 还支持路由、SR-IOV 等模式，以及 MacVTap 设备。路由模式是在隔离模式的基础上，在主机上开启了 IP 路由转发功能，此时的主机相当于路由器，完成虚拟机与主机之间的数据转发，这样虚拟机可与主机本身的物理网卡进行通信，但是无法与主机所在网络的其他主机进行通信。SR-IOV 可以在一个物理网卡上虚拟出多个轻量化的 PCI-e 物理设备，其优势是大大减轻主机的 CPU 负载，提高网络性能、降低网络时延等。MacVTap 是一个新的设备驱动程序，旨在简化虚拟化的桥接网络。MacVTap 设备有 4 种工作模式：Bridge、VEPA（Virtual Ethernet Port Aggregator，虚拟以太网端口聚合器）、Private 和 Passthrough。其 Bridge 模式可完成与桥接设备类似的功能，数据可以在属于同一个母设备的子设备间交换转发，虚拟机相当于简单接入一个交换机。

9.3.2　KVM 虚拟存储

KVM 虚拟存储主要涉及存储池和存储卷。

1. 存储池与存储卷

在虚拟化应用中，通常都是将资源进行池化，例如 CPU 计算池、内存池、存储池、网络 IP 池。池化将底层的硬件特性进行屏蔽，以统一所有的资源，进行更加合理的利用。存储池就是存储的一个集合，可以将底层所有的存储资源进行池化，然后提供给虚拟机管理器使用。KVM平台以存储池的形式对存储进行统一管理。存储池可以是本地目录、远端磁盘阵列（iSCSI、NFS）分配过来的磁盘或目录，或者各类分布式文件系统。

要使用虚拟存储，还需要在存储池中创建存储卷。一个存储池可以包含若干存储卷。每一个存储卷是虚拟机可以直接使用的存储单元，也就是一个虚拟磁盘。虚拟磁盘为虚拟机提供存储空间，在虚拟机中相当于物理机的物理磁盘。

在KVM虚拟化体系中，往往使用image（可译为映像或镜像）这个术语来表示虚拟磁盘。

2. 虚拟磁盘文件格式

虚拟磁盘实际上是一种特殊格式的文件。KVM虚拟机所使用的虚拟磁盘的文件格式主要有3种，具体说明如表9-2所示。

表9-2　KVM虚拟磁盘文件格式

文件格式	说明	特点	应用场景
RAW	原始的格式，直接将文件系统的存储单元分配给虚拟机使用，采取直读直写的策略	访问效率较高，方便格式转换，可以被主机挂载，可以增减容量。不支持诸如压缩、快照、加密和写时复制等特性	大规模数据存储
QCOW2	QEMU引入的映像文件格式，文件存储数据的基本单元是簇，每一簇由若干个数据扇区组成，每个数据扇区的大小是512B，定位映像文件的簇采用类似于内存二级页表转换机制	根据实际需要决定占用空间的大小，且支持更多的主机文件系统格式。只能增加容量，不能减少容量	虚拟机快照
QED	QCOW2的一种改型，存储定位查询方式及数据块大小与QCOW2的相同	克服QCOW2格式的一些缺点以提高性能，目前还不够成熟	实验环境

任务实现

任务9.3.1　配置NAT模式虚拟网络

配置NAT模式虚拟网络

NAT是KVM安装虚拟机的默认组网模式。它支持主机与虚拟机的互相通信，同时也支持虚拟机访问外部网络，但不支持外部网络访问虚拟机。

1. 考察NAT模式

在虚拟系统管理器中打开连接详情窗口，切换到"虚拟网络"选项卡，如图9-25所示，可以发现，名为"default"的网络（位于virbr0设备上）是在主机上安装KVM虚拟机时自动安装的。该虚拟网络默认拥有一个私有IP地址网段（192.168.122.0/24），提供DHCP服务（默认IP地址范围为192.168.122.2～192.168.122.254），支持NAT转发。

virbr0是由主机KVM相关模块安装的一个虚拟网络接口（TAP设备），也是一个虚拟网桥，本例中IP地址为192.168.122.1，负责将流量分发到各虚拟机。这种NAT模式如图9-26所示。

由于bridge-utils软件包自CentOS 7.7开始被弃用，后续版本不再使用brctl命令操作网桥，这里改用Linux网桥配置命令bridge来查看当前的网桥配置信息：

```
[root@localhost ~]# bridge link show
4: virbr0-nic: <BROADCAST,MULTICAST> mtu 1500 master virbr0 state disabled priority 32 cost 100
5: vnet0: <BROADCAST,MULTICAST,UP,LOWER_UP> mtu 1500 master virbr0 state forwarding priority 32 cost 100
```

图 9-25　虚拟网络配置

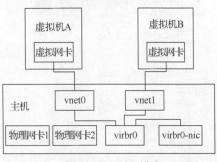

图 9-26　NAT 模式

结果表明 virbr0 网桥包括两个端口，virbr0-nic 为网桥内部端口，vnet0 为虚拟机网关端口，用于连接正在运行的 KVM 虚拟机上使用 NAT 模式的虚拟网卡。虚拟机关闭，vnet0 会自动消失。

还可以使用命令 ip a 来进一步查看 IP 地址配置。本例中相关接口的配置如下：

3: virbr0: <BROADCAST,MULTICAST,UP,LOWER_UP> mtu 1500 qdisc noqueue state UP group default qlen 1000

　　link/ether 52:54:00:68:f7:d8 brd ff:ff:ff:ff:ff:ff

　　inet 192.168.122.1/24 brd 192.168.122.255 scope global virbr0

　　　valid_lft forever preferred_lft forever

4: virbr0-nic: <BROADCAST,MULTICAST> mtu 1500 qdisc fq_codel master virbr0 state DOWN group default qlen 1000

　　link/ether 52:54:00:68:f7:d8 brd ff:ff:ff:ff:ff:ff

5: vnet0: <BROADCAST,MULTICAST,UP,LOWER_UP> mtu 1500 qdisc fq_codel master virbr0 state UNKNOWN group default qlen 1000

　　link/ether fe:54:00:50:8f:00 brd ff:ff:ff:ff:ff:ff

　　inet6 fe80::fc54:ff:fe50:8f00/64 scope link

　　　valid_lft forever preferred_lft forever

如果再添加一个使用 NAT 模式的虚拟机，则会自动创建一个虚拟机网关端口 vnet1。

2．创建 NAT 模式虚拟网络

除了默认的"default"网络外，还可以创建自己的 NAT 模式虚拟网络。打开连接详情窗口，切换到"虚拟网络"选项卡，单击左下角的 ➕ 按钮弹出相应的对话框，设置虚拟网络。如图 9-27 所示，这里将其命名为 testnat；从"模式"下拉列表中选择"NAT"；从"Forward to"下拉列表中选择"物理设备 ens33"，这样 NAT 流量将转发到主机上的该网卡；展开"IPv4 configuration"节点可设置 IPv4，包括 IP 地址空间（网段 IP 地址注意不要与现有的虚拟网络重叠）和启用 DHCPv4 并设置地址范围；其他选项保持默认设置，然后单击"完成"按钮。

回到"虚拟网络"选项卡，将发现新增的虚拟网络出现在列表中，如图 9-28 所示。此时生成一个名为"virbr1"（自动按顺序编号）的网络接口。可以根据需要在虚拟机中使用该网络。

> **提 示** 不能直接修改虚拟网络的设置，可以将其删除后再重建一个新的虚拟网络来更改设置。要删除某虚拟网络，先单击连接详情窗口左下角的停止网络按钮 ⏹，再单击删除网络按钮 ⊗ 。

图 9-27　创建 NAT 模式虚拟网络

图 9-28　新创建的 NAT 模式虚拟网络

任务 9.3.2　配置隔离模式虚拟网络

配置隔离模式虚拟网络

隔离模式虚拟网络和 NAT 模式虚拟网络很相似，不同的地方就是它没有 NAT 服务，因此这种模式的虚拟网络不能通过物理主机连接到外部网络。下面示范虚拟网络的创建和配置。

打开连接详情窗口，切换到"虚拟网络"选项卡，单击左下角的 ➕ 按钮弹出相应的对话框，设置虚拟网络。如图 9-29 所示，这里将其命名为 pvtnet；从"模式"下拉列表中选择"Isolated"（隔离的）；展开"IPv4 configuration"节点可设置 IPv4，包括 IP 地址空间（网段 IP 地址注意不要与现有的虚拟网络重叠）和启用 DHCPv4 并设置地址范围；其他选项保持默认设置，然后单击"完成"按钮。

回到"虚拟网络"选项卡，将发现新增的虚拟网络出现在列表中，如图 9-30 所示。此时生成一个名为"virbr2"（自动按顺序编号）的网络接口。可以根据需要在虚拟机中使用该网络。

图 9-29　创建隔离模式虚拟网络

图 9-30　新创建的隔离模式虚拟网络

可以使用 Linux 网桥配置命令 bridge 来查看当前的网桥配置信息:

```
[root@localhost ~]# bridge link show
    4: virbr0-nic: <BROADCAST,MULTICAST> mtu 1500 master virbr0 state disabled priority 32
cost 100
    5: vnet0: <BROADCAST,MULTICAST,UP,LOWER_UP> mtu 1500 master virbr0 state
forwarding priority 32 cost 100
    11: virbr1-nic: <BROADCAST,MULTICAST> mtu 1500 master virbr1 state disabled priority 32
cost 100
    13: virbr2-nic: <BROADCAST,MULTICAST> mtu 1500 master virbr2 state disabled priority 32
cost 100
```

可以进一步发现,创建一个新的虚拟网络实际上会增加一个以 virbr 开头的虚拟网桥。

任务 9.3.3　配置桥接模式虚拟网络

配置桥接模式虚拟
网络

虚拟机通过网桥连接到主机网络环境中,可以使虚拟机成为网络中具有独立 IP 地址(与所连接的主机物理网卡位于同一网段)的主机。桥接模式虚拟网络就是一种物理设备共享,将一个物理设备复制到一个虚拟机上。如图 9-31 所示,主机提供一个网桥接口,将主机的物理网卡绑定到网桥上,将虚拟机的网络模式配置为桥接模式。

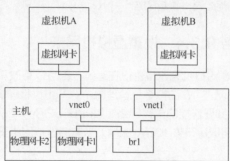

图 9-31　桥接模式

要使用桥接模式,就要在 KVM 主机上创建一个网桥接口,默认没有创建。创建网桥接口并绑定物理网卡会改变原物理网卡的配置文件,为便于实验,这里再为 KVM 主机增加一个物理网卡,本例中为充当 KVM 主机的 VMware Workstation 虚拟机增加一个网络适配器并将其模式改为仅主机模式。

虚拟系统管理器并未提供配置桥接模式虚拟网络的界面,这里在主机上以命令行方式手动添加一个网桥接口并将其绑定到新增加的物理网卡上。

(1)准备可用的网卡,本例中分别是 ens33 和 ens37,其中 ens37 是新增的。

(2)执行以下命令创建一个类型为 bridge 的连接。

```
nmcli con add type bridge con-name br-test ifname br-test
```

本例中的连接名为 br-test,关联的设备(网卡)是 br-test。由于 br-test 设备不存在,将同时创建一个名为 br-test 的虚拟设备。默认会设置该连接开机自动启用(激活)。

(3)为 br-test 连接添加一个类型为 bridge-slave 的从连接 br-test-slave1,并使其关联 ens37 网卡。

```
nmcli con add type bridge-slave con-name br-test-slave1 ifname ens37 master br-test
```

至此,br-test 成为该从连接的主连接,实际上将 ens37 网卡添加到 br-test 网桥。以上命令会在/etc/sysconfig/network-scripts 目录下创建相应的 ifcfg 配置文件。

（4）根据需要为新建网桥 br-test 配置 IP 地址、网关、DNS 和开机启动方式等。这里保持默认设置即可。

（5）依次执行下列命令，启用（激活）从连接和主连接（即新建网桥）。

```
nmcli con up br-test-slave1
nmcli con up br-test
```

启用从连接时会关联相应的网卡（设备），并自动断开该网卡上原有的连接。

（6）执行 nmcli con 命令查看当前连接，可以发现新建的网桥 br-test 位于当前的连接列表中。

（7）使用 ip a 命令进一步查看 IP 地址配置，可以发现 br-test 取代了 ens37 的 IP 地址配置。本例中相关接口的配置如下：

```
14: ens37: <BROADCAST,MULTICAST,UP,LOWER_UP> mtu 1500 qdisc fq_codel master
br-test state UP group default qlen 1000
       link/ether 00:0c:29:a3:05:a9 brd ff:ff:ff:ff:ff:ff
17: br-test: <BROADCAST,MULTICAST,UP,LOWER_UP> mtu 1500 qdisc noqueue state UP
group default qlen 1000
       link/ether 00:0c:29:a3:05:a9 brd ff:ff:ff:ff:ff:ff
       inet 192.168.199.170/24 brd 192.168.199.255 scope global dynamic noprefixroute br-test
          valid_lft 86323sec preferred_lft 86323sec
       inet6 fe80::65a4:16b2:192d:cc89/64 scope link noprefixroute
          valid_lft forever preferred_lft forever
```

设置虚拟机网卡

任务 9.3.4　设置虚拟机网卡

KVM 虚拟机无论是否正在运行，都可以更改其网卡设置，也可以为虚拟机添加新的网卡。在虚拟系统管理器中打开虚拟机详情窗口，为虚拟机的网卡指定网络源，即要连接的虚拟网络，如图 9-32 所示。从"网络源"下拉列表中选择虚拟网络，可选择的虚拟网络取决于该 KVM 主机上当前的虚拟网络配置，本例可选择的虚拟网络如图 9-33 所示。

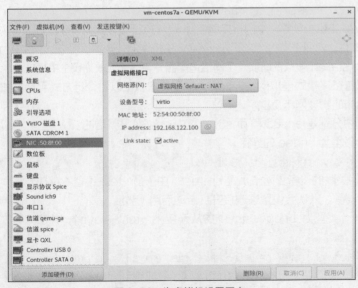

图 9-32　为虚拟机设置网卡

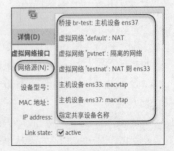

图 9-33　"网络源"下拉列表

注意，桥接网络比较特殊，对新建的网桥，首次选用时其并不会出现在"网络源"下拉列表中，需要从该下拉列表中选择"指定共享设备名称"，指定网桥名称，如图 9-34 所示。以后就可以直接从"网络源"下拉列表中选择该桥接网络。

可以对虚拟机选择的不同的虚拟网络进行测试。例如，为虚拟机选择桥接网络，可以发现虚拟机与主机位于同一网段，虚拟机使用物理网卡所在网段的 IP 地址配置。本例的测试结果如图 9-35 所示。

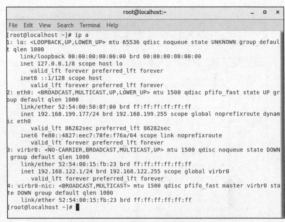

图 9-34 设置新建的网桥

图 9-35 连接桥接网络的虚拟机网卡

从"设备型号"下拉列表中为虚拟机选择虚拟网卡所模拟的设备型号。默认的虚拟网卡设备型号是 virtio。virtio 是半虚拟化驱动，可以提高虚拟机的性能，尤其是 I/O 性能。也可以选用 e1000e，模拟出一个 Intel e1000e 的网卡供虚拟机使用，由于使用 QEMU 纯软件的方式来模拟，其效率并不高。

任务 9.3.5 创建和管理存储池

创建和管理存储池

为便于实验，这里为充当 KVM 主机的 VMware Workstation 虚拟机添加一个磁盘，然后将其格式化（建立文件系统）并挂载到/kvm/vm 目录。

在虚拟系统管理器中打开连接详情窗口，切换到"存储"选项卡，左侧窗格给出存储池列表，右侧窗格给出左侧所选存储池的详细情况。如图 9-36 所示，可以发现，"default"是 KVM 默认的存储池，位于/var/lib/libvirt/images 目录下，前面创建虚拟机时已自动创建了存储卷。

图 9-36 "存储"选项卡

下面示范创建一个新的存储池。单击左下角的 ➕ 按钮打开相应的对话框，如图 9-37 所示，从"类型"下拉列表中选择存储池类型，KVM 支持的存储池类型较多。如图 9-38 所示，本例选择"dir:文件系统目录"，即本地文件系统目录；设置存储池名称；设置目标路径，即存储池所在位置或来源，这里更改为/kvm/vm。单击"完成"按钮，新创建的存储池将出现在存储池列表中。可根据需要停止、启动或删除存储池，删除存储池之前要停止它。也可以修改存储池名称（需要先停止存储池），启用或禁止自动启动存储池。

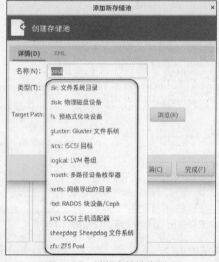

图 9-37　选择存储池类型

图 9-38　创建存储池

创建和管理存储卷

任务 9.3.6　创建和管理存储卷

在"存储"选项卡中选中要添加卷的存储池（这里为之前建立的 vmstore），在右侧窗格中单击 ➕ 按钮打开"添加存储卷"对话框，如图 9-39 所示，指定名称，选择格式，指定容量，单击"完成"按钮即可。新创建的卷出现在右侧窗格的卷列表中，可以根据需要删除。

图 9-39　创建存储卷

任务 9.3.7　为 KVM 虚拟机分配存储卷

为 KVM 虚拟机分配
存储卷

在虚拟系统管理器中打开虚拟机详情窗口，为虚拟机（无论是否运行）添加新的存储或修改已有的存储设置。选择要设置的虚拟机，在虚拟机详情窗口中单击左下角的"添加硬件"按钮，弹出相应的对话框，如图 9-40 所示，从左侧列表中选中"存储"，在右侧窗格中定义存储卷。可以直接创建新的卷（磁盘映像，图中将 image 译为镜像），这里使用之前创建的存储卷，选中"选择或创建自定义存储"单选按钮，单击"管理"按钮弹出"选择存储卷"对话框，从中选择 vmstore 存储池中的 testvol 卷，单击"选择卷"关闭该对话框，设置好相应的参数后，单击"完成"按钮。这样就为虚拟机添加了一块虚拟磁盘。完成虚拟磁盘的创建之后，可以根据需要对其进一步设置，如图 9-41 所示。

图 9-40　为虚拟机添加存储

图 9-41　设置虚拟磁盘

任务 9.4　KVM 虚拟机高级管理

任务说明

默认情况下，只能在 KVM 主机上访问虚拟机桌面，如果要远程访问某虚拟机桌面，就需要修改相关的设置。KVM 还支持虚拟机的快照、克隆、迁移等高级管理功能。本任务的具体要求如下。

（1）掌握虚拟机桌面远程访问的方法。

（2）掌握虚拟机快照管理方法。

（3）掌握虚拟机克隆方法。

（4）掌握虚拟机动态迁移方法。

考虑到动态迁移功能都要用到多 KVM 主机环境，本任务增加一台 VMware Workstation 虚拟机作为 KVM 主机，组成双 KVM 主机实验环境。

知识引入

9.4.1　KVM 虚拟机迁移

KVM 虚拟机支持静态迁移和动态迁移两种迁移方式。

静态迁移（Static Migration）又称常规迁移或离线迁移，是指在虚拟机关机或暂停的情况下将其从一台主机迁移到另一台主机。因为虚拟机的文件系统建立在虚拟机映像上，所以在虚拟机关机的情况下，只需要将虚拟机映像和相应的配置文件简单地迁移到另外一台物理主机上。如果需要保存虚拟机迁移之前的状态，在迁移之前将虚拟机暂停，然后创建快照，并将快照文件（默认位于/var/lib/libvirt/qemu/snapshot 目录）复制至目标主机，最后在目标主机上运行快照重建虚拟机状态，恢复执行。另外，将虚拟机磁盘映像文件移动到另外一台物理主机上，然后在目标主机上使用新建虚拟机向导的"导入现有磁盘映像"功能也可以实现虚拟机的静态迁移。

动态迁移（Live Migration）又称在线迁移，是指在保证虚拟机上服务正常运行的同时，将一个虚拟机系统从一台主机移动到另一台主机。为保证迁移过程中虚拟机服务的可用性，迁移过程仅有非常短暂的停机时间。这种方式不影响用户的正常使用，迁移过程对用户透明，便于对物理主机进行离线维修或者升级，适用于对虚拟机服务可用性要求很高的场合。目前主流的动态迁移解决方案都依赖于在物理主机之间采用 SAN、NAS、iSCSI 之类的集中式共享外存设备，KVM 也不例外，而且可以使用简单的 NFS 作为共享存储。

9.4.2　KVM 高可用集群

KVM 虚拟化也可以实现高可用集群，这需要借助其他开源解决方案，例如使用 GlusterFS 构建分布式存储集群，利用分布式复制卷来实现 KVM 虚拟机的分布式存储和冗余功能。当然，开源云计算平台 OpenStack 也可以用来实现基于 KVM 的高可用集群。

任务实现

任务 9.4.1　访问虚拟机桌面

访问虚拟机桌面

KVM 所支持的虚拟机桌面访问协议主要有两个，一个是传统的 VNC（Virtual Network Console，虚拟网络控制台）协议，另一个是 Spice 协议。Spice 比 VNC 能提供更高质量的图形处理和视频播放。这两个协议都是客户/服务器模式，每一个虚拟机桌面都是作为物理主机上的一个服务对外提供访问的。

1．本地访问虚拟机桌面

KVM 默认使用 Spice 作为桌面访问协议，且仅支持本机访问。在虚拟系统管理器中打开虚拟机详情窗口，左侧列表中会列出"显示协议 Spice"选项，选中它，在右侧窗格中查看其设置，如图 9-42 所示。注意，第一个虚拟机的 Spice 端口为 5900，其他虚拟机桌面服务从 5900 开始自动划分端口，如 5901、5902。修改显示协议设置后，只有重新启动该虚拟机才能生效。

图 9-42　虚拟机协议设置

　　KVM 虚拟机安装之后，最简单的访问方法是使用 virt-viewer 工具访问该虚拟机。作为一个轻量级的工具，virt-viewer 使用 libvirt API 查询虚拟机的 Spice 或 VNC 服务器的信息。例如，使用以下命令可以访问指定 IP 地址的 KVM 主机上的虚拟机：

　　virt-viewer 192.168.10.128

　　执行该命令会弹出一个对话框，如图 9-43 所示，给出该主机上正在运行的虚拟机列表，供用户从中选择要访问的虚拟机。如果知道虚拟机的名称，直接使用它作为参数即可访问。

　　如图 9-44 所示，virt-viewer 是一个用于与虚拟机桌面交互的工具，提供了常用的虚拟机操作菜单。

　　在虚拟系统管理器中打开虚拟机控制台，出现虚拟机桌面时，其实已经间接地使用了 virt-viewer 工具。此时再使用 virt-viewer 工具打开同一虚拟机桌面时，会关闭虚拟系统管理器中的该虚拟机控制台中的显示桌面。

图 9-43　选择虚拟机　　　　　　　　　图 9-44　使用 virt-viewer 工具访问虚拟机桌面

2. 远程访问虚拟机桌面

　　为便于实验，这里再创建一台 KVM 主机，建议直接使用 VMware Workstation 的虚拟机克隆（完全克隆）功能来快速创建。将原 KVM 主机的名称改为 kvmhost-a，将新的 KVM 主机的名称改为 kvmhost-b。下面将两台主机分别称为 KVM 主机 A 和 KVM 主机 B。

　　要允许远程访问，就需要修改相应设置。在虚拟机详情界面打开显示协议设置选项，如图 9-42 所示，从"地址"下拉列表中选择"所有接口"，单击右下角的"应用"按钮即可更改设置。如果当前虚拟机正在运行，将提示只有关闭当前虚拟机之后设置更改才能生效。这样就可以从远程主机上使用 VNC 或 Spice 客户端访问虚拟机桌面。安装有 GUI 界面的 CentOS 上都会提供远程桌面查看器。

　　这里在 KVM 主机 B（运行 CentOS Stream 8）上访问 KVM 主机 A 上的虚拟机，被访问的虚拟机必须处于运行状态。从 KVM 主机 B 的"应用程序"菜单中选择"互联网">"Remote Viewer"命令，打开图 9-45 所示的对话框，在"Connection Address"文本框中输入连接地址（格式为"协议://主机地址:端口"），本例使用的是 Spice 协议，输入 spice://192.168.10.128:5900，单击"Connect"按钮，即可通过远程桌面查看器来访问另一台主机上的虚拟机（不同的虚拟机用端口区分），如图 9-46 所示。

　　也可以使用传统的 VNC 协议来访问虚拟机桌面。

图 9-45　设置连接地址

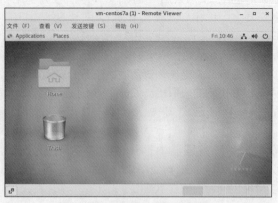

图 9-46　远程访问虚拟机桌面

任务 9.4.2　抓取虚拟机快照

抓取虚拟机快照

　　无论虚拟机是否正在运行，都可以抓取快照。打开虚拟机控制台，通过"查看"菜单选择"快照"命令或者单击工具栏中的 按钮，弹出快照管理窗口，默认没有创建任何快照。

　　单击左下角 按钮弹出图 9-47 所示的对话框，自动给出虚拟机当前状态，为快照指定一个名称，添加描述信息，单击"完成"按钮即可对当前状态的虚拟机创建一个快照。回到快照管理界面，可以发现创建的快照已经出现在列表中，可以创建多个快照。

　　如图 9-48 所示，在快照管理界面中除了添加快照之外，还可以运行快照、刷新快照列表或删除快照，运行某快照将取代当前的虚拟机状态。

图 9-47　创建快照

图 9-48　查看和管理虚拟机快照

任务 9.4.3　克隆虚拟机

克隆虚拟机

　　克隆是一个已经存在的虚拟机操作系统的副本。已经存在的虚拟机叫作父虚拟机或克隆的父本，克隆出来的操作系统是一个单独的虚拟机，其网卡 MAC 地址和 UUID 都与父本的不一样。对于父本的磁盘存储，会克隆出相应的副本，不过对于只读磁盘（如光驱、ISO 映像文件），则默认共享使用父本的映像，当然也可创建一个新的副本。克隆父本应当处于关机状态,这样才能进行克隆操作。下面来看一个例子。

在虚拟系统管理器中右键单击要作为克隆父本的虚拟机,选择"克隆"命令打开图 9-49 所示的对话框,设置新建虚拟机副本的名称和存储。对于父本的磁盘存储,会在同一存储池(存储位置)生成相应的副本,本例中第一个磁盘位于默认存储,新的磁盘副本需要更改存储路径,单击它下面的下拉列表,选择"详情"选项弹出图 9-50 所示的对话框,更改新路径,单击"确定"按钮。回到"克隆虚拟机"对话框,再单击"克隆"按钮开始创建虚拟机克隆,完成之后克隆的虚拟机将出现在虚拟机列表中。这种克隆是一种完全克隆,与父本完全分离。

图 9-49　克隆虚拟机

图 9-50　更改存储路径

任务 9.4.4　动态迁移虚拟机

KVM 动态迁移需要共享存储,这里使用项目 4 中所部署的 iSCSI 服务器来提供共享存储。

动态迁移虚拟机

(1)任务 9.4.1 中已添加了另一台 KVM 主机,确认两台主机上都安装好 KVM 虚拟化环境。

(2)在 KVM 主机 A 上打开虚拟系统管理器,添加对 KVM 主机 B 的远程管理。从"文件"菜单中选择"新建连接"命令,弹出"添加连接"对话框。如图 9-51 所示,设置 KVM 主机 B 的连接信息,勾选"Connect to remote host over SSH"复选框,输入用户名和主机名(这里使用 IP 地址),勾选"自动连接"复选框,单击"连接"按钮。之后根据提示输入密码以建立连接。连接建立之后,到 KVM 主机 B 的连接出现在虚拟系统管理器中,如图 9-52 所示。这样就可以在 KVM 主机 A 上管理本地主机虚拟系统的同时远程管理 KVM 主机 B 上的虚拟系统。

图 9-51　添加连接

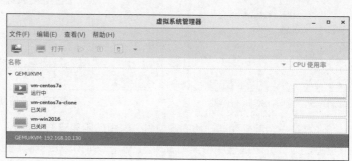

图 9-52　远程管理 KVM 主机 B 上的虚拟系统

（3）创建用于 KVM 虚拟存储的 iSCSI 目标。这里使用项目 4 中安装的 StarWind 服务器，在其中创建一个关联到映像文件设备的 iSCSI 目标，如图 9-53 所示，该目标的别名为 forkvm，目标 IQN 为 iqn.2008-08.com.starwindsoftware:desktop-8iehvs9-forkvm。

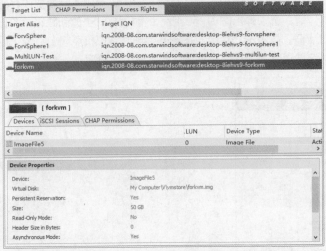

图 9-53　用于 KVM 虚拟存储的 iSCSI 目标

（4）在两台 KVM 主机上分别创建连接到上述 iSCSI 目标的存储池。在虚拟系统管理器中打开连接详情窗口，切换到"存储"选项卡，单击左下角的 ➕ 按钮弹出相应的对话框，如图 9-54 所示，设置存储池名称，存储池类型选择"iscsi:iSCSI 目标"，主机名设置为 iSCSI 服务器的 IP 地址，源 IQN 设置为上述 iSCSI 目标的目标 IQN，然后单击"完成"按钮。新添加的 iSCSI 存储池出现在存储池列表中，如图 9-55 所示，其中有一个默认的特殊卷。确认 KVM 主机 A 和 KVM 主机 B 上都创建相同的 iSCSI 存储池。

图 9-54　创建 iSCSI 存储池

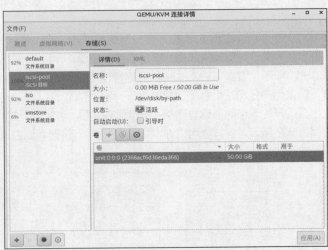

图 9-55　新添加的 iSCSI 存储池

（5）准备一台用于动态迁移的虚拟机。这里使用克隆方式在 KVM 主机 A 上创建 vm-centos7 虚拟机的副本，克隆过程中将其名称改为 vm-centos7a-mg（见图 9-56），存储路径改为上述 iSCSI 存储池中的默认卷（见图 9-57）。克隆成功后，就在 KVM 主机 A 上创建一个名为 vm-centos7a-mg 的虚拟机。

（6）考虑到目前未在 KVM 主机 B 上创建自定义虚拟网络，为成功迁移该虚拟机，确认将其虚拟网卡设置为默认的 default。迁移的虚拟机必须是正在运行的，如果该虚拟机未运行则需要启动它。

图 9-56　克隆虚拟机

图 9-57　更改存储路径

（7）在 KVM 主机 A 上的虚拟系统管理器中右键单击该虚拟机，选择"迁移"命令（或者在虚拟机管理器中执行"迁移"命令）弹出"迁移虚拟机"对话框，如图 9-58 所示。确认新主机为 KVM 主机 B（格式为 QEMU/KVM:IP 地址），在"地址"文本框中输入 KVM 主机 B 的 IP 地址（由于系统中未提供域名解析，不要使用其主机名），单击"迁移"按钮，开始迁移过程并显示进度，如图 9-59 所示。

（8）迁移完成后，该虚拟机将自动转移到 KVM 主机 B 上运行，如图 9-60 所示。

图 9-58　迁移虚拟机

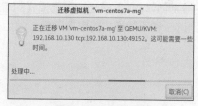

图 9-59　迁移进度

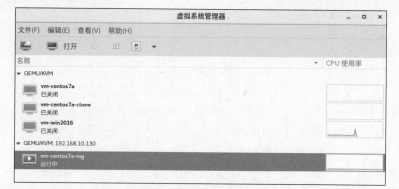

图 9-60　成功迁移的虚拟机

项目小结

附录C 使用命令行
工具管理KVM虚拟
系统

通过本项目的实施，我们通过 CentOS Stream 8 集成的 KVM 功能实现了 Linux 服务器的虚拟系统部署，并在其中创建和配置了虚拟机，配置了虚拟网络和虚拟存储，还实施了 KVM 虚拟机的快照、克隆和动态迁移等高级任务。本项目主要示范了图形界面的 KVM 虚拟化操作，作为管理员，还应掌握命令行操作。限于篇幅，有关命令行界面的 KVM 虚拟化实施请参见线上相关文档。

课后练习

简答题

1. 简述 KVM 虚拟化架构。
2. 简述 libvirt 套件的主要功能。
3. 简述 KVM 虚拟网络的 NAT、隔离和桥接组网模式。
4. KVM 虚拟磁盘有哪几种文件格式？
5. KVM 虚拟机动态迁移需要什么条件？

操作题

1. 搭建一个实验环境，在 CentOS Stream 8 中部署 KVM 虚拟系统。
2. 在虚拟系统管理器中创建一个 Windows 虚拟机，然后熟悉 KVM 虚拟机的基本使用操作。
3. 分别创建 NAT 模式和隔离模式的虚拟网络，再创建一个用于桥接模式的网桥，让虚拟机分别连接到这 3 种不同模式的虚拟网络，然后在虚拟机上测试内外网通信。